Katalyse und Determinismus

Ein Beitrag zur Philosophie der Chemie

Von

Alwin Mittasch

Mit 10 Abbildungen

Springer-Verlag Berlin Heidelberg GmbH

1938

ISBN 978-3-642-90116-4   ISBN 978-3-642-91973-2 (eBook)
DOI 10.1007/978-3-642-91973-2

Max Bodenstein

in herzlicher Freundschaft

zugeeignet

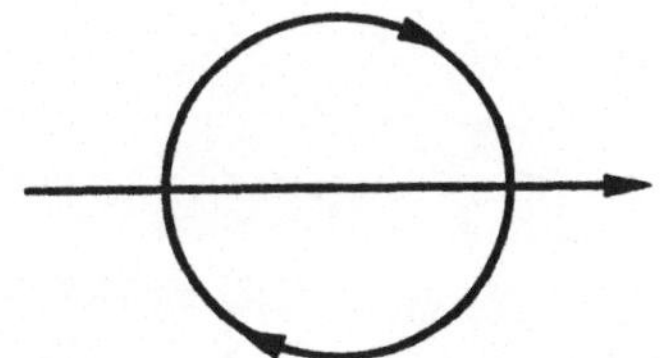

Vorwort.

Katalyse und Determinismus? Bedeutet das nicht eine Verknüpfung einer Realität mit einem unsicheren Begriffe, der nicht selten für überlebt und abgetan erklärt wurde?

Nachdem ein Jahrhundert lang der wichtige *Katalysebegriff* sozusagen ein Besitztum gewesen ist, in das sich lediglich zwei Disziplinen — Chemie und Enzymforschung — geteilt haben, erscheint die Zeit gekommen, daß auch andere Teilwissenschaften wie Physiologie und Biologie der Pflanzen und Tiere bis zu Pathologie und Medizin stärkeren Anteil daran nehmen. Mit Seherblick verkündet ist die *universelle Bedeutung der Katalyse* zwar schon von BERZELIUS, und Männern wie LIEBIG und SCHÖNBEIN ist sie gleichfalls nicht verborgen geblieben; sodann hat die neue katalytische Epoche, die mit WILHELM OSTWALD um das Jahr 1900 beginnt, durchaus den Sinn auf das Ganze gerichtet, und Forscher wie HÖBER, SCHADE, J. LOEB, LIESEGANG, WO. OSTWALD haben mehrfach Ausblicke in katalytisches Neuland eröffnet.

Dennoch liegt es in dem allmählichen Fortschreiten der Naturwissenschaft begründet, daß erst gegenwärtig, bei einem bestimmten Reifezustand der Lehre von der Katalyse einerseits, der ihr zugänglichen Sachgebiete andererseits, *ein Vorwärtstragen des Katalysebegriffes nicht nur im allgemeinen, sondern auch im besonderen und einzelnen aussichtsvoll erscheint* — es sei nur an die Fortschritte auf dem weitreichenden Gebiet der Vitamine und Hormone, der Vererbungs- und Organisationsstoffe, allgemein der Wirk- und Reizstoffe im gesunden und im kranken Organismus erinnert. Für den Versuch einer methodischen Verwendung des Katalysebegriffes auf solchen neuen Gebieten will es auch bedeutsam dünken, daß es heute möglich ist, eine theoretisch wohl durchaus zutreffende, hinreichende und wertvolle, für den Fernerstehenden aber doch einseitige und unter Umständen sogar irreführende Festlegung der

Katalyse auf das Moment der „Beschleunigung" aufzugeben und dafür eine allgemeinere Begriffsbestimmung einzutauschen, nach welcher „Katalysator" jeweils ein Stoff ist, der durch seine Gegenwart chemische Reaktionen und Reaktionsfolgen *nach Richtung und Geschwindigkeit bestimmt.*

Ist in einer früheren Veröffentlichung „Über katalytische Verursachung im biologischen Geschehen" (1935) der gegenwärtige Stand der Dinge vorwiegend nach biologischer Richtung, in einer weiteren „Über Katalyse und Katalysatoren in Chemie und Biologie" (1936) dagegen wesentlich unter rein chemischem Gesichtspunkt behandelt worden, so wird nunmehr die Aufmerksamkeit auf die *allgemeinen „philosophischen" Beziehungen* zu lenken gesucht, in denen der Katalysebegriff zu dem umfassenden Begriff der „Kausalität" oder des „Determinismus" steht, der die gesamte Naturwissenschaft dauernd beherrscht. Daß dies *kein einseitiger mechanistischer Determinismus* sein kann, braucht gegenwärtig kaum noch betont zu werden; ein breiterer Rahmen tut not, in welchem *neben Zwang auch Freiheit* bestehen kann. Wie aber auf der niederen Ebene der Katalyse gewissermaßen schon ein Vorspiel gegeben wird zu dem irdisches Dasein und Leben durchgängig beherrschenden Nebeneinander von Bedingtheit und Wahlmöglichkeit, Notwendigkeit und Freiheit: das hat der Verfasser in leichten Umrissen zu zeigen versucht, einer späteren Ersetzung des Gebotenen durch Vollkommeneres und Besseres von anderer Seite gewärtig.

Bei den naturphilosophischen Erörterungen der letzten Zeit hat die Chemie hinter Physik und Biologie unverdient zurückgestanden. Der Begriff der *Katalyse* — als eines neuen „Steines der Weisen" — ist wie kaum ein anderer chemischer Begriff geeignet, hierin Wandel zu schaffen und ein festeres Band auch zwischen Chemie und Philosophie zu knüpfen. Vor allem sollte von „Naturkausalität" fürderhin nicht mehr geredet werden, ohne daß auch der bedeutsamen Rolle gedacht wird, welche die Katalyse dabei spielt.

Vielleicht mag es auch dieses Mal hie und da auffallen, daß „nicht selten Worte ganz entgegengesetzt eingestellter Philosophen unmittelbar aufeinanderfolgend zustimmend zitiert" sind. Wird nicht aber das Trennende in den individuellen Weltbildern so oft und so stark hervorgehoben, daß eine gelegentliche Betonung der immer noch vorhandenen übereinstimmenden Momente ein heilsames Gegengewicht bedeuten kann? Schlichten kann wohl ebenso nützlich sein wie Richten.

„Der Teil steht unter dem Ganzen" (Aristoteles).

Befreundeten Fachgenossen, die zu Inhalt und Form mancherlei wertvolle Bemerkungen beigesteuert haben, sei kurz und herzlich gedankt.

Heidelberg, im August 1937.

A. MITTASCH.

Inhaltsverzeichnis.

„Die Tatsache der Katalyse beweist, daß das
chemische Geschehen kein mechanisches ist."
W. Ostwald.

„Es ist ja nur die Wahrheit allein, die wir
wissen wollen, und was für eine Freude bereitet es nicht, sie erforscht zu haben."
Scheele.

Einleitende Übersicht.

„Determinismus" und „Kausalismus" werden zunächst als gleich-
bedeutend genommen, als eine Form synthetischer Ordnung unserer Erlebnisse nach dem Satz von Grund und Folge. Die Katalyse erscheint als eine
Unterart der *Anstoß-, Anregungs-, Veranlassungs-, Ungleichheits- oder
Auslösekausalität* (A.K.), die im Denken der stofflichen und der energetischen
Erhaltungs- oder Gleichbleibungskausalität (E. K.) gegenübersteht, in Wirklichkeit aber immer mit jener untrennbar verbunden ist. Die besondere
Verursachungsform der Katalyse = *katalytische Kausalität* (K.K.) kenn-
zeichnet sich schon in den Definitionen der Katalyse; noch mehr wird sie
offenbar in der entwickelten Theorie und in den „Bildern", welche die
Wissenschaft vom Vorgang der Katalyse entwirft.

Der katalytische Determinismus ist eingeordnet in das *Rangordnungssystem der Kausalität*, das von der physikalischen und chemischen über die
physiologisch-biologische Reizkausalität (R.K.) und Ganzheitskausalität
(G.K.) bis zur psychophysischen und *seelisch-geistigen Kausalität* (S.K.) mit
der Oberform der „Motivation" (M.K.) reicht. Schließlich eröffnet sich ein
Ausblick auf eine *universelle Naturkausalität* mit Plan und Ziel (N. K.),
in der alle Einzelkausalismen zuletzt aufgehen (Determinismus).

I. Katalytische Kausalität als eine Form der Anstoß- oder Anregungskausalität.

1. Von magischer Weltauffassung über den „Stein der Weisen" zum Katalysator.

Die kausale Betrachtung der Welt, wie sie dem Kulturmenschen
eigentümlich ist, hat ihren Vorläufer in einer „magischen" Auffassung, die in den Begriffen „Zauberei" und „Wunder" (als
edlerer Form) bis in das wissenschaftliche Zeitalter hineinragt
und die in dem Begriff der „Katalyse" (Berzelius 1835) hie und
da letzte Spuren und Anklänge hinterlassen hat. Auch uns Kulturmenschen des 20. Jahrhunderts, die wir das „Sichwundern" nur

allzusehr verlernt haben, gewährt es immer wieder eine Art „wunderbaren", ja „zauberischen" Eindrucks, wenn eine ruhende Wasserstoffsuperoxydlösung durch Einführung von „indifferentem" Silberstaub, Braunstein od. dgl. in lebhafte Gasentwicklung gerät (THÉNARD 1818), oder wenn träges Knallgas durch Platinschwamm bei gewöhnlicher Temperatur zur Entflammung gebracht wird (DÖBEREINER 1823)[1]. Ein letzter Rest der ursprünglichen, magischen, zauber-, ja „fetischhaften" Ursach-Auffassung hat sich so in die Katalyse geflüchtet und ist hier für das „Gefühl" mit seiner Wertung bis heute am Leben geblieben.

Eine *Inkongruenz von Ursache und Wirkung* wird hier sichtbar, erinnernd an den „Stein der Weisen" oder die „Tinctura" vergangener Jahrhunderte. Soll doch Alchymist SCHWERZER (1585) Verwandlungen in Gold hervorgebracht haben, wobei „ein Teil 1024 Teile unedle Substanz tingieret" hätte (KUNKEL VON LÖWENSTERNS „Laboratorium chymicum", 4. Aufl. 1767), und auch Leistungen bis auf das 3000-, ja 40 000fache werden behauptet.[2] Was so die Alchemie erstrebt und verheißen, hat die Natur, wenn schon in anderer Weise, von jeher in der Katalyse und Biokatalyse vollbracht, und der Chemiker des 19. und 20. Jahrhunderts hat nachahmend und lernend einiges hiervon erfassen können.

2. Erhaltungskausalität und Anstoßkausalität als Hauptformen kausaler Feststellungen.

Dem Satze „Kleine Ursachen, große Wirkungen", der in der Katalyse besonders auffällig zutage tritt, steht gegenüber der andere Satz „causa aequat effectum", der durch jenen in keiner Weise beeinträchtigt wird und der sogar in ganz universeller Weise gilt, ausmündend in den Gesetzen der Erhaltung der Masse und der Erhaltung der Energie und scharf formuliert vor allem in den Hauptsätzen der Thermodynamik. Bei allem Geschehen auf Erden (und in der Gesamtwelt?) bleibt die Gesamtsumme der „Energie" und diejenige der „Masse" zusammengenommen als Rechengröße konstant, mit bestimmten „Umwandlungskoeffizienten" beim Übergang von der einen Energie zur anderen, sowie schließlich auch von der Energie zur Masse (gemäß $E = mc^2$) beim Zerstrahlungs- und Rückbildungsprozeß der Materie. Dieser weite Rahmen aber — selbst unter Berücksichtigung einer „Zunahme der Entropie" — läßt genügend Raum für zahlreiche besondere „eingreifende" Kausalitäten, die darüber verfügen, was von dem, das überhaupt geschehen kann, hier und jetzt und unter den obwaltenden Umständen geschieht oder geschehen muß und in welcher Weise und mit welcher Geschwindigkeit — denn der Zeitbegriff bleibt in den Erhaltungsgesetzen überhaupt sehr unbestimmt; und hier findet auch die Katalyse als eine Form der A.K. ihren Platz.

Zu den *allgemeinen Erhaltungs- und Beharrungsgesetzen* kommen speziellere, meist von beschränktem Geltungsbereich: für den „toten" Stoff etwa *Äquivalenzgesetze* chemischer, elektrochemischer und photochemischer Art, Erhaltung der „Elementarladung" usw.; für den lebenden Organismus z. B. Erhaltung des Artplasmas, der Blutzusammensetzung, der Atmung, gegebenenfalls auch des Blutdruckes, der Körpertemperatur usw.

Tatsächlich wird von der Wissenschaft schon im Unbelebten *nicht nur in Gleichheitsbeziehungen* (mit „Äquivalenz" oder „Proportionalität") *eine Verknüpfung von Ursache und Wirkung gesehen und gewertet, sondern auch für Fälle unverkennbarer Ungleichheitsbeziehungen,* so im „Anstoß" und der „Auslösung" bereits im Bereich des rein Mechanischen und in der Tatsache der Katalyse im Chemischen, sowie der Reizwirkung im Physiologischen. Einerseits also, nach WINDELBAND: „Das Prinzip der Erhaltung der Energie ist die für die jetzige physikalische Theorie als allein brauchbar anerkannte Form, die das Kausalitätsaxiom durch R. MAYER, JOULE und HELMHOLTZ gefunden hat". (Ähnlich MÜNSTERBERG: Zurückführung von Kausalität auf Identität.) Andrerseits EISLER: „Ursache ist jenes Geschehen, welches der eigentliche Auslöser und Erzeuger eines anderen ist." SCHOPENHAUER: „In dem Maße, als wir höher steigen, scheint in der Wirkung mehr und in der Ursache weniger zu liegen. Dieses ist noch mehr der Fall, wenn wir uns bis zu den organischen Reichen erheben, wo das Phänomen des Lebens sich kundgibt." „Die Wirkung scheint mehr zu enthalten, als die Ursache ihr liefern konnte."[3]

Bei jeglichem neuen Vorgange in der Welt ist — bildlich mechanisch gesprochen — etwas das anstößt und etwas, das durch den Anstoß verändert wird; dazu aber auch etwas, das gleich bleibt und das erhalten bleibt, wenn auch in immer neuen Formen und Verteilungen. Die E.K. wird so zur *Umsetzungskausalität.*

Wenn in der *Katalyse eine typische Form der Anstoßkausalität* zutage tritt, so gilt doch hier wie anderwärts, daß Anstoß- oder Anregungskausalität (A.K.) und Erhaltungs- oder Gleichbleibungskausalität (E.K.) vom Physiker und Chemiker immer in dem gleichen Geschehen verbunden angetroffen werden (z. B. in dem Beschießen einer Scheibe — oder auch eines Atomkernes — und in unzähligen photochemischen und elektrochemischen Wirkungen); die Trennung von A.K. und E.K., so wichtig und notwendig sie oft ist, ergibt sich aus begrifflicher Abstraktion, die zur zergliedernden Bewältigung der Erscheinungen durch das Denken dient. „Die kleine Ursache ist die auslösende Komponente des ganzen Bedingungskomplexes" (KÖTSCHAU und AD. MEYER). A.K. wird leicht zur *Richtungs- und Führungskausalität*, wie schon die Katalyse in gewisser Weise zeigt.

Beispiele engster Kopplung von A.K. und E.K. sind: Das Anstoßen eines Pendels, wobei die in der Schwingungsbewegung sich betätigende Energie im Anstoß total mitgeteilt wurde, oder das Auftreffen eines Meteors auf die Erde, oder einfache chemische Reaktionen z. B. zwischen Salzsäure und Zinkmetall, die auch ohne Katalysatorvermittlung ohne weiteres gemäß der freien chemischen Energie des Systems (durch Zusammenstoß der Teilchen) vor sich gehen. Wie aber ist es z. B. mit dem Satze: „Schlotterbewegungen der Erdachse lösen Erdbeben aus" (SPITALER)?

Zu beachten bleibt dabei immer, daß *Ursachen und Wirkungen* als solche nicht eigentlich in der Natur sind (oder „frei herumlaufen", nach E. BECHER), sondern (nach Kant) *vom ordnenden Intellekt als Denkkategorie in seine Erlebnisse hineingetragen und „vollzogen" werden*, wobei allerdings die Art der Erlebnisse und ihrer „Zusammenhänge" derart ist, daß eine solche Art des Ordnens unmittelbar „herausgefordert" wird.

„Das Naturgesetz schreibt nicht vor, sondern verzeichnet nur" (J. REINKE) und stellt „eine der Welt immanente Grundbeziehung" dar (BAUCH). Das Kausalgesetz trägt den Charakter eines Postulates und nicht mehr (H. BERGMANN). „Kausalität ist eine Grundform des Denkens, nicht eine Aussage über die Wirklichkeit" (A. WENZL). „Naturerkenntnis" aber „kann nur mit der Kategorie der Kausalität errungen werden (M. HARTMANN).

Als *Urform der Kausalität* hat dasjenige Erleben zu gelten, bei dem der eigene bewußte Wille bestimmten Veränderungen regelmäßig vorangeht, d. h. die persönliche *Willenshandlung* (personale Kausalität), die notwendig sowohl zu dem Begriffspaar von Ursache und Wirkung, Grund und Folge wie zu demjenigen von Mittel und Ziel oder Zweck geführt hat.

„Die Urkategorie der Persönlichkeit liefert die Begriffe Kraft, Kausalität, Finalität; der persönliche Urheber aber war vor der Ursache da" (MÜLLER-FREIENFELS). „Die Kausalität führt auf den Begriff der Handlung, diese auf den Begriff der Kraft" (Kant). (Kraft = Vermögen = Potenz.)

Schon in menschlicher Willenshandlung sondern sich jene *zwei Grundformen kausaler Betrachtung*, die uns in der Ungleichheits- oder Anstoßursache A.K. einerseits, der Erhaltungs- oder Gleichbleibungsursache E.K. andererseits begegnen. Aus einfachen Beispielen geht das ohne weiteres hervor:

1. Der Mensch bearbeitet mit der Axt einen Baumstamm und sieht, daß bei stärkerer Kraftanwendung (die unmittelbar bewußt wird) der Einschnitt tiefer ist als bei geringer: je größer die Ursache, desto größer die Wirkung.

2. Der Mensch wirft unachtsam einen glimmenden Span inmitten brennbares Material und seine Behausung geht in Flammen auf: ein Ereignis, das in keiner Weise in einem quantitativen Verhältnis zu dem veranlassenden „Kraftaufwand" steht. „Wie oft sehen wir die größten Wirkungen durch die armseligsten Ursachen hervorgebracht!" (LESSING.)

In beiderlei Fällen — und zwar sowohl im praktischen Leben wie in der Wissenschaft — redet der Mensch von *Ursache und Wirkung*, von *Kausalität oder Determinismus*, von *Notwendigkeit und Gesetzlichkeit*. Das Wort „Determinismus" nehmen wir hier für die Naturwissenschaft zunächst gleichbedeutend mit „Kausalität", in der allgemeinen *Bedeutung einer unmittelbaren Bestimmtheit der Wirkung oder des Erfolges (oder Zieles) durch den beobachteten Kausalnexus selbst* (genaueres in Abschnitt V). Grundlegend ist das auf Erfahrung sich stützende Postulat der Vernunft, daß „immer und überall jegliches nur vermöge eines anderen ist" (KANT). Das bedeutet, daß, zeitrückläufig betrachtet, jedes Ereignis oder Erlebnis „etwas hat, worauf es nach einer Regel folgt" oder „aus einem gegebenen Grunde folgt" (KANT), oder zeitvorschauend betrachtet, daß sich an jedes Ereignis oder Erlebnis in Zukunft etwas anschließen wird (Ähnliches oder Unähnliches), das gleichfalls nach einer Regel (der jeweils gleichen Regel) folgt und darum mit mehr oder minder großer Wahrscheinlichkeit vorausgesehen und vorausgesagt werden kann.[4] „In der fortlaufenden Kette der Veränderungen wird jedes Glied durch das unmittelbar vorhergehende selbständig und in seinem ganzen Umfange bewirkt" (PLANCK). „Musterfall aller Kausalität sind die Wechselbeziehungen zwischen uns und der Außenwelt" (SIGWART). Aufgabe der Forschung aber ist „kausale Analyse des ganzheitsbezogenen Geschehens" (UNGERER).

3. Merkmale der katalytischen A.K. (K.K.).

Von hier sind wir in der Lage, ohne weiteres die wichtigsten Feststellungen über die *Eigenart katalytischer Verursachung* zu machen. Wir beschreiten demgemäß das *Gebiet des Chemischen* mit seinen stofflichen Erscheinungen und Veränderungen und erkennen, daß auch auf diesem Gebiete *einerseits Gleichheits-, andererseits Ungleichheitskausalität* beobachtet — richtiger vollzogen — wird:

1. Es werden „äquivalente" Mengen Chlor und Natrium in geeigneter Weise zusammengebracht, und es entsteht eine Menge Kochsalz, die sich gewichtsmäßig aus den Chlor- und Natriummengen zusammensetzt; je doppelte Mengen Ausgangsstoffe ergeben doppelte Mengen Produkt als Resultat usw. Es hindert uns nichts, Chlor und Natrium — bzw. das Zusammenbringen beider — als die „*Ur-sache*" für das Kochsalz anzugeben, wie daraus hervorgeht, daß man die für die Kausalität typische sprachliche Ausdrucksform anwenden kann: *Weil* bestimmte Mengen A und B zusammengebracht wurden, entstand eine entsprechende Menge C; oder (mit der Voraussagungsform statt einfacher Konstatierung): *Wenn* ich A und B in entsprechende Mengen zusammenbringe, entsteht restlos und regelmäßig, ja gesetzmäßig eine „summenhafte" Menge C.

2. Nun werden als A und B bestimmte Mengen Wasserstoff und Sauerstoff oder Wasserstoff und Stickstoff zusammengeführt, die in gleicher Weise Wasser bzw. Ammoniak liefern könnten: $O_2 + 2\,H_2 = 2\,H_2O$ fl. $+$ ca. 137 Cal.; $N_2 + 3\,H_2 = 2\,NH_3 +$ ca. 26 Cal. Das geschieht tatsächlich aber erst in *Gegenwart bestimmter Stoffe als „Vermittler" oder „Anreger"*, die hierbei unverändert beharren können und die sich weiter dadurch auszeichnen, daß sie zu „repetieren" vermögen, d. h. immer von neuem wieder Anstoß und Anlaß zur Reaktion geben können. Der Katalysator K kann also beliebige, im Idealfalle unbeschränkte Mengen A und B zur Verbindung zwingen und entsprechend in anderen Fällen beliebige, zu seiner eigenen Menge nicht in stöchiometrischen Beziehungen stehende Mengen Stoff zersetzen oder in „Wahlverwandtschaft" wechselweise umsetzen.

In dem Falle 2, da Aufmerksamkeit und Interesse (Erkenntnis- und Willens-Absicht) auf den mysteriösen Körper K, d. h. den *Katalysator* gerichtet ist, kann man diesen unbedenklich *als die Ursache des Geschehens*, d. h. des „Verbindens, Zersetzens und Umsetzens" bezeichnen, indem das Dasein der Stoffe A, B usw. und ihr *Reaktionsvermögen bis zum Gleichgewicht als gegebene „Selbstverständlichkeit" der Bedingungen vorausgesetzt wird*.

Freilich gehört, wie in dem Beispiel des Ammoniaks besonders deutlich wird, noch mehr dazu, damit der Katalysator merklich oder gar ausgiebig „wirkt": ein bestimmter Temperaturbereich, nach oben und unten stetig verlaufend; erhöhte Gasdrucke und

Reinheitsverhältnisse, also das Fernbleiben bestimmter Verunreinigungen wie Schwefel. Hier ist Platz für die Anwendung des Wortes *„Bedingung"*; und es ist allgemein anerkannt, daß *„Bedingung" und „Ursache" fließende Bezeichnungen* sind, wobei meist der jeweilige Aufmerksamkeits- und Interessestand (Erkenntnis- und Willensabsicht) darüber entscheidet, was man tatsächlich als „Bedingung" (notwendige „Umstände") und was als Ursache (eigentliche oder wahre Ursache) bezeichnet. Es ist ja immer „der ganze Zustand die Ursache des folgenden" (SCHOPENHAUER), also „Ursache und Wirkung" im Naturgeschehen durchweg ein unübersehbar verwickelter „Komplex" — wie im organismischen Geschehen besonders deutlich wird: Komplexkausalität und Ganzheitskausalität —; die „kausale Zerlegung" aber geschieht, indem der ordnende Verstand jeweils einen bestimmten „Teil" des Komplexes als besonders wichtig heraushebt oder herausschneidet und diesen als „Ursache", alles übrige indes als „Bedingung" bezeichnet[5]. „Nie ist *ein* Faktor die Ursache" (JENNINGS).

(Einen besonderen Fall scharfer Abgrenzung der „Ursache" bildet die totale Phasenumwandlung bei Erreichung eines bestimmten Temperaturpunktes, also z. B. das Gefrieren des Wassers bzw. das Schmelzen des Eises, und noch mehr jede Phasenumwandlung im kondensierten System, mit weitgehender — aber nie vollkommener — Unabhängigkeit von sonstigen Bedingungen.)

Im obigen Ammoniakbeispiel erscheinen Temperaturen von 400—600° nebst bestimmten Gasdrucken usw. als Gesamtbedingung dafür, daß die Synthese sich rasch und glatt vollzieht; ist aber versehentlich die Temperatur einmal auf 300° gefallen, so wird niemand zögern, zu sagen: Der Temperaturfall ist die Ursache des Versagens. Oder weiterhin: Die Schwefelfreiheit gilt für gewöhnlich als stillschweigende Voraussetzung und Bedingung der Ammoniakkatalyse; ist aber, zunächst „unerklärlich", die Synthese einmal ausgeblieben, so kann es geschehen, daß schließlich „erklärt" wird („erklären" in doppelter Bedeutung), daß ein — seinerseits etwa durch Unachtsamkeit verursachter — Schwefelgehalt im Wasserstoff die Ursache des „Ausbleibens" gewesen ist; und umgekehrt wird dann die Erneuerung der Reinheit als die Ursache des „Neuangehens" erscheinen, wobei alles andere, hier auch der Katalysator eingeschlossen, als notwendige und unerläßliche, aber selbstverständliche Bedingung angesehen wird.

Für die katalytische A.K. gilt als ein besonders wichtiges Merkmal die *Fähigkeit zur Dauer*, d. h. zu unmittelbar langandauernder Verursachung[6]. Sie hebt sich in dieser Beziehung von einmaliger „Anlassung" oder „Veranlassung" deutlich ab, wie z. B. Öffnen einer Schleuse, Ankurbeln einer Maschine, An-

lassen eines Motors, Anzünden eines Feuers, Überführung eines
instabilen Phasensystems in das stabile durch Einbringen eines
entsprechenden Keimes, Einschaltung des elektrischen Stromes,
Zeichengebung usw., ähnelt jedoch den Erscheinungen der Relais-
und Verstärkerwirkung der Elektrodynamik (z. B. bei der piezoelektrischen Steuerung von Funkensendern).

4. Einfache und komplizierte Kausalverhältnisse.

Die Kausalverhältnisse der Natur bereiten dem Forscher dadurch in der Regel sehr große Schwierigkeiten, daß er es nicht
mit elementaren zweigliedrigen Kausalismen, sondern mit *raum-*
zeitlichen Kausalkomplexen, mit Verknäuelungen und Verfilzungen
sehr verschiedener kausaler „Elemente" zu unübersichtlichen
„Ganzheiten" zu tun hat, die der ordnende Verstand auflösen
muß, bevor er seinerseits die gesamte Erscheinung in synthe-
tischem Denken zu reproduzieren unternimmt[7]. Auch die Kausalismen der Katalyse machen hiervon keine Ausnahme, wobei
oft, zumal im biologischen Geschehen, der katalytische Gesamt-
prozeß verschiedene Elementarkatalysatoren neben- und nacheinander in festgelegter Wirkungsordnung aufweist (so bei Gärung
und Zellatmung); auch kann fremde Arbeitsleistung, z. B. durch
Zuführung von Energiestrahlung, als notwendige und unerläßliche Bedingung mit eintreten (z. B. bei der CO_2-Assimilation).

Schon hier sei bemerkt, daß *Anstoßursachen nach Art der*
Katalyse im ganzen „bilanzfreie Impulse" sind, d. h. nicht als
Arbeit leistende Faktoren betrachtet werden dürfen; und wenn
im einzelnen anfänglich geringfügige Mengen Energie dem reagie-
renden System zugeführt oder entzogen werden, so spielt das im
Bruttovorgang keine nennenswerte Rolle. Es liegt hier eine
Form „führender Beeinflussung" vor, von der schon E. BECHER
wiederholt gesagt hat, daß sie ohne merkliche eigene „energetische"
Betätigung („energetisch" in streng physikalischem Sinne) möglich
sein muß.

Und noch eines ist vorauszuschicken, bevor wir an die genauere Betrachtung der katalytischen Kausalität herangehen. Wenn es auch richtig ist
(nach KANT, SCHOPENHAUER, LOTZE, WUNDT u. a.), daß in concreto immer
Vorgänge, Ereignisse und Veränderungen Vorgänge, Ereignisse und Veränderungen „verursachen", so können doch in übertragenem und abstraktem
Sinne *auch Eigenschaften und Dinge als Ursachen gelten.* Das Denken empfindet eine Art Zwang, den Ursprung von Begebenheiten = Veränderungen

einem geeigneten festen Punkte anzuheften, als welcher das „Ding" mit seinen Eigenschaften erscheint. Dahin weist schon der Sprachgebrauch, der nicht einen Ur-lauf oder einen Ur-gang, sondern nur eine Ur-sache und einen Ur-heber kennt; und so ist es auch der Wissenschaft unbenommen, bei ihren Induktionen und Deduktionen nicht nur Vorgänge und Tätigkeiten, sondern auch Dinge oder Eigenschaften (selbst „Gedankendinge" hoch-abstrakter Art) als „*Ursache*" zu bezeichnen, sofern nur in jedem Einzel-falle die anschauliche Grundlage eines Geschehens in Zeit und Raum ge-wahrt bleibt[8]. In diesem Sinne besteht der Satz von WINTERNITZ zu Recht: „Nur Wahrnehmbares kann als Ursache gelten."

II. Definition und Erscheinungsformen der Katalyse.

5. Hervorrufung, Beschleunigung, Lenkung.

Daß in der Katalyse eine typische Anstoßkausalität vorliegt, lassen schon die mannigfachen Definitionen der Katalyse vermuten, die seit den Tagen von BERZELIUS aufgestellt worden sind. Dabei tritt das Moment der „Verursachung" besonders deutlich gerade in den *älteren Umschreibungen* zutage, die den *Nachdruck auf das* „*Erzeugen*" *und* „*Hervorrufen*" legen; jedoch auch dann, wenn nach W. OSTWALD (um 1890) im Katalysieren eine „bloße *Be-schleunigung eines an sich stattfindenden Vorganges*" gesehen wird, ist das ursächliche Moment unverkennbar, da dann eben der *Katalysator die Ursache der Reaktionsbeschleunigung* ist. Hierzu kommt, daß, wenn eine stoffliche Umsetzung erst bei Gegenwart eines fremden Körpers mit solcher „Geschwindigkeit" und dem-nach mit solchem „Ertrag" stattfindet, daß sie für uns kurzlebige und ungeduldige Menschen überhaupt ins Gewicht fällt, jener Körper und das, was er tut, ohne weiteres mit zur Gesamtursache gehört bzw. der eigentliche bestimmende Teil, der „Werde-bestimmer", in dieser Gesamtursache ist.

Katalyse ist stoffliche Anstoßkausalität.

Von den zahlreichen Definitionen der Katalyse seien die wichtigsten zusammengestellt: Nach BERZELIUS[9] handelt es sich um das Vermögen eines Körpers „Verbindungen zu bewerkstelligen, woran er selbst teils gar nicht und teils sehr unbedeutend teilnimmt" (1825, 10 Jahre vor Prägung des Wortes „Katalyse"); Katalysatoren sind „Körper, die durch ihre bloße Gegenwart chemische Tätigkeiten hervorrufen, die ohne sie nicht stattfinden" (1835, in dem berühmten „Katalyse"-Aufsatz). Das *Beschleunigungsmoment* taucht vereinzelt schon in der älteren Literatur auf; TH. DE SAUSSURE 1819, bei Besprechung der Stärkeverzuckerung: „accélérer; PLAYFAIR 1842: „hasten", „accelerate"; REISET und MILLON 1843: „influence accélératrice"; LIEBIG 1866: „Vorgänge entstehen machen oder beschleunigen"; DEACON

1871: „accelerating substances"; HORSTMANN 1885: „Vorgänge einleiten oder beschleunigen". Erst von WILHELM OSTWALD jedoch ist die *Beschleunigung zur alleinigen Grundlage nicht nur der Definition, sondern auch der Forschung gemacht* worden. Anfangs (1890) bei Prägung des Wortes „Autokatalyse" gibt OSTWALD noch eine duale Erklärung: „Vorgänge, die durch Gegenwart bestimmter Stoffe hervorgerufen oder beschleunigt werden"; später aber wird die Definition mit voller Absicht auf die „Beschleunigung" beschränkt. Ein katalytischer Vorgang ist dadurch gekennzeichnet, daß „eine für sich in einer bestimmten Zeit verlaufende chemische Reaktion durch die Gegenwart eines fremden Stoffes, der am Ende der Reaktion in demselben Zustande ist wie am Anfang, eine Änderung seines zeitlichen Verlaufes erfährt" (1894). Katalyse ist also „die Beschleunigung eines langsam verlaufenden chemischen Vorganges durch die Gegenwart eines fremden Stoffes" (1899). „Ein Katalysator ist jeder Stoff, der, ohne im Endprodukt einer chemischen Reaktion zu erscheinen, ihre Geschwindigkeit verändert" (1901).

Von anderen Forschern wird die duale Umschreibung des Katalysators beibehalten, so bei VAN 'T HOFF 1898: „eine Reaktion beschleunigen oder einleiten, scheinbar ohne daß der betreffende Stoff dabei geändert wird". (NERNST im gleichen Jahre: „den Verlauf einer Reaktion beschleunigen, die auch ohne den Katalysator stattfinden *könnte*".) WEGSCHEIDER 1900: „Reaktionen ermöglichen oder beschleunigen", auch „sonst überhaupt nicht stattfindende Reaktionen hervorrufen". Ähnlich später WILLSTÄTTER: „Reaktionen beschleunigen oder hervorrufen". So kann auch eine „*neue* Reaktion" entstehen (LEWIS) oder „in Gang gesetzt werden" (TRAUTZ). Weiterhin MITTASCH 1933 mit Hervorhebung eines neuen Momentes: Der Katalysator erscheint als „ein Stoff, der, obgleich an einer Reaktion anscheinend nicht unmittelbar beteiligt, diese hervorruft oder beschleunigt oder *in bestimmte Bahnen lenkt*", oder (1935): als ein Stoff, „der eine chemische Reaktion oder Reaktionsfolge *nach Richtung und Geschwindigkeit bestimmt*". Das Wort „richten" oder „lenken" ist hierbei natürlich nicht in seinem ursprünglichen geometrischen Sinne gebraucht, sondern in der Bedeutung des „Auswahltreffens", oder noch genauer (um jede anthropistische Fiktion zu vermeiden) als Ausdruck dafür, daß von den in einem reaktionsfähigen chemischen System bestehenden thermodynamisch möglichen Reaktionsweisen im Kraftfeld des Katalysators und von ihm veranlaßt *eine* bestimmte Bruttoreaktion vonstatten geht[10].

Wenn die Definitionen der Katalyse nicht ganz einheitlich lauten, so besteht doch Übereinstimmung darüber, daß die Katalyse an *keine bestimmten und einfachen stöchiometrischen Verhältnisse* gegenüber den jeweils katalysierten Stoffmengen gebunden ist und daß dies phänomenologisch ein wertvolles *Merkzeichen der Katalyse* darstellt. Dem kommt eine Definition von BREDIG entgegen (ULLMANN, Enzyklop. d. techn. Ch. 1. Aufl. 1911, Artikel „Katalyse"), wonach das wesentliche Merkmal eines Katalysators nicht in seiner Unveränderlichkeit besteht, sofern nur keine stöchiometrisch ganzzahlige äquivalente Beziehung zwischen der evtl. umgewandelten Menge des Katalysators und der umgewandelten Menge des katalysierten Substrates besteht (unscharfer Übergang zu der Reaktionskopplung durch Induktion, s. S. 34).

Wie ausgeprägt das quantitative Mißverhältnis von katalytischer Wirkung und Katalysatormenge sein kann, zeigen die Erscheinungen der Spurenkatalyse und der Dauerkatalyse. Ein Glasstab kann durch seinen geringen Mangangehalt beliebige Mengen flüssiges Ozon zum explosiven Zerfall bringen; ein SO_3- oder NH_3-Katalysator kann monatelang, ja im Idealfall unbegrenzt lange wirksam sein.

6. Phasenverhältnisse: Ein- und Mehrstoffkatalysatoren.

All das Gesagte gilt sowohl für die homogene wie für die heterogene Katalyse (Grenzflächen- oder Oberflächenkatalyse) nebst dem Zwischengebiet der mikroheterogenen Katalyse: Die katalytischen „Kernvorgänge" sind bei heterogenen wie homogenen Vorgängen wesensgleich, und nur in zusätzlichen Momenten bestehen Unterschiede, und zwar dieselben wie zwischen heterogener und homogener Reaktion überhaupt.

Statt auf diese phasischen Möglichkeiten der Katalyse näher einzugehen, die durchaus den möglichen phasischen Verhältnissen chemischer Reaktionen im allgemeinen entsprechen, sei kurz an einem Beispiel gezeigt, wie sich wenigstens gedanklich ohne Mühe *Übergänge vom grobheterogenen mehrphasigen System bis zum homogenen, d. h. molekular- und ionendispersen Gebilde bewerkstelligen lassen.* Es handle sich um Dämpfe ungesättigter Kohlenwasserstoffe oder Fettsäuren, die (oberhalb des Siedepunktes) zusammen mit Wasserstoff über einen stückigen Kontakt (etwa Nickel auf Tonscherben) behufs Hydrierung geleitet werden. Das gleiche Ziel kann erreicht werden, wenn man dieselben Kohlenstoffverbindungen in flüssiger Form etwas unterhalb des Siedepunktes mit jenem stückigen Katalysator unter Wasserstoffeinleitung und -verteilung behandelt. Wird der Katalysator zuvor in der Kolloidmühle bis zu kolloider Feinheit von etwa 0,1 mμ vermahlen, so resultiert ein quasihomogenes System, zumal wenn man nur den *gelösten* (zweckmäßig unter Druck gelösten) Wasserstoff ins Auge faßt; von „körperlicher" Dispersion zu Molekulardispersion aber, von kolloidaler Lösung zu wahrer molekularer oder ionaler Lösung gibt es wieder keine scharfen Grenzen.

Wird der *Katalysator* allein in Betracht gezogen, so lassen sich unterscheiden: *elementare Katalysatoren und Verbindungen, sowie Gemische und Aggregate, d. h. Mehrstoffkatalysatoren und im Falle fester Formart auch „Trägerkontakte".* All den verschiedenen Formen und chemischen Phasenverhältnissen künstlicher Katalysatoren des Laboratoriumschemikers und des Technikers aber *entsprechen bestimmte Formen und Phasenverhältnisse natürlicher Katalysatoren oder Biokatalysatoren*, von Fällen ausgesprochener fester Körper, an oder in denen Katalysen vor sich gehen (Knochen, Hautpanzer usw.) über gleichfalls ortfeste Gewebekatalysatoren komplex-kolloidaler Art (wie sie schon Berzelius als „auf der Innenseite der Gefäße der Sekretionsorgane befindlich" angenommen hat), mit Bredigs „Faserkontakten" u. dergl. als Modell, bis zu den Homogenität und Kolloiddispersität vereinigenden Körper- und Organflüssigkeiten, in denen Substrate und Katalysatoren verschiedenster Art, stagnierend oder in bestimmten Bahnen wandernd, ihr Wechselspiel treiben[11]. Von der typischen Fremdstoffkatalyse kann man in allmählichem Übergang zu der *Medium- oder speziell Lösungsmittelkatalyse* gelangen, die von zahlreichen Forschern ausgiebig behandelt worden ist, grundsätzlich aber kaum Neues bietet (Mendelejeff, v. Halban, Scheibe, Dimroth, Grimm u. a.). Als einen *physikalischen Parallelfall* zur Lösungsmittelkatalyse kann man es ansehen, wenn z. B. glasige Arsensäure in Gegenwart von Wasser in die krystalloide Form übergeht. (Schon von W. Ostwald wurde diese „Katalyse" auf physikalische Teilreaktionen, d. h. auf einen Wechsel von Wasseraufnahme und Wasserabgabe zurückgeführt.)

7. Physikalische Vorstufen und Modelle der Katalyse: Beeinflussung von Formart und Dispersität.

Ganz allgemein läßt sich diejenige Erscheinung, daß ein Körper durch den Einfluß von Fremdkörpern zwar nicht eine chemische Umsetzung erfährt, jedoch Formart oder Dispersitätsgrad oder sonstige „physikalische" Eigenschaften ändert, als eine Art *physikalische Vorstufe chemisch-katalytischer Reaktionsvermittlung* betrachten. Hierher gehört vor allem die *Aufhebung von Übersättigungserscheinungen* durch — oft unspezifisch wirkende — fremde Körper, namentlich in Form von feinem und feinstem Staub (spezifischer oder unspezifischer Reizwirkung im Organismus analog): Nebel- und Tröpfchenbildung, sowie Krystallausscheidung aus unterkühlten Schmelzen und übersättigten Lösungen (siehe auch Eucken über Keimbildungsgeschwindigkeit u. dergl. beim Energie- und Stoffaustausch an Grenzflächen). Auch eine Art „Richtungsgebung" ist hier neben der „Hervorrufung oder

Beschleunigung" schon zu konstatieren, indem z. B. verschiedenartige Lösungsgenossen ein Auskrystallisieren in verschiedener Krystallform veranlassen (VATER, RETGERS, DOELTER, RINNE, V. M. GOLDSCHMIDT, V. KOHLSCHÜTTER u. a.). Beispielsweise sei an die Unzahl von Formen erinnert, die NH_4Cl mit verschiedenen Beimischungen (Elektrolyten oder Nichtelektrolyten wie Harnstoff) zur Lösung ergibt. Biochemisch besonders wichtig ist die Tatsache, daß auch der *Dispersitätszustand fester und flüssiger bzw. kolloider Körper* statt energetisch (z. B. elektrisch) auf stofflichem Wege, d. h. durch die Zuführung „indifferenter" Körper verändert oder daß doch wenigstens eine solche Veränderung durch die Gegenwart jener Fremdstoffe beschleunigt, erleichtert und gerichtet werden kann: Emulgierung, Peptisierung, Ausflockung u. dergl. Schon wiederholt ist insbesondere für „Emulgatoren" die Analogie mit „Katalysatoren" betont worden (z. B. SCHRADER), und es erhebt sich die bereits anderwärts präzisierte Frage, ob man auch in derartigen Fällen einer *Beeinflussung von physikalischer Struktur* (im allgemeinsten Sinne) durch die Gegenwart fremder Körper von einer Art „Katalyse" reden darf, als Vorbild und Vorstufe der rein chemischen Katalyse, bei welcher der beeinflußte Vorgang sich durch eine regelrechte chemische Umsetzungsgleichung (als Bruttoreaktion) wiedergeben läßt.

Jene Frage gilt auch gegenüber „rhythmischen Krystallisationen" (KÜSTER 1914), sowie für LIESEGANGS *rhythmische Fällungen* in Gelatine (1911), die durch Spuren Fremdstoff modifiziert werden können. Besondere Bedeutung aber erlangt die Frage einer Erweiterung der Begriffsbestimmung „Katalyse" auf Grenzfälle insbesondere kolloidischer Art für das Gebiet der *Wirk- und Reizstoffe,* die ja vielfach statt eines Eingriffes in das rein chemische Geschehen (oder daneben) offenbar ausgesprochene Kolloidprozesse hervorrufen und richten. So erhöht Auxin nach KÖGL die Plastizität der Zellwand; Wundhormone, Zellteilungshormone (HABERLANDT) und Vitamine können nach LIESEGANG durch ihre Gegenwart die Oberflächenspannung erniedrigen. Thrombin ist möglicherweise ein Katalysator für die Gewinnung von Fibrin aus Fibrinogen insofern, als es den Übergang des Produktes aus dem Sol- in den Gelzustand beschleunigt (WÖHLISCH).

8. Bewegungsvorgänge als katalytische Folgen.

Betrifft die Katalysatorwirkung — auch etwa bei Kolloidkatalyse — unmittelbar Umgruppierungen von Atomen, Atomgruppen und Molekeln, also Bewegungen tief im mikroskopischen und submikroskopischen Bereich, so erhebt sich die Frage, ob mittelbar, d. h. als ganzheitliches Resultat vieler gleichgerichteter katalytischer Elementarakte, zusammen mit andersartigen Teilreaktionen, *auch sichtbare körperliche Ortsveränderung und Bewegung geordneter Art durch Katalyse zustande kommen kann.* Modelle solcher höherer, in großartigster Weise im Muskelprozeß zutage tretender Katalysatorwirkungen lassen sich auch im Laboratorium verwirklichen. Wir sehen ab von ungeordneten Bewegungen, wie sie sich im Anschluß an Katalysen als Diffusion, Gasentwicklung und Gasverzehrung, Auflösung usw. als „Selbstverständlichkeit" bemerkbar machen. Bedeutsamer erscheinen *rhythmisch geregelte Bewegungen* von der Art, wie sie bei Bredigs pulsierender Wasserstoffsuperoxydzersetzung mittels Quecksilber durch periodische Katalyse sichtbar werden und als Modell physiologischer Rhythmen dienen können, mit W. Ostwalds „pulsierendem Quecksilberherz" als „elektrischem" Gegenstück. Bei der H_2O_2-Zersetzung mittels eines Hg-Tropfens handelt es sich um einen Cyclus von HgO_2-Hautbildung, Zerreißen der schwach katalysierenden Haut und Freiwerden des Hg. Solche rhythmische Schwankungen treten im Gebiet des Chemischen und Elektrochemischen (nach Bennewitz u. a.) leicht auf bei einfacher zeitlicher Phasenverschiebung zwischen Reaktion und Diffusion (z. B. Auflösung von Chrom in Säure) und noch mehr bei doppelter zwischen Reaktion und zwei Diffusionsvorgängen: periodische Schwankungen bei verschiedenen elektrolytischen Vorgängen und in Körperflüssigkeiten; z. B. Bergersche Schwingungen in der Gehirnflüssigkeit.

9. Auto- oder Zuwachskatalyse.

Bei ausgesprochen echten wie bei unechten oder physikalischen Katalysen (Pseudokatalysen) ist als eine wichtige Unterform die *Autokatalyse* (Eigen- oder Zuwachskatalyse) zu beachten, wie sie zuerst von Horstmann (1885) beschrieben und bald darauf von W. Ostwald (1890) benannt und an dem Beispiel der Lactonhydrolyse (H-Ion als Katalysator) genauer untersucht worden ist. Nach Horstmann handelt es sich um die Erscheinung, daß manche chemische Vorgänge durch die Gegenwart derjenigen Stoffe eingeleitet oder beschleunigt werden können, welche vom Vorgang selbst erzeugt werden; als Beispiel dient das fortschreitende Rosten des Eisens und die Wirkung von Mangansalz bei Manganatreduktion mittels Oxalsäure. Als weitere Schulbeispiele

gelten die Zersetzung von Antimonwasserstoff an Antimon (Bo-
DENSTEIN, STOCK), die Zersetzung von Silberoxalat an Ag-Keimen,
die Zersetzung von Nickelcarbonyl an metallischem Nickel
(MITTASCH), die Beschleunigung der HNO_3-Wirkung durch vor-
handenes oder entstehendes NO und die Selbstzersetzung von
Schießbaumwolle.

Weit länger bekannt ist das *physikalische Modell der Autokatalyse*, die *spezifische Wirkung von Eigenkeimen beim Konden-
sieren, Fällen und Auskrystallisieren* (siehe W. OSTWALD, TAMMANN,
VOLMER u. a.) als Gegenstück zu der weniger sicheren und weniger
allgemeinen Fremdkeimwirkung (S. 12). Bei *Krystallen* beginnt
das Wachstum mit einer Adsorption arteigener Bausteine an das
Gitter und schreitet von der Kante in einer „Welle“ über die
Fläche vorwärts mit schließlicher fester Gitteranordnung (siehe
STRANSKY, KOSSEL u. a.). Auch für die feste Phase allein bestehen
derartige Keimwirkungen durch Berührung, z. B. beim Übergang
von monoklinem in rhombischen Schwefel. In *Gelen* findet
sowohl die Synärese (Ausstoßung des Wassers), wie das Altern
(Übergang in stabilere Form) nach Art autokatalytischer Vorgänge statt: S-förmige Zeitkurve; Konkurrenz von Keimbildungsgeschwindigkeit (Kernzahl) und Wachstumsgeschwin-
digkeit.

Schon im Gebiet des „Chemischen“ liegt es, wenn durch eine ähnliche
Keimwirkung beim *Vorgang der Polymerisierung* von Styrol, Vinylacetat
u. dergl. vorhandene „Assoziationen“ als Keime für immer weitergehende
Anlagerung von Radikalen unter Kettenverlängerung oder Netzvergröße-
rung usw. wirken; siehe STAUDINGER, MARK, RIDEAL u. a. Nach KOHL-
SCHÜTTER findet sich ähnliches bei „*Somatoiden*“ vor, d. h. „chemischen
Gestalten“ oder „Mischprodukten“ von gefällter Tonerde u. dergl. (bis zu
Zellgrößendimension), die ungleichförmige und dabei doch ganzheitliche
Beschaffenheit aufweisen; auch hier zeigt sich ausgesprochene *Impfwirkung
in Kleinraumreaktionen*, wobei ferner bestimmte Fremdstoffe (Lösungs-
genossen) für die Gestaltbildung von Belang sind, fördernd oder hindernd,
beschleunigend oder verzögernd. Eine Art Übergang der Autokatalyse zur
Allokatalyse bildet die Keimwirkung homologer und isomerer Fremdstoffe
vom gleichen Formtypus (WEYGAND).

*Welche bedeutende Rolle die Autokatalyse als Zuwachskatalyse im
organischen Leben spielt*, in Assimilation, Wachstum, Formbildung und Vererbung, wird erst in Zukunft völlig offenbar
werden[12]. Als Beispiel dienen die Chromosomen, nach WRINCH
aus Polypeptidketten bestehend, die durch Nucleinsäuren mit-

einander verknüpft sind. Die Vermehrung dieser Stoffe, als Bedingung für Wachstum und Teilung der Zelle, geschieht sicher auf dem Wege der Autokatalyse; „Selbstvermehrung" mittels selektiver „Assimilation" von Substratteilchen aus dem Medium des tierischen Keimes wie des pflanzlichen Samens mag für Vererbung und Entwicklung unentbehrlich sein (siehe auch W. J. Schmidt sowie Caspersson über die diskoidale Feinstruktur der Chromomeren aus Nucleinsäure- und Eiweißsegmenten, mit einer Häufung der Nucleinsäurekomponente während der Mitose).

Die äußere Ähnlichkeit des Vorganges der Autokatalyse mit dem Vorgang der „*Ansteckung*" ist in zahlreichen Fällen sicher zugleich eine innere Identität. Wenn einige wenige, ja, wie es scheint, unter Umständen eine einzige Molekel des Viruseiweiß der Tabakmosaikkrankheit (Mol.-Gewicht $= 17\,000\,000 = 300$fach gegenüber Ei-Albumin) zur Übertragung der Krankheit auf eine neue Pflanze, mit stürmischer Vermehrung daselbst, genügen kann (nach Gaffron, Konzentr. 10^{-9} bis 10^{-14} g), so wird man sich vorstellen dürfen, daß in solchen Fällen jener Stoff, statt abgebaut zu werden, sich aus dem Lösungsmedium autokatalytisch vermehrt, und zwar zu ungunsten anderer möglicher Stoffe, so daß auch ein „Richten und Lenken" der Vorgänge im Milieu zu konstatieren ist! Eine Übereinstimmung mit der selbsttätigen Vermehrung von Gen- und Organisatorstoffen ist unverkennbar (siehe auch Wyckoff, Schmalfuss, J. Alexander u. a.).

Der Autokatalyse wird es zu verdanken sein, wenn allgemein in den Gewebesäften vorhandene bzw. aus ihnen gebildete *lebenswichtige Stoffe* (letzthin auf Matrixmolekeln des Keimes zurückführend) in der Lage sind, sich im Flusse des Stoffwechsels *dadurch zu behaupten*, daß sie als „Keime" für Neuabscheidung durchaus gleicher Stoffe dienen, so daß, wenn 2—3 Molekeln etwa einen oxydativen Abbau erfahren, mittlerweile schon ein Nachschub gleicher Molekeln stattgefunden hat, der jeweils bedeutsame Stoff also nicht ausgehen kann: Stirb und werde! So kommt die auffällige Konstanz der Gewebestoffe nicht nur im individuellen Leben, sondern wohl auch in der Erhaltung durch Generationen, und zwar vermittels der perennierenden Urbestandteile der Keimzelle mit ihrer Keimbahn zustande. Als *Modell biochemischer Autokatalysen* kann nach W. Ostwald (1901) das Verhalten einer sehr verdünnten Lösung von Bleiacetat und Thiosulfat gelten, die in bezug auf das gebildete und zunächst gelöst bleibende (an sich schwer lösliche) Bleisulfid deutliche

Übersättigung zeigt: „Wenn wir das Blut als eine in bezug auf alle diese Stoffe" (die sich im Organismus bilden können) „übersättigte Lösung ansehen dürften, so wäre es verständlich, daß jedes Organ sich seiner Substanz nach auf Kosten einer und derselben Flüssigkeit vermehrt". (Siehe hierzu auch BER-ZELIUS 1835 über die *eine* Blutflüssigkeit und den *einen* Pflanzensaft, aus dem katalytisch die Fülle organischer Stoffe hervorgehe.)

Autokatalyse als Selbstvermehrung oder Eigenbeschleunigung kann als einfaches Vorbild und Schema der Selbstvermehrung von Lebewesen gelten, die gleichfalls u. a. Aneignung und Angleichung passender Fremdsubstanz aus der Umgebung voraussetzt. In der Vermehrung und Ausbreitung von Gift- und Ansteckungs-stoffen aber, die an Protozoen gebunden oder gar in der „freien" Form von Viren ihre Wirkung entfalten, wird die Analogie ge-wissermaßen zur Identität.

10. Einfachste Formbildungen durch Katalyse (Formkatalyse).

All die Arten ausgesprochener chemischer Katalyse wie auch mehr physikalischer und kolloidischer Katalyse müssen im Auge behalten werden, wenn weiter die wichtige Frage aufgeworfen wird, *wie weit die Katalyse für Formbildung, insbesondere für organische Formbildung haftbar gemacht werden kann.* Gibt es also unter all den beim organismischen Stoffwechsel (im wei-testen Sinne) tätigen Biokatalysatoren auch *formbildende Kata-lysatoren* (morphogene oder formative Katalysatoren) oder anders: Können Formbildungen bestimmter, und zwar mehr oder minder artspezifischer Beschaffenheit als „Ganzheitsertrag" zusammen-wirkender Katalysatoren erscheinen? Daß so etwas nicht un-möglich ist, deuten schon gewisse Modelle des synthetisierenden Chemikers an, wobei als Unterfälle Formbildung auf dem Wege der Autokatalyse oder der Fremdkatalyse oder schließlich einer Vereinigung beider in Betracht kommen.

1. *Formbildung durch Autokatalyse.* Hierher gehören z. B. die bekannten osmotischen Zellen von LEDUC, die unter bestimmten Bedingungen die Form von Pilzen usw. annehmen können, ferner aus Lösungen krystallisierte Blei- und Silberbäume, sowie be-liebige krystallinische Gebilde, z. B. von Knollen-, Traubenform usw. bei der ungestörten Abscheidung von Nickelmetall aus Nickel-

carbonyl usw. (Siehe auch SCHEMINZKY über das Wachstum künstlicher Zellen nach M. TRAUBE, das auch schon durch eine Art „Intuszeption" geschieht).

2. *Formbildungen durch Fremdkatalyse.* Hierher sind zu rechnen die schon erwähnten Formbeeinflussungen durch „indifferente" Fremdstoffe beim Krystallisieren und bei sonstigen Phasenabtrennungen. Besonders bedeutsam erscheint die Beeinflussung rhythmischer Fällungen in Gelatine durch Fremdstoffe, selbst wenn solche nur in Spuren vorhanden sind (LIESEGANG u. a.). Nach KÜSTER und BALBACH erzeugt auf pflanzliche Plasmodien aufgestreutes Platinmohr (und nur dieses) konzentrische Ringbildung, die einen regelmäßigen Wechsel von Hyalo- und Körperplasma erkennen läßt.

In der Regel werden *Fremdkatalyse und Autokatalyse bei Formbildung zusammen* wirken, so daß hierauf zu achten ist, wenn nach der *Möglichkeit organischer Formbildung* bei Pflanzen und Tieren unter Beteiligung der Katalyse gefragt wird[13]. Von vornherein mag es vermessen erscheinen, wenn man einfache anorganische Formbildung, die ein einmaliger Akt eines bestimmten Stoffes ist, mit der unendlich komplizierteren organischen Formbildung in Beziehung zu bringen sucht, die sich u. a. dadurch abhebt, daß sie in verschiedenen benachbarten Raumbezirken (und zwar schon in Mikroräumen) durchaus verschieden verläuft, aus einem geregelten Nebeneinander und Durcheinander vieler Stoffe hervorgeht und zugleich mit dauerndem Austausch einzelner Bausteine durch Assimilation und Dissimilation verknüpft ist. Dennoch läßt sich mit Wahrscheinlichkeit, ja Sicherheit sagen, nicht etwa daß die Katalyse für sich organische Formen erzeugen kann, sondern daß *in jeder organischen Formbildung auch die Katalyse eine wichtige bestimmende Rolle spielen muß.* Darauf wird noch weiter unten genauer einzugehen sein; hier genügt der Hinweis, daß Wirk- und Reizstoffe wie Hormone, Wuchsstoffe und Vitamine bekanntermaßen nicht nur Lebensfunktionen regulieren, sondern auch Formbildungen veranlassen, daß aber in dem Wirkungs-Chemismus jener Wirk- und Reizstoffe im komplexkolloiden System des Organismus unzweifelhaft maßgebende katalytische Teilakte enthalten sind. So „kann auch die Entstehung einer biologischen Form, einer organischen Gestalt an die Kontaktwirkung bestimmter Stoffe gebunden sein" (FODOR).

III. Reaktions-Chemismus der Katalyse.

Auch für die Katalyse gilt, daß eine genaue Beschreibung, d. h. eine gedankliche Reproduktion eine gründliche *Zergliederung* verlangt, die gewissermaßen mit der Zeitlupe die einzelnen Teilakte herauspräpariert, also in engem Zeitintervall und in molekularen Dimensionen dasjenige versucht, was z. B. der Geolog mit ungleich ausgedehnteren raumzeitlichen Gebilden oder der Biolog mit der psychophysischen Erscheinung der Instinkthandlung erfolgreich unternimmt.

An der Pforte dieser Entwicklung[14] steht der geniale CHR. FR. SCHÖNBEIN *mit seiner Intuition (um 1850), daß jeder chemische Vorgang, katalytischer oder nichtkatalytischer Art, ein Drama aus Akten und Szenen bedeutet*, und daß, wer das ganze Drama kennen will, jene Akte und Szenen schauend verfolgen muß. Die *Ausführung* dieses Programmes aber konnte nicht ein Mann von der Art des nur qualitativ denkenden SCHÖNBEIN unternehmen; sie ist vielmehr ein Werk der neueren Reaktionskinetik, die kurz vor der Jahrhundertwende beginnt.

11. Katalytischer Reaktionscyclus.

Die Theorie der Katalyse ist Nutznießerin der allgemeinen chemisch-reaktionskinetischen Theorie, und eine Reihe bedeutender Namen leuchten der einen wie der anderen voran: VAN 'T HOFF, OSTWALD, ARRHENIUS, WEGSCHEIDER, H. GOLDSCHMIDT, BODENSTEIN, HABER, E. ABEL, SKRABAL, zu denen sich hinsichtlich der Biokatalyse die Namen BREDIG, HÖBER, SCHADE, MICHAELIS, WILLSTÄTTER, NEUBERG, v. EULER, WIELAND, O. WARBURG und viele andere gesellen.

Schon vor SCHÖNBEIN hatte sich verschiedenen katalytischen Forschern wie DÖBEREINER[15], THÉNARD, TURNER, SCHWEIGGER, FARADAY, BERZELIUS, LIEBIG der Gedanke aufgedrängt, daß das „*Wirken durch bloße Gegenwart*" für den Katalysator wohl nur *scheinbar* gelten möchte. „Thermische" und „elektrische" Erklärungsversuche erwiesen sich als unzulänglich oder zu unbestimmt, desgleichen die für die heterogene Katalyse vielfach herangezogene „Ab- oder Adsorption", so daß der Schwerpunkt immer mehr auf *Zwischenvorgänge chemischer Art* gelegt wurde, die der Katalysator *kraft verborgener Affinitäten* hervorrufe; und diese

Vorstellung, die im 19. Jahrhundert durch Männer wie KUHL-
MANN, MERCER, PLAYFAIR und DEACON noch weiter ausgebaut
wurde, hat auch der neueren Forschung als Arbeitshypothese gedient[16]. Hier haben vor allem exakte Messungen, die unter
W. OSTWALD zuerst von BRODE, FEDERLIN u. a. gemacht wurden, gezeigt, daß *in der Regel der katalytische Reaktionsverlauf
sich am besten deuten läßt als eine sich stetig wiederholende Stufenfolge oder ein Cyclus von Teilreaktionen*, deren „Teilgeschwindig-
keiten" zusammengenommen die Gesamtgeschwindigkeit des
Bruttovorganges mit Notwendigkeit ergeben: Teilreaktionen aber,
an denen der *Katalysator* in entscheidender Weise teilnimmt.

*Gegenstand der Katalyse ist stoffliches Geschehen oder stoffliche
„Umsetzung", die durch den Katalysator irgendwie beeinflußt wird.*
So muß es sich schließlich um *Ortsveränderungen von Atomen,
Atomgruppen und Molekeln handeln*, also um einen „Platzwechsel"
kleinster Teilchen. Dabei ist erstens zu beachten, daß, was im
„Atom" zunächst als ruhendes Gebilde erscheint, in Wirklichkeit
ein stationäres Geschehen ist, und zweitens, daß ein solches stationäres Geschehen Bestimmtheit erst gewinnt durch die gleichzeitige Anwesenheit und räumliche Nachbarschaft gleichartiger
Gebilde. Wer kann sagen, was ein einzelnes Elektron oder ein
einzelnes Photon oder ein einzelner Atomkern zu tun hat, oder wie
sich ein einzelnes Radiumatom oder eine einzige Ammoniakmolekel
verhalten wird? Determiniertheit kommt erst in einer Vielheit
zuwege, und zwar wird sie in Form von „Wahrscheinlichkeitsgesetzen" gefunden, die für Gesamtheiten und „Ganzheiten" gelten; „statistische Kausalität" der Mikrophysik bestimmt auch
jede Betätigung der Affinität samt dem katalytischen Geschehen,
indem sie als eine niedrige Form der „Ganzheitskausalität" wirkt,
die uns noch weiterhin begegnen wird (S. 81 ff.).

Liegt irgendein *reaktionsfähiges System* vor, dessen Reaktion
für die Beobachtung allzu langsam (bzw. unendlich langsam)
stattfindet, so kann das Einbringen eines neuen Stoffes K folgende
Möglichkeiten zeitigen:

a) Der neue Körper bleibt unwirksam, weil er selber gar keine
spezifische „Affinität" zu dem Stoff bzw. zu den Reaktionskom-
ponenten hat; Beispiel: In ein Stickstoff-Wasserstoffgemisch wird
Kieselsäure eingebracht, die sich auch unter günstigen Arbeitsbedingungen ganz indifferent verhält.

b) Der Körper K kann mit dem Stoff bzw. den Stoffen des Systems reagieren und sich in eine Art Gleichgewicht zu setzen suchen, das jedoch *partieller* Natur ist und bleibt: Cu oder Li, zu $N_2 + H_2$ hinzugebracht, gibt unter günstigen Bedingungen gewisse Hydrid- oder Nitridbildung.

c) Der Körper K reagiert ähnlich wie bei b), jedoch derart *vollständig, daß er sich innerhalb kurzer Zeit in eine Art totales Gleichgewicht mit dem gesamten Substrat setzt, d. h. ein Gleichgewicht, das auf das Verhältnis von Reaktionsteilnehmer und Reaktionsprodukt des katalysefreien Systems übergreift*: so Fe, Mo, U, Os usw. gegenüber $N_2 + H_2$. Hier resultiert eine Katalyse: die Bildung von NH_3; und eine solche Katalyse hat mehr oder weniger Seltenheitswert, da bei wahlloser Zufügung neuer Stoffe zu einem System meist mehr a)- und b)-Fälle sich ereignen als c)-Fälle, die darum vom erfindenden Chemiker jeweils mühsam durch Probieren aufgesucht werden müssen[17].

Bei der Wichtigkeit des Gegenstandes sei der *Unterschied von b) und c)* am Beispiel der Ammoniakkatalyse noch etwas genauer erläutert. Lithium ist das Metall mit der höchsten Reaktionsfähigkeit gegenüber Stickstoff, indem es schon bei Zimmertemperatur vollkommen in Nitrid übergehen kann; andererseits kann es sich auch leicht mit Wasserstoff zum Hydrid LiH verbinden. Dennoch — oder gerade deswegen — ist Lithium (für sich) kein brauchbarer Ammoniakkatalysator. Ganz anders Eisen, Molybdän, Uran, deren Nitrid- und Hydridbildung bei weitem nicht so offensichtlich vonstatten geht. Fein poröses, aus der Gasphase niedergeschlagenes Eisen vermag sich nach Untersuchungen von FRANKENBURGER nur an aktiven Oberflächenpunkten mit Stickstoff und Wasserstoff zu verbinden, und doch ist es, zumal wenn es durch geringe Beimischung von Tonerde u. dergl. strukturfest gemacht ist, ein ganz vorzüglicher Katalysator für die Ammoniakbildung. Molybdän und Wolfram aber zeigen das seltsame Bild, daß erst dann, wenn sie bis zu einem bestimmten Nitridgehalt (in fester Lösung) vorgeschritten sind, der *dazu* noch etwa weiter aufgenommene Stickstoff „labil" genug ist, um in Gegenwart von Wasserstoff leicht als Ammoniak abgespalten zu werden. Liegen chemische Gleichgewichtssysteme vor — statt nicht umkehrbarer Reaktionen —, so muß grundsätzlich der Katalysator Reaktion und Gegenreaktion beeinflussen können (W. OSTWALD, VAN 'T HOFF).

12. Wesensmerkmale der Katalyse gegenüber nichtkatalytischer Reaktion.

Aus den gegebenen Beispielen geht deutlich hervor, *was zum Wesen des katalytischen Vorganges gehört und worin das eigentlich unterscheidende Merkmal gegenüber der nichtkatalytischen Reaktion besteht*:

1. Der Katalysator muß irgendwie an den Vorgängen des Systems aktiv teilnehmen, sei es durch „Anstoß", Schwingungsübertragung, Ausstrahlung[18] oder sonstwie. Für heterogene Katalyse gilt mit Recht der physikalische Vorgang der *Adsorption* als eine unerläßliche Bedingung. Daß aber hiermit das Wesensmerkmal nicht getroffen wird, geht zwingend daraus hervor, daß auch jede *nichtkatalytische* Oberflächenreaktion eine Adsorption der reagierenden Teile als unentbehrliches Durchgangsstadium voraussetzt. Auch bei rein chemischen Reaktionen wie der Lithiumnitridbildung aus Li und N_2 (FRANKENBURGER) oder der Kohlenstoffverbrennung mit Sauerstoff (EUCKEN u. MEYER) beginnt die Reaktion mit einer unspezifischen „mechanischen" VAN DER WAALS-Adsorption, die dann zur spezifisch chemischen oder „aktivierten" Adsorption fortschreitet; nur besteht der Unterschied, daß bei der „gewöhnlichen" chemischen Reaktion die zuerst reagierenden besonders aktiven Stellen aufgezehrt werden, so daß immer neue „aktive Punkte" ergriffen werden müssen, während bei der heterogenen Katalyse (z. B. gegenüber $N_2{-}H_2$) die „aktiven Stellen" (H. S. TAYLOR) durch den Weiterverlauf immer wieder freigegeben werden und so für erneute Adsorption und Reaktion erhalten bleiben.

2. Der Katalysator schafft neue *chemische* Zwischenreaktionen, d. h. eine Reihenfolge neuer Atomumlagerungen, indem er zusätzliche Affinität („accessory affinity" nach PLAYFAIR, 1848) betätigt. Solche Zwischenstufen des katalytischen Vorganges können teils schwerdefinierbare und sehr kurzlebige „VAN 'T HOFFsche Stoßkomplexe", teils stabilere „ARRHENIUS-Zwischenstoffe" sein. Am Anfang steht in der Regel die Bildung eines (auf „Hauptoder Nebenvalenzen" beruhenden) „*Komplexes*" (ROSENMUND) oder „*Symplexes*" (WILLSTÄTTER) mit anschließenden Änderungen der Atomanordnung bis zur vollendeten Umgruppierung, die dann zur Zerreißung des instabilen Gebildes an bestimmten Spaltstellen führen kann. „Meist wird es sich zuerst um eine Addition des Katalysators an eine Molekel handeln und um Reaktion dieses Komplexes mit einer anderen, wobei der Katalysator wieder abgespalten wird". „Katalyse ist unter allen Umständen ein zusammengesetztes Phänomen, indem der Kata-

lysator neben die bisherigen Reaktionen seine eigenen einlegt"
(TRAUTZ 1924). Zwischenhin können auch freie „Radikale" auftreten.

Noch immer wird oft, und zwar mit gewissem Recht, zwischen Katalysen unterschieden, bei denen der Katalysator ausgesprochene chemische Zwischenverbindungen eingeht und solchen — weit selteneren —, wo der Katalysator „mehr physikalisch" wirkt, indem er etwa die Konzentration der aktiven Molekeln erhöht oder die Zerfallswahrscheinlichkeit mäßig stabiler Molekeln durch „Stoß" vergrößert oder sonstwie die Reaktionsgelegenheit der Partner verstärkt; siehe H. J. SCHUMACHER für das Beispiel von Halogen als Katalysator. Eine scharfe Grenze gegenüber dem typischen rein „chemischen" Falle besteht indes nicht.

3. Rein beschreibend läßt sich der typische Katalysator endgültig und eindeutig dahin hinreichend abgrenzen, daß er ein *stoffliches Agens ist, das gegenüber dem Substrat rasch zwischen Sicheinwickeln und Ausgewickeltwerden, „Einschaltung und Ausschaltung", „Rücknahme und Neuausgliederung" wechseln und diesen Wechsel unmittelbar zu wiederholen vermag.* Damit dies jedoch geschieht, ist eine „glückliche Konstellation", ein günstiges Verhältnis der in Betracht kommenden Teilreaktionen mit ihren Einzelgeschwindigkeiten verlangt, und dieses günstige Verhältnis kann sich ergeben, wenn zwei in bestimmten Zusammenhange stehende Forderungen erfüllt sind:

Der dem Katalysator „ureigene" Teilprozeß muß eine *geringere* „*Aktivierungsenergie*" als der ohne Katalysator mögliche chemische Hauptakt erfordern[19]. „Unter allen Teilreaktionen gewinnt die mit der kleinsten Aktivierungswärme die größte Häufigkeit." „Der Wettkampf der Stoßzahlen und noch mehr der Aktivierungswärmen entscheidet über alles chemische Geschehen nach Schnelligkeit und Gleichgewicht" (TRAUTZ). Eine Äthermolekel bedarf nach HINSHELWOOD zu ihrem Zerfall der Anregung von mindestens 13 Freiheitsgraden, während in Gegenwart von Jod als Katalysator nur ein einziger Freiheitsgrad „aktiviert" werden muß. Die Wahrscheinlichkeit eines Überganges in den aktivierten Zustand kann für eine gegebene Bindung durch deren Einbau in einen zahlreiche Freiheitsgrade besitzenden Molekelrest beträchtlich erhöht werden (FRANKENBURGER u. a.). Komplexbildung erhöht oft Aktivität und Spezifität.

Es dürfen aber zweitens die entstehenden Zwischenverbindungen keine große „Beständigkeit" aufweisen. Schon MERCER hat 1842 betont, daß die „neuen" Affinitäten, die der Katalysator hinzubringt, „*schwache Affinitäten*" sein müssen; die Kontaktsubstanz darf nicht eine beständige Verbindung mit dem Substrat bilden (Horstmann 1885); die entstehenden Zwischenfälle müssen „lockere“ Gebilde sein (Polanyi) und sich durch geringe „Haftfestigkeit“ auszeichnen (Schenck; Frankenburger; vgl. das Li-Beispiel S. 21)[20]. Ein typischer Fall in der homogenen Katalyse liegt vor bei der Zersetzung von Acetaldehyd in Methan und Kohlenoxyd, die nach Fromherz durch Brom und Chlorwasserstoff katalysiert wird, hingegen nicht durch Ammoniak und Blausäure, weil diese *stabilere* Zwischenverbindungen mit dem Aldehyd ergeben. (So erledigen sich auch manche — allzu „stöchiometrisch“ gedachte — Einwände, die früher gegen die Zwischenreaktionshypothese erhoben worden sind.)

Auch in bezug auf die *Enzymkatalyse* ist schon früh ein *cyclischer Verlauf über Zwischenstoffe* angenommen worden; so heißt es bei Bredig: „Wesentlich ist, daß der Katalysator der Reaktion immer wieder frei wird, also imstande bleibt, vielfache Mengen zu zersetzen, ohne dadurch selbst in erheblichem Maße verbraucht zu werden“; also „eine automatische Regenerierung des Hilfsstoffes zu immer wieder wirksamer Form“, oder „eine sich immer wieder lösende und erneuernde Bindung zwischen Enzym und Substrat“.

Den mehr oder minder „unbestimmten“ Zwischenstoffen und Zwischenzuständen („Instabile“ nach Skrabal), die in einer einfachen katalytischen Reaktion mit nur *einem* Katalysatorstoff rasch vorüberrauschen (z. B. eine Ferro-Ferristufe bei der SO_2-Oxydation mit Fe-Katalysator nach Neumann) und oft nur mit feinsten physikalischen Hilfsmitteln nachgewiesen werden können (H. Schmid u. a.), stehen gegenüber ähnliche, mitunter „abfangbare“ Zwischenverbindungen, die in einer komplizierten Reaktionsfolge mit nacheinander eingesetzten verschiedenen Katalysatoren vorkommen, z. B. Glycerin und Acetaldehyd im Gärungsprozeß (C. Neuberg).

13. Chemismus der Wirkung von Mehrstoffkatalysatoren.

Auf der Grundlage einer Hervorrufung neuer Teilakte und mehr oder minder bestimmter Zwischenverbindungen werden auch ohne weiteres verständlich zahlreiche Fälle der *Mehr- oder Sonderwirkung von Stoffaggregaten* (*Mehrstoffkatalyse einschließlich Trägerwirkung*). Kann ja doch *jeder* neue Stoff — zumal wenn er geschickt ausgewählt wurde — neue Affinitäten hinzubringen und so neue Möglichkeiten schaffen. Bestimmte ganzheitliche, d. h. nichtadditive Wirkungen von Stoffgemischen können sowohl in quantitativer wie in qualitativer Richtung sichtbar werden, ersteres in über- oder untersummativer Gestaltung der Reaktionsgeschwindigkeit, letzteres in Zuspitzung oder Abwandlung, ja sogar Neuschaffung bestimmter Spezifität beim Vorliegen von Systemen, die *verschiedene Reaktionsrichtungen* erlauben[21]. In beiden Fällen redet man von *stofflicher Aktivierung* (Verstärkung oder Zuspitzung) mit den weiteren Möglichkeiten der *Paralysierung* (Vergiftung, auch „Partialvergiftung") und *Kompensierung* durch weitere Stoffe.

Denjenigen Mehrstoffkatalysatorwirkungen in stofflicher „Aktivierung", die auf ausgesprochener *chemischer* „*Synergie*" oder Zusammenlegung der Affinitäten beruhen, stehen andere Fälle gegenüber, bei denen die Wirkungssteigerung im wesentlichen auf *strukturellen Einflüssen*, insbesondere der Erhaltung eines hohen Dispersitätsgrades und Verhinderung der Rekrystallisation und Sinterung beruht; als Beispiel diene für die Ammoniaksynthese der Nickel-Molybdän-Katalysator (Kombination von H_2- und N_2-Aktivierung) einerseits, der Eisen-Tonerde-Kontakt andererseits. Außerdem können Aktivator oder Träger auch Ad- und Desorption erleichtern (SCHUSTER, DOHSE) oder an der „Entgiftung" teilnehmen. Zwischen den zwei „räumlichen" Möglichkeiten: der dauernden festen Verbundenheit der Glieder eines Mehrstoffkatalysators und der freien Beweglichkeit der Partner (z. B. als Ionen in Lösung) steht in der Biokatalyse der außerordentlich wichtige Fall eines wechselnden und von „höheren Instanzen" neurohormonaler

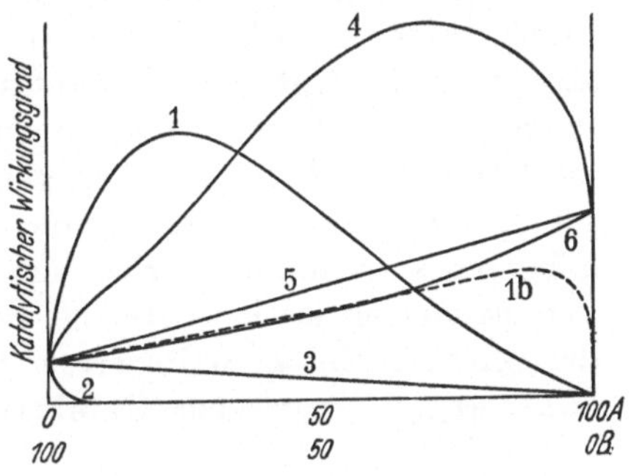

Abb. 1. Stoffgemische als Katalysatoren.
1 Einfache Aktivierung, 1 b Trägerwirkung, 2 Einfache Giftwirkung, 3 u. 5 Additive Wirkung, 4 Wechselseitige Aktivierung, 6 Wechselseitige Abschwächung.

oder sonstiger Art zielstrebig geregelten Beisammenseins und Getrenntseins. „Nicht das Wirkungsvermögen der Enzyme an sich ist an das Leben gebunden, sondern seine Hemmungs- und Enthemmungsvorrichtungen" (WILLSTÄTTER)[22].

Die möglichen „quantitativen" Fälle stofflicher „Aktivierung" oder „Verstärkung" beim Vorliegen eines einzigen möglichen Reaktionsweges zeigt vorstehende, am Beispiel der Ammoniakkatalyse entworfene schematische Abbildung (MITTASCH 1926).

Für die verschiedenen *qualitativen Möglichkeiten*[23], die durch die Zufügung zweiter und dritter Stoffe erreicht werden, diene als Beispiel die

Synthese von Methanol aus $CO + H_2$ (I.G. Farbenindustrie: MITTASCH, PIER u. a. 1923), bei der die „Grundfunktion" des Zinkoxydes durch Chromoxydzusatz irgendwie verstärkt wird, ein Alkalizusatz zu beiden aber die Bildung höherer Alkohole begünstigt; und anschließend die Beobachtungen von FR. FISCHER und Mitarbeitern bei der Gewinnung von „künstlichem Benzin" aus dem gleichen Gasgemisch mit andersartigen ternären und quaternären Katalysatoren. Wie noch ungleich größer und reicher aber die Mannigfaltigkeit von Synergismen und Antagonismen auf dem Gebiet der Biokatalyse sich gestaltet, braucht hier nur angedeutet zu werden. Vor allem spielt hier eine gewisse Selbständigkeit und *Beweglichkeit* der Teile des Mehrstoffkatalysators eine große Rolle, die schon in dem Schema: Apoferment + Coferment $\rightleftharpoons$ Holoferment und in einem „Pendeln des Cofermentes" ihren Ausdruck findet (v. EULER, ALBERS u. a.).

14. Katalytischer Anstoß und Abbruch von Kettenreaktionen.

Während der *cyclische Verlauf* von Katalysen homogener und heterogener Art im Grunde schon um die Mitte des 19. Jahrhunderts der Forschung mehr oder minder geläufig war, ist die zweite Möglichkeit eines Verlaufes, nämlich auf dem Wege katalytisch angestoßener *„Kettenreaktion"* (Name von CHRISTIANSEN) erst im letzten Jahrzehnt genauer erkannt worden. An und für sich hat die Kettenreaktion, die als stafettenartige Weitergabe eines bestimmten Energiebetrages gewissermaßen Anstoß und Erhaltung in sich vereinigt und die etwa nach dem Schema der photochemisch induzierten Chlorknallgasreaktion verläuft (NERNST), mit typischer Katalyse nichts zu tun.

$$Cl_2 + h\nu = 2\,Cl$$
$$Cl + H_2 \rightarrow HCl + H$$
$$H + Cl_2 \rightarrow HCl + Cl$$
$$Cl + H_2 \rightarrow HCl + H \text{ usw.}$$

Die bis Millionen Glieder langen und vielfach verzweigten Ketten von Einzelprozessen der Weitergabe empfangener Anregung (insbesondere bei stark exothermen, oft explosiv verlaufenden Vorgängen) können statt energetisch (wie durch ein Lichtquant im obigen Falle) auch *katalytisch angestoßen* werden oder „starten", und auch der Abbruch geschieht (und zwar regelmäßig) in der Weise, daß die immer weiter gegebene Energie schließlich von irgendeiner Molekel (gewöhnlich durch „Wandreaktion") endgültig aufgenommen wird. So kann die nach HINSHELWOOD u. a. über „Radikalketten" verlaufende Knallgasvereinigung statt mit dem elektrischen Funken als „Initiator" oder „Detonator" auch durch katalytischen Anstoß mittels Platin oder NO_2 erreicht werden; und eine große Zahl katalytischer Reaktionen sogar enzymatischer Art sind bereits nach dem Schema der Kettenreaktion mit kurzlebigen „Radikalen" interpretiert worden. Soweit es sich also um einen *stofflichen Anstoß* handelt, ist der Ausdruck „Katalyse" auch in derartigen Fällen durchaus am Platze, wie daraus hervorgeht, daß die den Katalysator kennzeichnende unmittelbare Bereitschaft zu erneutem Tun hier wie dort in gleicher Weise vorhanden ist[24]. Als Beispiele wohl untersuchter Fälle katalytisch angestoßener Kettenreaktionen sei die durch Spuren Fe ausgelöste Autoxydation von Acetaldehyd über Peressigsäure zu Essigsäure oder von Benzaldehyd zu Benzoesäure (nach BODENSTEIN, KISTIAKOWSKY u. a.), sowie die Sulfitoxydation (HABER) und die Zersetzung von H_2O_2 durch Fe-Salze genannt (siehe auch S. 34).

Läßt sich der „klassische" Katalysetypus mit seinem regelmäßigen cyclischen Wechsel von Einschaltung — Umsetzung — Ausschaltung durch das Symbol eines **Ringes** — oder eines Schöpfrades — wiedergeben, so verlangt die katalytische Kettenreaktion das Bild eines abgeschossenen **Pfeiles**. Daß aber nicht, wie vorübergehend gemeint wurde, der pfeilartige Verlauf von Katalysen über Atom- und Radikalketten die Regel ist, scheint die ausgeprägt spezifische auswählende Art weitaus der meisten Katalysen zu zeigen, der das Kettenschema nicht ohne weiteres gerecht zu werden vermag (PATAT, HINSHELWOOD, FRANKENBURGER).

An dieser Stelle kann der Kreis geschlossen werden von der reaktionskinetischen Zergliederung des katalytischen Vorganges zur Katalysedefinition, indem klar wird, *inwiefern die Schaffung und Wiederholung bestimmter Teilakte, die wesentliches Kennzeichen des Katalysators ist, zum Hervorrufen, Beschleunigen und Lenken von Bruttoreaktionen und Reaktionsfolgen führen kann.*

15. Katalytische „Urreaktion" und katalytischer „Elementarakt".[25]

Fassen wir, um den Dingen möglichst auf den Grund zu gehen, ein einzelnes stationäres und reaktionsfähiges Gebilde: Atom, Molekel, Ion ins Auge, oder auch mehrere zu einem Miniatursystem gehörende, so kommen wir nicht weit. Wie soll eine einzelne NH_3-Molekel mit ihrer inneren Oszillation der Quantenzustände „wissen", ob sie sich zersetzen soll oder nicht, und entsprechendes gilt für 3 H_2-Molekeln neben einer N_2-Molekel, als „allein auf weiter Flur" vorgestellt. Erst *durch Multiplikation* mit Tausend oder Millionen oder Billionen usw. *kommt Bestimmtheit in die Möglichkeiten des Geschehens, eine Art Ganzheitskausalität,* die wissenschaftlich mit der trockenen Bezeichnung „statistische Wahrscheinlichkeitsgesetze" versehen wird. Auch das katalysierende Atom- oder Molekelindividuum denken wir uns mit hohen

Zahlen multipliziert, wobei im Falle heterogener Katalyse die wichtige Feststellung von H. S. Taylor gilt, daß nicht die Gesamtheit, sondern nur eine lagemäßig begünstigte Teilzahl Atome als „aktive Stellen oder Punkte" der Oberfläche wirken können (z. B. 0,1%).

Nehmen wir als relativ einfachen und dabei gut untersuchten Fall die Wasserbildung aus 2 H_2 und O_2 mit blankem Platinblech als Katalysator, so gilt, daß schon im katalysatorfreien System nicht nur vorstufige Ereignisse wie „Lockerung" des Molekularverbandes eintreten, sondern daß einzelne Molekeln, die das energetische Durchschnittsmaß wesentlich überschreiten, im „Zusammenstoß" auch bis zum Endziel der Wasserbildung vorschreiten können[26]. Jeder bestimmte Elementarakt einer Molekel oder eines Atoms hat unter bestimmten Bedingungen einen festliegenden Zeit- oder Geschwindigkeitswert, und das gleiche gilt für die neu ermöglichten Elementarprozesse, die nach Einführung von Platin zwischen Pt und $O_2(O)$ bzw. $H_2(H)$ mit „gesetzlich geregelter" Häufigkeit eintreten. Ganz allgemein gilt, daß *die wesentlichen Elementarprozesse katalysierender Teilchen eine bestimme Zeitdauer beanspruchen* (nach Trautz in der Größenordnung von 10^{-12} bis 10^{-15} sec.?), die dann zusammen mit der Häufigkeit und Zeitdauer sekundärer Teilakte (z. B. Diffusion) den Gesamtfortschritt der Reaktion in der Weise ergibt, daß der jeweils langsamste Teilakt — der im heterogenen System auch außerhalb des Katalysators gelegen sein kann — das Gesamttempo bestimmt. Daß auch „äußere" *physikalische Prozesse* wie Adsorption und Diffusion die Gesamtgeschwindigkeit bestimmen können, haben zuerst Nernst und Brunner hervorgehoben und Bodenstein und Fink an dem Beispiel der SO_3-Katalyse an Platin gezeigt, wo aus der relativ langsamen Diffusion der Reaktionsgase durch einen SO_3-Oberflächenfilm die Bruttogeschwindigkeit folgt. Immer aber bedeutet das Auftreten neuer Gesamtgeschwindigkeiten „das Auftreten neuer Elementarreaktionen oder neuer Zuordnungen zwischen ihnen unter Teilnahme des Katalysators" (Schwab).

16. Katalytischer Gesamtvorgang, erscheinend als Hervorrufung, Beschleunigung, Lenkung.

Aus der durch eine elementare Konstante gekennzeichneten Zeitdauer des katalytischen Kernaktes eines elementaren Katalysatorteilchens — die der Anzahl der „Wiederholungen" je Sekunde reziprok ist — *und der Zahl der katalysierenden Teilchen ergibt sich nach Wahrscheinlichkeitsgesetzen als Durchschnittswert die Partialgeschwindigkeit, richtiger die Umsatzergiebigkeit der katalytischen Urreaktion.* Die der Messung zunächst allein zugängliche *Bruttogeschwindigkeit* des gesamten katalytischen Umsatzes dx/dt aber ist ein komplexes funktionelles Resultat: umgesetzte Menge je Zeit- und Volumeneinheit, eine Meßzahl also, die mit mechanischer „Geschwindigkeit" ds/dt nur den Namen gemein hat. „*Reaktionsbeschleunigung*" ist dann eine Meßzahl, die das Verhältnis der Menge katalytisch umgesetzter Teilchen zu der Menge der unter gleichen Bedingungen in Abwesenheit des Katalysators umgesetzten Teilchen für *eine durch übliche Reaktionsgleichung versinnbildlichte Bruttoreaktion* zum Ausdruck bringt. Die Geschwindigkeitskonstante einer Teil- oder Urreaktion aber kann durch keinen Katalysator geändert werden; *Elementarakte* behalten ihre Geschwindigkeit immer bei (TRAUTZ, BREDIG u. a.).

In gleicher Weise wie „Beschleunigung" sind auch „Hervorrufung" und „Lenkung" sehr summarische, bildhafte, den Wesenskern des katalytischen Vorganges nicht treffende und nur im Hinblick auf Erfolg und Abschluß des „Dramas" ausreichende und „adäquate" Bezeichnungsweisen. Von „Hervorrufung" wird dann geredet, wenn in für die Beobachtung zur Verfügung stehenden Zeiträumen das katalytische Produkt in Abwesenheit des Katalysators nicht in nachweisbaren Mengen entsteht; von „*Beschleunigung*", wenn dieses Produkt auch ohne Katalysatorgegenwart (dann natürlich auf einem anderen Reaktionswege) beobachtet wird, und von „*Lenkung" und „selektiver Wirkung*" schließlich, wenn aus der Konkurrenz der denkbaren und tatsächlichen Teilakte mit ihren Verflechtungen und Verzweigungen (in Parallel- und Folgeakten) in einem solchen System, das thermodynamisch verschiedene Möglichkeiten offen läßt, in dem einen Falle das eine Produkt (oder Hauptprodukt), im anderen Falle, d. h. mit einem anderen Katalysator, ein anderes entsteht. Dabei stehen grundsätzlich verschiedene Möglichkeiten offen:

a) Verschiedene katalytische *Anfangsakte*. Gibt man das in verschiedener Weise und an verschiedenen Stellen „angreifbare System" (*ein* Stoff oder mehr) durch einen Strich mit bestimmten (2 oder mehr) Fixpunkten wieder, so kann der Katalysator an verschiedenen Punkten *ABCD* angreifen und von da zu verschiedenen Produkten führen: auswählender Substratangriff an einer bestimmten Molekelstelle; Enzymspezifität struktureller und stereochemischer Art.

b) Katalytische *Verzweigung*. Schematisch wird diese Möglichkeit etwa wiedergegeben durch einen einfachen Strich, an dessen Endpunkt eine Gabelung eintritt, indem hier verschiedene Katalysatoren in ungleicher Richtung weiterführen.

c) Verschiedener *Abbruch* des Reaktionsverlaufes, im Zusammenhang mit a) und b), indem verschiedene Katalysatoren in dem thermodynamisch möglichen Geschehen ungleich lange Strecken weit führen, so daß in dem einen Falle etwa bei einem bestimmten metastabilen Produkt Halt gemacht wird, in dem zweiten bei einem anderen, während in einem dritten Falle der Weg bis zum thermodynamisch gegebenen Endzustand führt.

In der folgenden Skizze sind verschiedene erste Möglichkeiten der Reaktionslenkung stark vereinfacht wiedergegeben, unter Annahme von 3 Angriffsstellen *ABC* des Systems, je 3 Haltepunkten des Geschehens (einschließlich Endzustand) und 10 verschiedenen Katalysatoren.

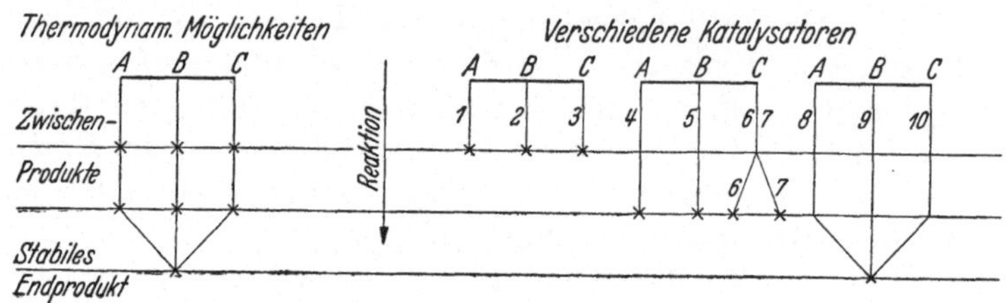

Abb. 2. Reaktionslenkungen.

Derartige Möglichkeiten werden oft auf das Vielfache erhöht und gesteigert durch *Anwendung von Mehrstoffkatalysatoren*. Was dann dem Beobachter bei flüchtigem Zusehen als eine ganzheitlich gleichzeitige Betätigung der verschiedenen Bestandteile des Kontaktes erscheint, kann wohl oftmals mit der „Zeitlupe“ in eine geordnete Aufeinanderfolge aufgelöst werden, indem der Bestandteil *A* etwa die Urreaktion *a*), der Bestandteil *B* die zeitlich anschließende Urreaktion *b*) hervorruft usw. Schwer aber wird es gerade in solchen Fällen sein, sich jeweils ein anschauliches Bild zu machen von dem komplizierten Zusammenwirken der einzelnen aktiven Punkte gleicher und verschiedener Art, da es ja jedem individuellen Atom oder jeder Atomgruppe an sich freisteht, in ihrer Weise ihren Cyclus zu wiederholen, andererseits aber doch ein „gesetzlicher“ Zwang bestehen muß, daß dabei von der Gesamtlage Kenntnis genommen und darnach entschieden und gehandelt wird. Als Beispiele für das tatsächliche Verhalten einer Reaktionslenkung dienen der von E. ABEL wohluntersuchte Fall der Oxydation von Thiosulfat mit J-Ion als Katalysator zu Thiosulfat, mit Molybdänsäure zu Sulfat; ferner die altbekannte Tatsache, daß je nach Art des Chlorüberträgers das Halogen einmal in den Kern, das andere Mal in die Seitenketten eintreten kann; und schließlich der verschiedene Verlauf der Zuckergärung je nach dem biochemisch eingesetzten Enzymsystem (Produkt: Alkohol, organische Säuren, Glycerin, Aceton usw.).

Das bekannte Beispiel des CO—H_2-Systems, das je nach Art des Katalysators und der Arbeitsbedingungen sehr verschiedenartige Produkte liefern kann: Methylalkohol oder höhere Alkohole oder Methan oder höhere Kohlenwasserstoffe, lehrt deutlich, daß *die Spezifität eines Katalysators sich statt im Anfang oder Fortgang auch im Ende, d. h. im Haltmachen auf bestimmten Stationen des Weges äußern kann.* Wie schon die Wärmetönungen der Reaktionen andeuten, sind Alkohole, ja auch noch flüssige Kohlenwasserstoffe verhältnismäßig weniger stabile Produkte dem Methan gegenüber, so daß sie ihrerseits mit geeignetem Katalysator wiederum Methan liefern können und so dem Endschicksal, in stabilsten Produkten mit dem Maximum der Entropie auszumünden, doch nicht entgehen. Weiter sei an die Oxydation von NH_3 mit Luftsauerstoff erinnert, wobei je nach der Art des Katalysators NO oder N_2 entsteht, sowie an das System NH_3 + CH_4 + O_2, das (nach ANDRUSSOW, in I.G. Farbenindustrie, Oppau) mit bestimmtem Katalysator in hohen Ausbeuten $HCN (+ H_2O)$ liefern kann, während unter „scharfen" Arbeitsbedingungen die Reaktion zum thermodynamischen Endzustand mit (fast nur) N_2 + CO_2 + H_2O läuft.

In dem chemischen Gewebe der Organismen spielt diese *Fähigkeit von Katalysatoren, auf besonderen Wegen zu nur relativ beständigen „metastabilen" Verbindungen zu gelangen,* eine maßgebende Rolle. Nur durch das unerschöpfliche Heer unter Normalbedingungen beschränkt beständiger und ihr Dasein regelmäßig Katalysatorwirkungen verdankenden Kohlenstoffverbindungen, nicht aber durch die „paar Dutzend" (höchstens) wirklich stabile Verbindungen des Kohlenstoffs, wird die Bahn freigegeben für die Unermeßlichkeit der stofflichen Grundlagen des Lebens und somit dieses selbst erst ermöglicht[27].

Zusammenfassend läßt sich, zumal mit Rücksicht auf Mehrstoffkatalysatoren sagen: Was im ganzen als eine vom Katalysator bewirkte Hervorrufung, Beschleunigung oder Richtunggebung erscheint, ist ein mehr oder minder ausgedehnter oft auch verzweigter Reaktionsverlauf, für den der *Katalysator* in der Weise verantwortlich ist, daß er *durch selektive Affinitätsbetätigung im ganzen oder in bestimmten Stoffbestandteilen neue Elementarakte schafft,* wechselnd zwischen Binden und Lösen, Einwickeln und Auswickeln, Einschalten und Ausschalten; an diesen Primärcyclus aber schließen sich zwangsläufig sekundäre Teilreaktionen an, oft mit Reaktionsverzweigung, auch mit besonderen Chemismen wie Reaktionsketten, sowie nicht selten mit erneuter Beteiligung des Katalysators oder bestimmter Bestandteile des Katalysatorsystems, Teilreaktionen schaffend oder abbrechend.

17. Komplikationen der Biokatalyse.

Geht man von hier zu der noch weit verwickelteren und schwieriger zu behandelnden *Biokatalyse* über, so bleiben die Grundmerkmale erhalten, jedoch mit einer Steigerung und Vermannigfaltigung in das Unübersehbare. Neben verhältnismäßig einfachen und allgemeinen katalytischen Wirkungen — z. B. von Elektrolytionen — stehen solche höchst ausgeprägter Besonderheit von Fermenten mit Struktur- und Stereospezifität (WEIDENHAGEN u. a.). Dieser „hochgezüchteten“ Spezifität dient vor allem die ausgeklügelte Einsetzung von *Mehrstoffkatalysatoren* labiler Art, die dann ihr Gegenstück findet in den mannigfachen ganzheitlichen Synergismen organismischer Wirkstoffe (siehe S. 69).

So wenig eine Zurückführung des Aufbaues und der Wirkung von Enzymen auf ein einziges Schema dem wirklichen Sachverhalt entspräche, so ist doch eine *duale Konstitution* mehr oder minder fester Art durchaus die Regel: Träger und Wirkungsgruppe, Pheron und Agon, Apoferment und Coferment. Für *„Hemmung“ und „Verstärkung“* sei als Beispiel lediglich das glykolytische System des Froschmuskelextraktes angeführt, das nach WAGNER-JAUREGG schon durch sehr kleine Mengen Kupferion gehemmt, durch Zugabe von Cozymase oder WARBURGschem Ferment aber (in geringem Maße auch durch andere gleichfalls Schwermetall bindende Stoffe wie Glutathion und Cystein) reaktiviert wird. Als besonderes Kennzeichen der Biokatalyse der chemisch-technischen Katalyse gegenüber erscheint ein ewiges Hin und Her, ein unaufhörlich wechselndes Zusammenkommen und Auseinandergehen der einzelnen „Spieler“, höheren ganzheitlichen Regeln gehorchend.

Wie unendlich vermannigfaltigt und verfeinert die *enzymatischen Stoffwechselkatalysen* von pflanzlichen und tierischen Organismen den Katalysen des Chemikers und Technikers gegenüberstehen, zeigt die heutige Entwicklung der Fermentchemie auf das deutlichste. Dabei hat sich die Entwicklung beider Formen: der einfach chemischen und der biochemischen Katalyse, die bei BERZELIUS in so viel verheißender Weise an *einen* Ausgangspunkt geheftet worden waren, jahrzehntelang durchaus nicht in engem Einvernehmen vollzogen, vielmehr ist die *Fermentkatalyse so sehr ihren eigenen Weg* gegangen — und zwar an LIEBIG und NÄGELI anschließend einen ausgesprochen „mechanistischen“ Weg, mit Herausforderung eines entgegengesetzten „vitalistischen“, so bei PASTEUR mit seiner Gärungstheorie —, daß (trotz SCHÖNBEIN) ein völliger Zerfall drohte, und die *Anbahnung und Herstellung einer erneuten Einheit* durch W. OSTWALD und G. BREDIG nicht ohne Überwindung ernsthafter Schwierigkeiten möglich gewesen ist.

An BREDIGS Arbeiten über „Anorganische Fermente" ab 1901 knüpften sich *die ersten großen Resultate einer quantitativ messenden Enzymatik* unter Benutzung einfacher Katalysen, insbesondere mit kolloidalen Katalysatoren, als Modelle, die zum Verständnis der analogen, wenn auch ungleich verwickelteren Biokatalysen führen. Bei dieser im Anschluß an DUCLAUX erfolgenden *Herausarbeitung der mikroheterogenen Katalyse des Chemikers als Modell der Fermentwirkung* sind zahlreiche für die Zukunft wegweisende Resultate gewonnen worden: Feststellung bestimmter Dehydrase-Katalysatoren und ihrer Bedeutung für die biologische Oxydation; die Bedeutung der Redoxpotentiale (mit „PETERSscher Gleichung"; BREDIG und LUTHER); ein „SCHARDINGER-Fermentmodell", das das Zusammenwirken eines kolloiden H-Überträgers und einer dahintergestellten „Redoxsubstanz" wie Methylenblau (als zweiter Katalysator und Sauerstoffacceptor) demonstriert; schließlich der erfolgreiche Weg vom einfachen Platinblech bis zum stereochemisch spezifischen Faserkatalysator als Modell der von BERZELIUS schon vermuteten Gewebekatalysatoren: alles Resultate, an die sich weiter grundlegende Arbeiten von MICHAELIS und MENTEN, E. FISCHER, ABDERHALDEN, WILLSTÄTTER, J. B. S. HALDANE, v. EULER, H. WIELAND, O. WARBURG, C. NEUBERG, F. F. NORD, R. KUHN und vielen anderen sich angeschlossen haben. (Siehe insbesondere auch ALBERS, BAMMANN, BERSIN, GRASSMANN, W. KUHN, KRAUT, SCHWAB, WALDSCHMIDT-LEITZ, WEIDENHAGEN.)

18. Katalytische Grenzformen und Sonderformen.

Neben der typischen Katalyse, mag sie sich in „cyclischem" oder „linearem" Verlauf betätigen, seien noch bestimmte Sonderformen genannt, die das Gesamtbild irgendwie ergänzen.

Schon *Zerfall und Bildung einer einfachen Molekel* ist (nach K. F. HERZFELD, BODENSTEIN u. a.) nicht möglich ohne die Gegenwart irgendwelcher Fremdmolekel, die Energie leihweise abzugeben und zurückzunehmen vermag. In Krystallen ferner (z. B. bei Martensitbildung) können nach DEHLINGER Bewegungen vieler gleichartiger Atome „durch die Bewegung weniger einzelner Atome gelenkt werden", indem in einer Art „Kettenreaktion" der thermisch bedingte Sprung eines Atoms das Umklappen einer ganzen Netzebene zwangsläufig nach sich zieht: „Verstärkung atomarer Schwankungen" auf makroskopische Dimensionen, eine Art Modell für die Mutation von Genen, die gleichfalls als „Gebilde mit krystallähnlicher Wiederholung identischer Atomverbände" erscheinen.

Nach FRANKENBURGER kann als einfachster Fall einer Katalyse gelten die an einer Molekelart durch einen Zusatzstoff bewirkte *Beschleunigung des Überganges von Translations- in Schwingungsenergie* als vorgeschalteten ersten Teilprozesses einer Reaktion, z. B. in Chlor durch Fremdgase, wobei nach Eucken die Stoßausbeute — sonst von 30000 Zusammenstößen nur einer erfolgreich — wesentlich erhöht wird. Eine Beeinflussung von Molekelbindungen zeigt sich auch in der Aufrechterhaltung monomolekularen Zerfalls von Gasen im Gebiet niedriger Drucke durch Fremdgase, die das Maxwellsche Energieverteilungs-Gleichgewicht sich rascher einstellen lassen als im zusatzfreien Gase (Äthylenoxydzersetzung bei Wasserstoff-Gegenwart). (Schließlich kann man in der Tatsache, daß strahlende Energie — als harter γ-Strahl — beobachtungsgemäß nur beim Zusammentreffen mit stofflichen Korpuskeln einer Umwandlung bis zu einer „Materialisation" fähig ist — eine Art „Katalyse" hohen Stiles sehen.)

Auf ausgesprochen chemischem Boden liegt eine wichtige Erscheinung, die gewissermaßen eine Art Zusammenlegung katalytischer A.K. mit rein chemischer E.K. darstellt, und die von der Natur vor allem da angewendet wird, wo es gilt, eine nicht freiwillig verlaufende Reaktion dadurch zu ermöglichen und zu „erzwingen", daß dieser die von gleichzeitig stattfindenden passenden Reaktionen stark exothermischer Art entwickelte Energie zur Verfügung gestellt wird. Es handelt sich um die *Reaktionskopplung durch stoffliche Induktion*, eine eigenartige Mischung von Tun und Erleiden, indem ein Stoff als Induktor (z. B. ein Sulfit), der selber durch einen Aktor eine Umwandlung erfährt (Oxydation durch Bromat), einen sonst reaktionsträgen Acceptor (Arsenit) an der Reaktion teilnehmen läßt unter bestimmter stöchiometrischer Verteilung der Aktormengen[28]. Die wichtige Rolle, die diese Reaktionskopplung z. B. im chemischen Muskelprozeß spielt, ist bekannt.

Liegt in der stofflichen Reaktionskopplung eine Art Kopplung chemischer E.K. und A.K. im Gleichzeitigen vor, so kann man in der S. 26 erörterten *Kettenreaktion* eine Art Verbindung beider im Nacheinander erblicken. Durch die Theorie der Kettenreaktion (Bodenstein, Hinshelwood, Semenoff, Clusius u. a.) samt der vielfach eintretenden Kettenverzweigung haben auch zahlreiche *explosiv verlaufende Reaktionen* („Lawinenkatalysen" mit Beteiligung der Autokatalyse) eine hinreichende Aufklärung gefunden. An Schwierigkeiten der Deutung aber rührt Hinshelwood, wenn er erklärt: „Alle Molekeln, auch die nicht unmittelbar beteiligten, werden durch die freigemachte Wärme in aktivierte Zustände versetzt, und diese aktivieren wieder die Molekeln der Ausgangsstoffe, wobei allerlei spezifische Übertragungserscheinungen eine Rolle spielen"; Kettenverzweigung

ist dann „keine einfache Vorstellung mehr“. Welche Bedeutung
Kettenreaktionen auch für biochemische, insbesondere enzy-
matische Vorgänge haben können, ist zuerst von HABER und
WILLSTÄTTER an Beispielen gezeigt worden; siehe auch MOEL-
WYN-HUGHES u. a.

Auf die der Katalye nahestehende *photochemische Sensibilisierung* sei
nur kurz verwiesen. Bromsilber wird durch geeignete Farbstoffzusätze für
langwelliges Licht empfindlich gemacht (VOGEL 1883); selbst bei „reinstem“
Salz sind vielleicht noch Spuren von Fremdsubstanz anregend und über-
tragend wirksam (POHL).

19. Hauptperioden der katalytischen Forschung.

Im ganzen genommen zeigt sich, daß *die Katalyse trotz bestimmter Übergangs- und Sonderformen sich doch genügend scharf von
nichtkatalytischen Reaktionen abhebt* und daß eine Unterschei-
dungsmöglichkeit schon auf der Ebene wenig entwickelter chemischer Kenntnis gegeben ist; hätten doch sonst Männer wie BER-
ZELIUS, KUHLMANN, PLAYFAIR und DEACON den Begriff der Katalyse nicht schaffen und handhaben können. Wenngleich also ein
Wechsel des Allgemeinbildes der chemischen Theorie in der Richtung eines tieferen Eindringens auch einen zunehmend klareren
Einblick in katalytische Verhältnisse gewährt, so wird doch dadurch das *Grundmerkmal des Katalysators als eines stoffliche Umsetzungen veranlassenden und dabei „repetieren könnenden“ stofflichen Faktors* keineswegs berührt.

Als Hauptstufen der allgemeinen chemischen Theorie, soweit
sich diese auf die Beschaffenheit des Stoffes und auf seine Umsetzungen bezieht, lassen sich drei Perioden unterscheiden, die
freilich in Wirklichkeit nicht scharf getrennt sind.

A. *Das mechanistische Atombild*, das an DALTON anknüpft.
Rein mechanistisch ist allerdings auch diese „Fiktion“ nicht, da
das *„Qualitative“*, d. h. die der Mechanik unzugängliche verschiedene, sprunghaft sich ändernde Beschaffenheit (insbesondere
spezifische Affinität) der angenommenen „Grundstoffe“, die eine
völlige Zurückführung des Geschehens auf das rein Quantitative
einer GALILEI-NEWTONschen Mechanik von vornherein aussichts-
los erscheinen läßt, stillschweigend mit hereingenommen und anerkannt wird. 1 kg Gold und 1 kg Blei folgen den gleichen mechanischen Gesetzen und sind doch für den Chemiker wesensver-

schieden. Rein mechanistische Vorstellungen über den Vorgang der Katalyse haben demgemäß nur eine untergeordnete Rolle spielen können; es sei an die rasche Erledigung der extremen Verdichtungs- oder *Adsorptionshypothese* und an den (im ganzen genommen) geringen Erfolg erinnert, den LIEBIG mit seiner mechanistischen „Mitschwingungstheorie" der Katalyse gehabt hat[29]. „Ich halte die mechanistische Betrachtungsweise des Chemismus für irrtümlich" (SCHÖNBEIN).

Wie unfruchtbar *mechanistische Spekulationen* schließlich werden mußten, zeigt deutlich K. FR. MOHRS „Mechanische Theorie der chemischen Affinität", nebst seiner Äußerung in einem Schreiben an LIEBIG vom 20. Januar 1870 über die Ursache der Verbindung von Säure und Alkali: „Säuren und Alkalien besitzen ungleiche Molekularbewegungen, und zwar die Säuren breite, aber wenig Schwingungen, die basischen Körper viele, aber schmale Schwingungen". Und nach O. LOEW 1875 beruht die Knallgaskatalyse darauf, daß die Sauerstoffmolekeln bei heftigem Aufstoßen auf die scharfen Kanten des Katalysators in zwei Teile gespalten werden. Ausgesprochen mechanistische Betrachtungsweise, im Anschluß an LIEBIG und MITSCHERLICH, findet sich auch noch bei STOHMANN 1899: „Eine Flocke Fibrin bringt in Lösungen von Wasserstoffsuperoxyd lebhaftes Aufschäumen von entweichendem Sauerstoff und Bildung von Wasser hervor, weil die von der Fibrinflocke ausgehenden Schwingungen das ohnehin schon höchst labile Gleichgewicht der Atome im Wasserstoffsuperoxyd erschüttern und dadurch die Neulagerung der Atome herbeiführen". Bei Katalysatoren wie Silberoxyd sollen diese Atomschwingungen so stark werden, daß auch die Molekeln des Katalysators zum Zerfall kommen. (Vgl. HÜFNER 1874: „Dehnung von Molekeln"; MENDELEJEFF, RASCHIG: „Deformation" der reaktionsfähigen Molekeln.) Die Katalyse erscheint STOHMANN allgemein als „Bewegungsvorgang der Atome in den Molekülen labiler Körper, welcher unter dem Hinzutritt einer von einem anderen Körper ausgesandten Kraft erfolgt und unter Verlust von Energie zur Bildung stabilerer Körper führt". (Diese Definition hat auf W. OSTWALD so „herausfordernd" gewirkt, daß er „aus dem Stegreif" seine eigene neue gab; siehe S. 10). „Ultramechanistische Mystik" zeigt sich schließlich in unzulänglichen Fermenterklärungen von Forschern wie BOKORNY, gegen die sich BREDIG seinerzeit zur Wehr setzen mußte: „Atombewegungen von bedeutender Amplitüde", „in Thermogenen aufgespeicherte potentielle Wärmeenergie", „Labilität der Plasmaproteine" u. dergl.

B. Das kombiniert *mechanistisch-elektrische oder „dynamische" Bild*, das sich im Anschluß an BERZELIUS u. a. in fortschreitender Verfeinerung entwickelt hat[30]: Das Wesen der Affinität und der Valenzbetätigung wird als etwas polar „Elektrisches" und damit von vornherein mechanisch nicht voll zu Erklärendes angesehen, während auf die empirisch gefundenen allgemeinen

Regeln stofflicher Umsetzungen weitgehend *mechanistische Bilder* angewendet werden, die der Makrophysik entnommen sind: Atome und dementsprechend auch Molekeln usw. als in Dauerbewegung befindliche Gebilde, wobei translatorische, rotierende und oszillatorische Bewegungen (in zusammengesetzten Gebilden von nicht einfach summativer Art), dasjenige begründen, was als ruhende oder tätige chemische Energie zur Erscheinung gelangt.

So ist unter wesentlicher Hilfeleistung der Thermodynamik sowie der kinetischen Gastheorie mit ihren Wahrscheinlichkeitsaussagen für Stoß und Stoßausbeute, atomaren Platzwechsel und Reaktionsgeschwindigkeit eine *leistungsfähige chemische Reaktionskinetik* erwachsen, und auf dieser sicheren Grundlage ruht auch heute noch die katalytische Theorie zu einem bedeutenden Teile. Darnach macht sich die Katalysatorwirkung primär geltend in Deformation, Dehnung, Abstandsänderung und Lockerung atomarer Bindungen, bei Fällen selektiver Katalyse in der Aktivierung spezieller Einzelbindungen. „Jede Geschwindigkeit einer Partialreaktion hängt nur vom Anfangszustand, von den Stoßzahlen der Partner, sowie gegebenenfalls von sterischen Faktoren ab" (TRAUTZ). Bei heterogener Katalyse besteht die erste Phase in einer „elektrodynamischen Verzerrung der Molekeln" durch die Atomfelder des angrenzenden Katalysators (HABER). Bei Enzymwirkungen ist vielfach eine haptophore aktive Gruppe für die Komplexbildung, eine funktionelle für den chemischen Umsatz tätig (v. EULERS Zweiaffinitätenlehre); für die Gesamtgeschwindigkeit aber erscheint regelmäßig der Teilakt des Komplexzerfalles maßgebend.

Im einzelnen ist man in der *Zergliederung katalytischer Gesamtprozesse* schon sehr weit gelangt. Für das Gebiet der homogenen Katalyse seien beispielsweise genannt die sorgfältigen Untersuchungen von E. ABEL über katalytische Reaktion und Reaktionsverzweigung, etwa für den Fall des Systems H_2O_2, J_2 und J-Ion als solches sowie und unter Zufügung von Thiosulfat, von SKRABAL über die Keto-Enol-Umlagerung; für die heterogene Katalyse seien nur BODENSTEIN, SCHWAB, FRANKENBURGER, H. S. TAYLOR genannt; für die Enzymkatalyse die Aufklärungen über Saccharase (WEIDENHAGEN u. a.), Katalase usw. sowie auch die Zerlegung der großen Komplexe der Gärung, der Zellatmung und des chemischen Anteiles der Muskelarbeit (v. EULER, O. WARBURG, NEUBERG, MEYERHOF, HILL, LOHMANN, PARNAS u. a.). Die Labilität kolloider Biokatalysatoren gegenüber Temperatureinflüssen wurde von F. F. NORD erforscht.

Zur Veranschaulichung sei das *Umsetzungsschema einer Grenzflächenkatalyse* (Alkoholzerfall in Methan und Wasser) *und einer Biokatalyse* (H_2O_2-Zerfall an Katalase nach ZEILE) gegeben (entnommen FRANKENBURGER: Katalytische Umsetzungen **1937**, 388; siehe auch Ergebn. d. Enzymforschg **1934**, 1).

Natur des Teilprozesses	Heterogene Gaskatalyse	Fermentprozeß
1. Transport des Substrates zur Katalysator-Grenzfläche.	C_2H_5OH-Moleküle gelangen zum Kontakt.	H_2O_2-Moleküle gelangen zu den einzelnen Enzympartikeln.
2. „Physikalische" Adsorption des Substrates.	C_2H_5OH wird durch schwache (VAN DER WAALSsche) Kräfte an der Gesamtoberfläche des Kontaktes adsorbiert.	H_2O_2 wird an der Oberfläche der kolloidalen Katalase-Teilchen angelagert.
3. Wanderung der adsorbierten Moleküle innerhalb der Adsorptionsschicht zu „aktiven" Oberflächenstellen.		
4. An aktiven Bezirken der Katalysatorgrenzfläche: *Umlagerung* der Substratmoleküle in aktivierte, reaktionsfähige Form.	Lockerung bzw. Spaltung der $$CH_2\text{———————}H$$ $$CH_2\text{————————}OH$$ Bindungen unter dem Einfluß besonders angeordneter Atome der Kontaktoberfläche.	Lockerung bzw. Spaltung der $$H\text{————}O$$ $$H\text{————}O$$ Bindung unter dem Einfluß der Hämingruppe (Fe-Atom) des Katalaseteilchens.
5. Abschub der Spaltprodukte von den aktiven Stellen auf angrenzende Oberflächenteile.	Übernahme von C_2H_4 und H_2O durch indifferente Nachbarbezirke der Kontaktoberfläche: *Wiederfreilegung* der aktiven Bezirke.	O_2 und 2 H werden durch Bindung an die „Trägersubstanz" dem Bereich der Hämingruppe entzogen.
6. Desorption der Spaltprodukte von der Kontaktoberfläche.	C_2H_4 und H_2O treten aus ihrer losen Adsorption am Kontakt in den Gasraum über.	O_2 tritt aus loser Bindung an Trägersubstanz in die Flüssigkeit über, die 2 H-Atome reduzieren ein weiteres Molekül H_2O_2 zu $2\,H_2O$, welche sich vom Enzymteilchen trennen.
7. Abtransport der Reaktionsprodukte aus der Nähe der katalysierenden Grenzfläche.		

„Bei gegenseitiger Umsetzung mehrerer Reaktionspartner an Stelle einer einzigen Molekülart umfassen derartige Schemata naturgemäß noch weitere Teilprozesse, so z. B. im Fall der katalytischen NH_3-Synthese, bei welcher sowohl die N_2- als auch die H_2-Moleküle an den aktiven Stellen des Kontaktes weitgehend gelockert bzw. in Atome dissoziiert werden (gemäß Teilvorgang 4), um dann in einer stufenweisen Oberflächenhydrierung

$$\underbrace{N \to NH}_{+\,H} \underbrace{\to (NH_2) \to}_{+\,H_2} NH_3$$

zum Endprodukt zu führen" (Zschr. Elektroch. **39** (1933) 45ff.).

C. Das *quantentheoretisch-elektronische Bild* der Neuzeit, das an die umstürzenden radioaktiven und atomphysikalischen Entdeckungen des Ehepaares CURIE, RUTHERFORD, NIELS BOHR, PLANCK, SOMMERFELD und an die neue Quanten- und Wellenmechanik von L. DE BROGLIE, DIRAC, HEISENBERG, SCHRÖDINGER, P. JORDAN u. a. anknüpft. Die Auswertung für Valenzforschung, Reaktionskinetik und Katalyse, beginnend mit HEITLER und LONDON, weiter E. und W. HÜCKEL u. a., ist in vollem Gange, so daß bereits nicht nur eine allgemeine Affinitäts- und Valenzlehre auf quantentheoretischer Grundlage in ihren Anfängen vorliegt, sondern auch eine Anzahl chemische, spezielle auch katalytische Reaktionen einfacher Art, atomare wie molekulare, weitgehend bewältigt werden konnten (Berechnung von Aktivierungswärmen und Geschwindigkeiten von Urreaktionen: POLANYI, EYRING, SCHWAB u. a., s. auch ROBINSON, SIDGWICK).

Für molekulare Reaktionen seien als Beispiele genannt: die katalytische Esterverseifung, wobei das Valenzelektronenpaar des Esters durch Anlagerung des Protons einer Säure ganz zur Äthoxylhälfte gezogen wird, unter Bildung von Alkohol, während der verbleibende Säurerest sich mit einem OH-Ion durch dessen Valenzelektronenpaar zur Säuremolekel verbindet; ferner spezielle Elektronenschemata für Säuren- und Basenkatalysen (LOWRY), sowie die Umwandlung von Para- in Ortho-Wasserstoff, die durch paramagnetische Fremdmolekeln beschleunigt wird und bei der FARKAS die Reaktionsgeschwindigkeit aus Eigenschaften der reagierenden Stoffe abzuleiten vermochte, in Übereinstimmung mit der empirisch ermittelten.

So vermag die neueste Entwicklung der Theorie in einfachen Fällen mit ihren Berechnungen und Voraussagungen bis in das Gebiet des Quantitativen mit seinen Fragen: Wieviel? und Wie

rasch? vorzudringen. Je weiter aber Wissen und Erkennen vor-
stoßen, um so größere Anforderungen werden theoretisch und
praktisch gestellt, und um so schwieriger wird es auch, für
ein seinem Wesen nach „unanschauliches" atomares Geschehen
raumzeitliche Bilder fiktiver Art zu entwerfen, die eine dem
Chemiker unentbehrliche Anschaulichkeit sekundärer Art be-
gründen[31].

Wenn so die neue chemische Theorie mit ihren Symbolen und
fruchtbaren Fiktionen in äußerst willkommener Weise unsere Einsicht und damit auch unser technisches Handeln fördert und hie
und da in einfachen Fällen sogar neue quantitative Voraussagungen erlaubt, so muß doch betont werden, daß sie in bezug auf das
Grundsätzliche, d. h. das die Katalyse von der Nichtkatalyse Ab-
hebende, nichts Neues bringen kann. Atomphysik und Quantentheorie geben *ungemein verfeinerte und leistungsfähige Vorstellungs-
bilder des chemischen Geschehens überhaupt*, aber schon im unter-
irdischen Wurzelwerk, aus dem der sich verzweigende Stamm des
chemischen Geschehens herauswächst. Um gewöhnliche chemische
Reaktion und katalytische Reaktion unterscheiden zu können,
bedarf es also nicht der neuen elektronischen Affinitätsmodelle.
Zeigt ja die reaktionskinetische Zergliederung, daß die Katalyse
in *keiner Weise etwa durch eine bestimmte Art von konstituierenden
Elementarakten charakterisiert ist*, die bei „gewöhnlichen" chemischen Prozessen nicht vorkäme. Sie *erhält ihr Gepräge vielmehr
ausschließlich durch eine bestimmte zeiträumliche und ganzheitliche
Verknüpfung elementarer Teilprozesse, die als solche auch bei katalysefreien chemischen Prozessen, aber in anderer Verknüpfung vorkommen.* Die elektronisch-quantentheoretische Grundlage ist
dem katalytischen und dem nichtkatalytischen Geschehen gemeinsam.

Es ist wie mit der Unterscheidung von Gebirge und Flachland,
die auch schon aus luftiger Höhe, z. B. vom Flugzeug aus gelingt,
sofern nur nicht Wolken und Nebel die Landschaft einhüllen. Wer
genauere Kenntnisse erlangen will, wird sich freilich der Mühe
der Durchquerung des ganzen Landes unterziehen, und wer selber
säen und ernten oder nach Erz schürfen will, wird an einer bestimmten Stelle Fuß fassen müssen und arbeiten, und er wird sich
dabei des besten und leistungsfähigsten Werkzeuges bedienen, das
es jeweils gibt.

IV. Die Stellung der katalytischen Kausalität zu anderen Kausalitätsformen.

20. Verschiedene Möglichkeiten und Formen der Anstoß-Kausalität.

Während das *Wesen* der Katalyse durch scharfe Zergliederung der katalytischen Erscheinungen genügend deutlich hervortritt, kann die *Bedeutung der Katalyse* nur dann hinreichend gewürdigt werden, wenn man die Stellung der K.K. innerhalb der Ordnung der übrigen Kausalitätsformen ins Auge faßt. Dabei ist auch das Gebiet des Energetischen, das „Energiefeld", zu beachten mit seinem besonderen Merkmale, daß „Energie" sowohl an „Stoff" gebunden auftreten, wie auch in Form von „elektromagnetischer Strahlung" (auch alles durchdringender Neutrino-Strahlung?) vorübergehend eine Art selbständigen — wenngleich nicht „masse-freien" — Daseins führen kann.

Ob stoffgebunden oder nicht: die Energie zeigt allgemein die gleiche Eigenschaft der Konstanz wie der Stoff, d. h. bestimmter reversibler Umwandlungsverhältnisse beim Übergang von der einen Form zur anderen; und in dieser Gleichheits- bzw. Proportionalitätsbeziehung, die in der Gültigkeit von „Erhaltungsgesetzen" zutage tritt, offenbart sich die *energetische* E.K., auf die hier nicht weiter eingegangen wird, zumal da sie uns heute fast als Selbstverständlichkeit erscheint. Desgleichen bleibt unerörtert die schon S. 2 berührte „oberste" Form der E.K., die in der — unter extremen Bedingungen zu beobachtenden — gegenseitigen Umwandlungsfähigkeit von strahlender Energie und Masse beobachtet wird (Materialisation und Dematerialisation).

Hier interessiert nur, wie ganz allgemein in die *Gleichbleibungskausalität E.K., gewissermaßen „von der Seite herkommend", eine ebenso vielgestaltige Ungleichheitskausalität A.K. eingreift, die mit jener verträglich ist,* da sie gewisse offengelassene „Unbestimmtheiten" und „Freiheiten" des Gleichheitsschemas vorfindet — namentlich in bezug auf Zeitmaß und „Richtung" —, die sie zu Bestimmtheiten machen kann (Näheres siehe Abschnitt V)[32]. „Das Kausalgesetz ist ein heuristisches Prinzip, ein Wegweiser, und zwar nach meiner Meinung der wertvollste Wegweiser, den wir besitzen, um uns in dem bunten Wirrwarr der Ereignisse zurechtzufinden" (PLANCK). Dabei ist die Kette der Kausalabläufe ohne Grenzen, der Verstand findet hier keinen Anfang und kein Ende.

Da bei aller Erhaltung im ganzen Stoff und Energie ihre Sondergestalt im Raume fast andauernd und überall wechseln — die ganze Physik und Chemie hat es mit den unendlichen Möglichkeiten solcher „Formwandlungen" zu tun —, so ist die E.K. meist zugleich eine „*Umsetzungskausalität*" irgendwelcher Art: Umsetzung von Stoff oder Energie oder von beidem gleichzeitig; nur elementare stationäre Zustände wie der des sich selbst überlassenen einzelnen Atoms, in gewissem Maße auch noch astronomische Bewegungen rhythmisch-periodischer Art im Universum bilden eine Art Ausnahme, indem hier so gut wie durchweg konstante Verhältnisse gemäß konstanten Bedingungen (Urkräften) herrschen, mit nur seltenen „Anstößen" (oder gar „Zusammenstößen"), die nennenswerte Änderungen herbeizuführen vermögen.

Wie sehr des Menschen Sinn und Aufmerksamkeit auf *Veränderungen* und deren Herbeiführung (Anregung, Auslösung, Anstoß) gerichtet ist und wie wenig verhältnismäßig auf das Gleichbleibende, zeigt deutlich das Verhalten gegenüber *stationären Zuständen* einfacher sowie rhythmischer Art. Bei der Betrachtung eines Wasserfalles oder des regelmäßigen Ganges eines aufgezogenen Uhrwerkes oder auch des gleichförmigen Wandelns der Gestirne wird selten gefragt werden, *warum* diese gleichmäßige Bewegung sei; und wenn die Frage doch gestellt wird, so wird die Antwort sich meist in die „Kraft" als qualitas occulta flüchten. Ähnlich verhält es sich mit dem stationären Zustand eines Gases, einer Flüssigkeit, ja schließlich auch eines stabilen Atomes, das sich selbst überlassen bleibt; und auch bei den unstabilen radioaktiven Atomen, deren Zerfall menschlichem Eingriff unzugänglich ist, kann nur in „höherem" Sinne nach der „Ursache" ihres seltsamen Verhaltens geforscht werden. Oder wenn gefragt wird: Warum brennt das Licht?, so wird wohl nur in der Chemieprüfung mit stofflich-energetischen Bedingungen und Zusammenhängen aufgewartet werden, im übrigen aber wird es vermutlich heißen: weil es angezündet wurde; oder auch unter gedanklicher Vorwegnahme des Zweckes (als Motiv): weil es zum Lesen gebraucht wird.

Ganz analog läßt sich auch für den komplex-stationären Zustand oder das „dynamische Gleichgewicht" des Lebens (das in Wirklichkeit niemals ein Gleichgewicht in strengem chemischem Sinne ist und sein kann) keine eigentliche „Ursache" angeben; fängt man aber an, die „*Bedingungen*" aufzuzählen, so wird man kein Ende finden.

Neben stationären Zuständen von der Art, daß keine Ausgleichung und Entwertung der Energie, kein Abfall der freien Energie unter Arbeitsleistung gegen Widerstände stattfindet — wie der Planetenbewegung im Sonnensystem (in großen Zügen) oder den Vorgängen im Einzelatom, gibt es andersartige, bei denen gleichfalls dauernd das Gleiche geschieht, jedoch an immer neuem Stoff und unter Zunahme der Entropie bei dessen Wandlung — so bei der brennenden Kerze. Mit dynamischen Zuständen der letzteren Art ist der Lebensprozeß vergleichbar (s. S. 59).

Es sollen nunmehr *die wichtigsten Formen der A.K.*, in deren sich dauernd wandelndem Wechselspiel mit Gleichbleibungsverhältnissen die „Wirk-lichkeit" der Dinge zutage tritt, kurz erörtert werden. In deduktiver Weise wird dabei von der Frage ausgegangen, *in welchen Erscheinungsgebieten überhaupt ein anstoßendes und erregendes Wirken des Einen auf das Andere denkbar ist*. Dabei handelt es sich zunächst nur um konkrete (verbale) Kausalismen, und zwar zunächst „einfachste Gestalten", d. h. verhältnismäßig kurzgliedrige und unverzweigte Zusammenhänge im Gegensatz zu komplexen, hochkomplexen und höchstkomplexen, die mehr oder weniger verzargt, verfilzt und verknäuelt erscheinen. *Kausalismen sekundärer und abstrakter Art*, die bereits adjektivisch oder substantivisch „destilliert" sind, bleiben von der Gruppierung ausgeschlossen (siehe die Beispiele Anm. 4). Unterscheiden wir von vornherein

Räumlich:	Überräumlich:
A. Rein Energetisches, (Feld)	C. Stoff- und Energie-freie
B. Stofflich-Energetisches,	„entelechiale" Faktoren und
(Masse im gewöhnlichen Sinne:	Potenzen,
Stoff u. Körper)	

so kann für einfach duale zeitlich-kausale Zusammenhänge folgendes *Schema* gegeben werden, indem man jeweils in der Pfeilrichtung von Ursache zu Wirkung fortschreitet.

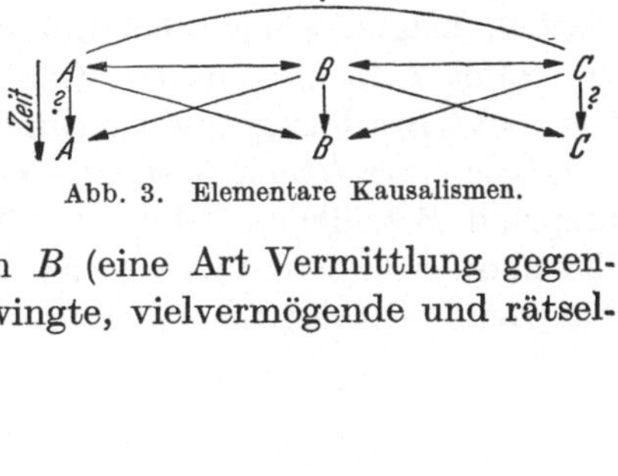

Die Doppelpfeile deuten die Möglichkeit einer Gleichzeitigkeit, d. h. ganzheitlicher Verbundenheit von *A*, *B* und

Abb. 3.   Elementare Kausalismen.

C an. Eine besondere Rolle in *B* (eine Art Vermittlung gegenüber *A*) spielt das leichtbeschwingte, vielvermögende und rätselvolle Elektron, dem das Positron als schwächlicher und ängstlicher Zwillingsbruder zugesellt ist.

Im ganzen ergeben sich folgende *Hauptformen der Kausalität* nebst ersten Unterformen:

A → A: Stofffreier Übergang einer Energieform in die andere.

Etwas dergleichen kann für die menschliche Beobachtung kaum existieren. Was in keine Wechselwirkung mit Stoffatomen tritt, ist an sich unbeobachtbar (Neutrinostrahlung ?). Stofffreie Zustände und Vorgänge können nicht unmittelbar festgestellt, sondern nur aus stofflichen Wirkungen „abgeleitet" werden: das elektromagnetische Feld; der „Lichtstrahl" — auch im „leeren" Raume — zwischen Stern und Auge oder zwischen Antikathode und photographischer Platte. So existieren rein energetische „Fäden" (in dem mystischen „Äther") auch zwischen entferntesten Massen, die nur zu erschließen sind, ohne daß wir dieser „Zwischenstücke" selber in der Beobachtung habhaft werden können.

B → B: Energiebehaftete Körper oder Stoffe wirken auf ihresgleichen.

= I. Mechanik von Körpern, terrestrisch und astronomisch, und
II. Chemische und physiologische Kausalität.

C → C: Psyche wirkt unmittelbar auf Psyche: Telepathie u. dgl.

Wir nehmen diesen Fall zunächst heuristisch als tatsächlich gegeben an, indem wir bestimmte parapsychische Fälle als hinreichend beglaubigt unterstellen (siehe S. 98). Hierzu kommt weiter

A → B: Einwirkung stofffreier elektromagnetischer Energie auf Körper und Stoffe.

B → A: Abgabe stofffreier elektromagnetischer Energie aus Körpern und Stoffen.

Beides wird gefunden (neben B → B) auf weiten Gebieten:
III. Elektromagnetismus und Elektrodynamik von Körpern.
IV. Mannigfache „elektrochemische" (insbesondere dielektrische), magnetochemische und photochemische Erscheinungen an Stoffen („Licht" einschl. Röntgenstrahlen, γ-Strahlen, mitogenetische Strahlung usw.). Durchweg erscheint auch die *Umwandlung einer Energieform in eine andere* an stoffliche Vermittlung und Beteiligung gebunden: Thermo- und Elektrodynamik, Phosphorescenz und Fluorescenz, metallische und elektrolytische Elektrizitätsleitung, Smekal-Ramaneffekt, Comptoneffekt, die ge-

samte Photoelektrik usw. „Das Feld kann nur durch die Materie hindurch beeinflußt werden" (WEYL).

Schließlich bleibt noch offen:

C → B: Richtender Einfluß psychischer oder entelechialer Faktoren auf Stoffe und Körper und entsprechend

B → C: Einfluß von Stoffen und Körpern auf Unräumliches

= V. „Höhere" biologische und psychophysische Kausalität.

Wie aber ist es mit der Beziehung A—C? Herrscht hier etwa *Identität*, insofern als das allgemeine „Energiefeld" im Grunde zugleich ein universales „Willensfeld" und ein überindividuelles „Lebensfeld" ist, das sich nicht genug tun kann in immer neuem Verkörpern und Gestalten, Werden und Wirken — durch Vermittlung des aus ihm selbst hervorgegangenen „Stoffes"? —

In bezug auf dieses bewußtermaßen nur unvollkommene Schema möglicher *Kausalitätsbeziehungen* sei nochmals folgendes bemerkt:

a) Es ist weniger an die Gleichheitsbeziehungen der E.K. als an die A.K. gedacht worden, obwohl beide in Wirklichkeit immer verbunden sind.

b) Das Schema beschränkt sich auf einfache duale Zusammenhänge, während die Wissenschaft es in der Regel mit außerordentlich verwickelten und schwer auflösbaren Kausalismen zu tun hat.

c) Infolge der sehr verschiedenen Formen, in denen die „Energie" auftreten kann, und infolge stetiger Übergänge zwischen diesen Formen ist eine strenge Scheidung des im wahren Sinne „Mechanischen" von dem „Pseudomechanischen" (hypothetisch oder fiktiv Mechanischen) unmöglich; man denke vor allem an den möglichen Übergang von Bewegung (durch Reibung) in Wärme, gegebenenfalls mit Auslösung chemischer Energien und Strahlungserscheinungen, ferner an Ultraschall, Elektrodynamik, Piezoelektrizität, Elektroakustik usw. (siehe auch S. 64).

d) Immer steht der *Körper — oder der Stoff — im Mittelpunkt*, der seinerseits nicht energiefrei (und nicht entelechiefrei?) auftreten kann, während nichtwägbare Strahlung (im alten Ätherbild versinnlicht) vorübergehend, und zwar auch im stofffreien Felde des vollkommenen „Vakuums", eine Art selbständige, obschon nicht „massefreie" Existenz führen kann. (Auch „Photonen" besitzen „Masse", sind aber nicht „Stoff".)

Faßt man die *wirklichen, d. h. durchweg komplizierten Zusammenhänge der Naturbegebenheiten und -zustände* ins Auge, und zwar lediglich mit Rücksicht auf *Körper und Stoff*, so kann man obiges Schema im Hinblick auf die A.K. folgendermaßen reduzieren, wobei die Benennung immer auf die *Ursache* Bezug hat:

A. Energetischer „Anstoß" im weitesten Sinne:

1. Mechanische Auslösung von Bewegungen an Körpern,

2. Pseudomechanismus der Atomphysik (Quanten- und Wellenmechanik),

3. Pseudomechanische Kausalität im Makrogeschehen (energetischer Anstoß durch Strahlung; „Verstärkerwirkung" usw.).

B. Chemischer Anstoß im weitesten Sinne:

4. Katalyse und Verwandtes, in enger Beziehung zu

5. Wirk- und Reizstoffkausalität.

C. Psychischer Anstoß im weitesten Sinne:

Psychophysisches und Geistiges (Motivation).

Das vielbesprochene *Verhältnis von Physischem und Psychischem* aber läßt sich vorerst durch folgendes Schema wiedergeben (siehe auch Abb. 7 und 9):

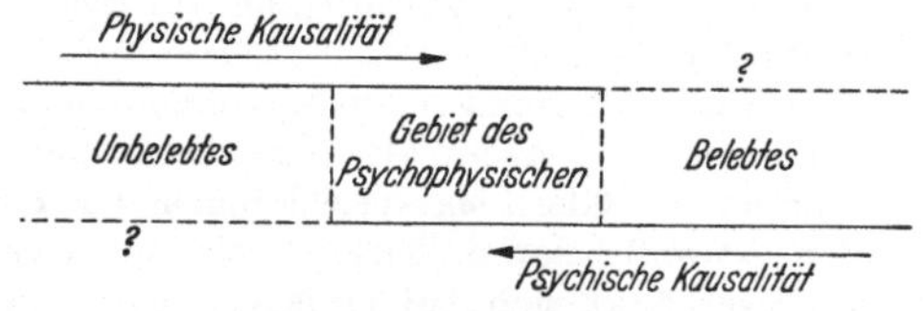

Abb. 4. Kausalitäts-Schema.

21. Gegenwirkung, Wechselwirkung (W.W.) und Ganzheitskausalität (G.K.).

Wie willkürlich alle diese Scheidungen sind — so daß sie ihre Rechtfertigung lediglich aus der Ermöglichung von Fragestellungen herleiten können — geht daraus hervor, daß das Kausalitätspostulat in seiner allgemeinsten Form sagt, daß *alles auf alles wirkt* (siehe auch S. 106), so daß jede Betrachtung einzelner kausaler und ganzheitlicher Zusammenhänge nur das Herausziehen einzelner Längs- oder Querfäden aus dem unendlichen Teppich der Wirklichkeit ist. „Alles Einzelne besteht nur in seinen Wirkenszusammenhängen mit dem Ganzen der Wirklichkeit" (LOTZE).

So ist zunächst jede Wirkung, vom Mechanischen bis in das Psychische, im Grunde mit einer *Gegenwirkung* verknüpft und in ein *Wechselwirkungskontinuum* eingebettet[33]. Im Gebiet der Physik ist die Rede von Stoß und Rückstoß, von elektrostatischen, elektromagnetischen, elektrodynamischen, piezoelektrischen und anderen Induktions- und Wechselwirkungen oder funktionellen Wechselbeziehungen, wobei vielfach eine gegenseitige „Aufsteigerung" und Verstärkung zu Beginn des Geschehens nebst Steuerung und Regulierung beobachtet wird.

Schon zwischen zwei „Ladungen" besteht W.W., desgleichen zwischen Elektron und Photon (COMPTON-Effekt u. a.), zwischen Atomkern und Elektronenhülle; die Kräfte zwischen den Kernbausteinen wie auch die homöopolaren Valenzkräfte sind „Austauschkräfte", durch die Möglichkeit einer Absättigung gekennzeichnet. Der Chemie liegt zugrunde die W.W. atomarer „Anziehung"; ferner gibt es die „Polarität" von Katalysator und Substrat, das Wechselverhältnis chemischer Gleichgewichte usw. Als einzelnes sei noch beispielsweise genannt die W.W. von schwerem und gewöhnlichem Wasserstoff im System Deuterium-Wasser und gelöste organische Verbindungen, ferner das Zusammenwirken von Schwermetallsulfid und Erdalkalisulfid bei Sulfidphosphoren und die Wirkung von Mischkatalysatoren. In allem physischen Geschehen zeigt sich eine W.W. von Materie und Energie, Masse und Strahlung. „Die Materie erregt das Feld, das Feld erregt die Materie" (WEYL). „Alle Kausalität in der Physik ist Wechselwirkung" (K. SAPPER), schließlich auch die gegenwärtig so stark betonte W.W. zwischen gemessenem Objekt (im Mikrogeschehen) und Meßinstrument, ja zwischen Objekt und Subjekt. „Es bleiben übrig — dynamische Quanta in einem Spannungsverhältnis zu allen anderen dynamischen Quanten" (NIETZSCHE).

Auf höherer Ebene, gegenüber dem rein Physikalisch-Chemischen, liegen die *physiologischen und biologischen Wechselwirkungen* mit ihrem Widerspiel von Selbständigkeit und Preisgabe; z. B. die Wechselwirkung von Zellplasma und Zellkern, Eiweißsubstanz und Elektrolyten, Keimbezirken und Organisationszentrum; hormonale und neurohumorale Synergismen und Antagonismen (z. B. Antagonismus Thyroxin und Vitamin A, Synergie von Hypophyse und Inselorgan), „Resonanz" zwischen Gewebeteilen und elektrischen Strömen usw. Man stelle sich weiter beispielsweise vor, welch eigenartige chemische Grenzverhältnisse diesseits und jenseits der Verbindungsfläche einer *pflanzlichen Pfropfung* herrschen: Gemeinsamkeit der Ernährung im auf- und absteigenden Saftstrom bei schärfster Erhaltung der Eigenart des „Plasmas" und seiner Funktionen hier und dort, eine Erhaltungstendenz, die nur unter dem Gesichtspunkt einer *autokatalytischen Erhaltung* und Vermehrung aller artspezifischen Substanzen verständlich wird: den Verhältnissen zweier benachbarter Länder vergleichbar, die in engem Verkehr und Güteraustausch stehen, ohne doch ihre Selbständigkeit irgendwie aufzugeben. Dasselbe Verhältnis findet sich in den Organgrenzen namentlich des höheren tierischen Körpers wieder, wo gleichfalls jede Abirrung von autokatalytischer Erhaltung des Einzelnen für das Ganze gefährlich wird.

Unzählige Fälle bedeutsamer W.W. in einem „unentwirrbaren Netz" (H. I. JORDAN) finden sich in *enzymatischen und hormonalen, sowie auch neurohumoralen Synergismen und Antagonismen* der Lebewesen. Die Hypophyse regt die Keimdrüse an, und diese wirkt bremsend zurück auf die Produktion von Hypophysen-Hormon; A- und B-Vitamin sind gegen das Schilddrüsen-Thyroxin eingestellt; die Schilddrüse wird vom Nervensystem *und* vom Hypophysen-Vorderlappen gesteuert; Schilddrüse und Nebenniere, Hypophyse und Inselorgan, Vitamin D und Nebenniere sind aufeinander „angewiesen" usw. „Die Vorgänge in einem Ganglion hängen quantitativ ab von den Vorgängen in allen übrigen tätigen Ganglien" (v. HOLST).

Ein unübersehbares Feld der W.W. bietet das Gebiet der Verschmelzung zweier Zellen bei Befruchtungsvorgängen normaler und abweichender Art (Kreuzung, auch Bildung von Chimären und Burdonen; Faktorenaustausch bisexual angelegter Zellen usw.). Allgemein besteht W.W. zwischen den Organen jedes einzelnen Lebewesens, in Assimilation und Dissimilation, bei Korrelationen und Koordinationen, Regulierungen und Steuerungen; W.W. zwischen organismischer Struktur und Reizsituation, zwischen Form und Funktion, Potenz und Realisator, Potenz und Akt, zwischen dem Lebewesen und seiner Umgebung — Individuum und Welt — mit Anpassung und Kampf ums Dasein; Symbiosen von Gallen, Stickstoffbakterien usw. mit ihren Wirtpflanzen; Biozönosen kleinen, großen und größten Stiles. „Die Entwicklung jedes Teiles erklärt sich aus der W.W. mit anderen Teilen und der Umgebung" (J. S. HALDANE).

Damit W.W. statthat, ist eine gewisse „*Teil-Übereinstimmung*", ein „Abgestimmtsein" aufeinander, irgendeine „*Resonanz*" erforderlich, also eine Art Verhältnis oder Relation, die, wie schon die verwendeten Ausdrücke zeigen, nur in mechanischer Fiktion oder akustischem Modell („harmonische Schwingungen" u. dgl.) sprachlich wiedergegeben werden kann, in den „oberen Regionen" des Organismus dazu fast nur noch gefühlsmäßig zu „erfassen" ist. Ähnliches gilt schon für den (selteneren) Fall nur einsinnigen Wirkens ohne unmittelbare Gegenwirkung, wobei die ankommenden Wirkungsquanten, Elektronen, Atome usw. lediglich aufgefangen und absorbiert, verschluckt und „verzehrt" werden. (Vgl. auch das vielgebrauchte Bild vom „Schlüssel und Schloß", die zueinander passen müssen, z. B. bei der Enzym-Katalyse: EMIL FISCHER).

Es ist bemerkenswert, daß *während der Dauer einer Wechselwirkung in der Regel von einem „Früher oder Später" des A und B kaum die Rede sein kann,* auch nicht bei schärfster Zerteilung in kleinste Zeitdifferentiale, so daß der „Kausalismus" gewissermaßen in die allgemeinere „Funktion" mit deren Umkehrbarkeit übergeht. Nur beim „Ankurbeln" und „Abstellen" wird regelmäßig die für echte Kausalität charakteristische „Asymmetrie" bemerkbar, indem A oder B früher dasein oder aufhören kann und demgemäß einen gewissen „kausalen Vorsprung" gewinnt. Für unauflösbare

Wechselwirkungen mit Einschluß von A.K. und E.K. ist der von DRIESCH geschaffene Begriff „*Ganzheitskausalität*" im Gebrauch, der schon im Anorganischen seine Stelle findet, in höherem und eigentlichem Sinne aber der Biologie zukommt (siehe S. 81). „Alle Einzelwissenschaften von Tatsachen setzen voraus, daß das Wirkliche aus einer Vielheit teils beseelter, teils anscheinend unbeseelter Substanzen in Raum und Zeit bestehe, die sich gesetzmäßig verändern, so daß diese Veränderungen oder Vorgänge als Ursachen und Wirkungen in einem durchgängigen wechselseitigen Kausalzusammenhange stehen" (B. ERDMANN).

22. Mechanische Anstoßkausalität.

Wenn „Kausalität bedeutet, daß das Denken sich verpflichtet fühlt, zu jedem Gewordenen oder Werdenden einen Werdegrund zu suchen" (May), so gilt für mechanische Kausalität im eigentlichen und strengen Sinne, daß *Bewegungs- oder Platzwechsel-Geschehen für ebensolches Geschehen verantwortlich gemacht wird.* „Die Wirkung bewegter Körper aufeinander durch Mitteilung ihrer Bewegung heißt mechanisch" (KANT). Mechanistische Kausalität bedeutet (nach WEYL), daß Bewegung durch unmittelbar vorhergehende Bewegung eindeutig bestimmt wird, oder auch (nach MAY): „die Anordnungsbestimmtheit der Materiedinge eines Systems in einem bestimmten Zeitpunkt setzt alle späteren Anordnungsbestimmtheiten mit" (gemäß NEWTON, LAGRANGE, LAPLACE, AMPÈRE u. a.). „Das Mechanische im Menschen entdeckt das Mechanische in der Welt" (O. J. HARTMANN).

Wie schon im mechanischen Geschehen A.K. und E.K. nebeneinander und meist eng verkoppelt auftreten, wurde bereits S. 4 berührt; als mechanischer Urtyp der A.K. darf aber nicht eigentlich Stoß und Gegenstoß von Billardkugeln auf einer ebenen und randbegrenzten Fläche angesehen werden — der folgt durchaus Gleichheitsgesetzen wie Erhaltung der Bewegungsgröße und der Energie — sondern der *Anstoß einer auf einer Spitze balancierenden Kugel*, die schon durch einen leisen Hauch zum Herunterfallen, d. h. zur Umwandlung ihrer *eigenen* potentiellen Energie in kinetische gebracht werden kann. Zugleich zeigt sich an diesem Beispiel deutlich, daß auch ein solcher „Anstoß" für sich Gleichheitsgesetzen folgt: der Anstoßimpuls — und mag er noch so geringfügig sein — geht als solcher nicht völlig verloren, sondern bleibt in irgendeiner Energieform (und sei es schließlich „Wärme") erhalten, und *die Ungleichheit bezieht sich nur auf das auslösende Verhältnis des einen „unbedeutenden" Vorganges zu dem anderen „bedeutenden" Vorgang* [34]. Analoges gilt dann für jede Art A.K., soweit sie selber irgendwie energetischer Art ist.

Als großer Erfolg mechanischer Betrachtungsweise stellt sich das Gebäude der *kinetischen Theorie der Gase* dar (BOLTZMANN u. a.), die ihre Wirkungen bis tief in die Lehre von den chemischen Umsetzungen erstreckt, hier allerdings mit der „Qualität" verschiedener Elemente und Verbindungen zusammentreffend und durch diese modifiziert und bereichert: chemische Reaktionskinetik.

Mechanisch angestoßene oder ausgelöste Wirkung kann sich auch in *stofflichen Umsetzungen* (d. h. in durch „Eigengesetzlichkeit" bedingtem atomaren Platzwechsel u. dgl. mit entsprechenden weiteren Folgen) aussprechen, so im Falle der Zündung und Detonation von Explosivstoffen durch scharfen Schlag oder auch schon durch leise Erschütterung wie beim Jodstickstoff; auch an die seltsamen chemischen Wirkungen von „Ultraschall" sei erinnert. Eine eigenartige Kopplung kausaler Gleichheits- und Anregungsbeziehungen mechanischer und chemischer Art findet sich in der Auslösung eines Zerrüttungsbruchs von Werkmetallen durch geringfügigen Anlaß nach vorausgegangener Dauerbeanspruchung. Der „feste Körper" aber, von dem jede Mechanik älteren Stiles ausgeht, ist selber eines der schwierigsten Probleme der Physik geworden.

23. Nichtmechanische energetische Anstoßkausalität.

Da wir A.K. und E.K. lediglich *nach der Art der Ursache* unterscheiden, dürfen wir hier als Schulbeispiel einen in bezug auf die Folge *chemischen Fall* wählen, d. h. die Entzündung eines explosiven Gases (in raschester Folge bis zum Anschein stetigen Geschehens wiederholt im Motorismus) durch glühenden Draht oder durch den elektrischen Funken statt durch mechanische oder katalytische Einwirkung. Handelt es sich hier beim Funken immerhin um einen Anstoß durch an Stoff gebundene Energie (auch der Funke ist ja ein mit starker thermischer und strahlender Energie begabtes stoffliches Etwas), so haben wir in der *Auslösung von Vorgängen, insbesondere chemischen, durch bloße Strahlung* — durch Strahlungsquanten oder Photonen — den reinen Fall einer Veranlassung oder Verursachung von Vorgängen durch ausschließlich energetische (stofffreie) Anregung. Das klassische Beispiel hierfür bilden *photochemische Prozesse*, wie die „induktive" Zündung von Chlorknallgas durch Licht, die als eine Auslösung ausgedehnter Reaktionsketten erkannt worden ist (s. S. 26).

Schon früh aber hat man beobachtet, daß es neben dieser rein *auslösenden Wirkung* des Lichtes — in Gebilden mit eigener freier Energie — auch solche zugleich *arbeitsleistender Art* gibt, die im ganzen Verlauf durchaus Gleichheitsbeziehungen — gemäß EINSTEINS photochemischem Äquivalenzgesetz — folgt; die „Schwärzung" von Bromsilber (d. h. die unmittelbare, nicht die bei der „Entwicklung" auftretende) und der photochemische Teilakt der CO_2-Assimilation, sowie das Verhalten von Sulfidphosphoren als „Lichtakkumulatoren" und die Wirkung von γ-Strahlen sind Beispiele hierfür. Wie ferner das Zustandekommen stofflicher Änderungen und Umsetzungen des Organismus oftmals auf äußeren energetischen Anstoß angewiesen ist (in der Regel mit anfänglicher Transformation der „anstoßenden" Energie selbst), zeigen z. B. akustische, optische und elektrische „Reizungen" in größter Mannigfaltigkeit. Dabei können allgemein elektrische und magnetische Kausalismen, Strahlung und Chemismus ihrem Wesen nach nicht in klassischer Körpermechanik aufgehen; sie können jedoch weitgehend unter mechanistischen Bildern fiktiv gedacht und „vor-gestellt" werden.

24. Mikrophysikalische Kausalität im Atominnern.

Die Einfügung mikrophysikalischer Kausalität in das Kausalsystem wird heute kaum noch Bedenken erregen, seitdem die Erkenntnis sich mehr und mehr durchgesetzt hat, daß es sich bei der „Wahrscheinlichkeitsbestimmtheit" des inneratomaren Geschehens nicht um ein tatsächlich „akausales" Willkürverhalten handelt, sondern um *eine besondere Form der Kausalität, die mit der klassischen mechanischen Kausalität nicht identisch ist* und die sich auch von der Wahrscheinlichkeitskausalität der statistischen Wärmetheorie und der Gaskinetik merklich abhebt. Wo Gesetzmäßigkeit ist, ist auch Kausalität — wenn auch oft recht versteckter Art —; und wo man bedingende Gründe und Ursachen für bestehende „Ursachlosigkeit" angeben kann, ist Kausalität als solche nicht in Frage gestellt, sondern Hinweis auf eine besondere Art „Ursache" gegeben.

„Die Quantenphysik hat eine neue Form naturwissenschaftlichen Denkens geschaffen" (P. JORDAN). „Was gewonnen ist, ist ein mathematischer Formalismus, der in vollendeterer Form als je einer zuvor die reicher bekannte physikalische Welt zu verstehen gestattet" (ZIMMER). Hinsichtlich der Quantelung der Strahlungsenergie (PLANCK 1900) wird dabei gelten: „Man hat das eine große Wunder der Wirkung der Lichtquelle auf das entfernte Objekt in Billionen mikroskopisch kleiner Wunderchen eingeteilt" (H. Buchholz).

Aber die „Unbestimmtheiten" und Unschärfen, die oftmals zum Verzicht auf ein eindeutiges Voraussagen und Vorausberechnen und zum Sichbegnügen mit *nachträglichem Erklären* zwingen ? Sie gehören mit zum Kennzeichen dieser atomaren Kausalitätsform und sind dazu, wie wir noch weiterhin (Teil V) sehen werden, im Zusammenhang der Gesamtkausalität sogar notwendig und unentbehrlich.

Tatsächlich kann dann im Bereich der Atomphysik in gleicher Weise wie auf dem Gebiet der Makrophysik sowohl A.K. wie E.K. „gesetzt" und vollzogen werden, wie eine (von uns nicht beabsichtigte) tiefergehende Analyse sicher zeigen wird. Auch hier aber gelangen meist nicht einfache elementare (zweigliedrige) Kausalismen zur Beobachtung, sondern kompliziertere Zusammenhänge, so bei der Umwandlung schwerer Atomkerne durch Beschießen mit α-Strahlen, Protonen, Deutonen, Neutronen und γ-Strahlen, oder wenn die in der „Elektronenkonfiguration" des Atomes vorhandenen periodischen Schwankungen auch im Nachbaratom Dipolmomente induzieren, die eine gegenseitige „Anziehung" verursachen und so zur chemischen Bindung auf Grund einer W.W. von Valenzelektronen führen.

Was der Atomphysik vorübergehend als „Akausalität" erschien, ist nur ein „*Amechanismus*", d. h. ein entschiedener und endgültiger Verzicht auf den Versuch, das inneratomare Geschehen in einer auf *Geometrie* beruhenden *Kinetik* von Elektronen und Protonen analog dem Wärmeverhalten gasförmiger Systeme (Boltzmann) oder der sich hiervon ableitenden Reaktionskinetik von Atomen und Molekeln oder auch der Kinematik der Gestirne *adäquat* wiederzugeben.

„Die Quantenmechanik erkauft die Möglichkeit der Beschreibung atomarer Vorgänge durch den teilweisen Verzicht auf ihre raumzeitliche Beschreibung und Objektivierung." „Der Formalismus der Quantenmechanik kann nicht als anschauliche Beschreibung eines in Raum und Zeit ablaufenden Vorganges aufgefaßt werden" (Heisenberg). „Begriffe wie Ort, Geschwindigkeit, Bahn von Elektronen haben im Atominnern keine Gültigkeit mehr." „Das Atomgeschehen ist nicht anschaulich durch Bewegung elektrisch geladener Partikel in Raum und Zeit zu beschreiben." „Im Atom sieht es vielleicht überhaupt nicht aus" (Zimmer). Hier ist „jede Geometrie unanwendbar"; „nur die mathematische Theorie ist widerspruchsfrei" (Schrödinger). „Man kann nicht mehr in den räumlichen und zeitlichen Verhältnissen absolute Bestimmungsstücke des Naturgeschehens sehen." „Auch Quantenmechanik setzt das strenge Kausalprinzip voraus, aber mit Verzicht auf ein die Natur anschaulich und adäquat beschreibendes Modell." Die Quantenmechanik revidiert die übliche Fassung des Kausalprinzips, hält aber an der Voraussetzung durchgängiger kausaler Verknüpfung fest" (GR. HERMANN)[35]. „Der bisherige Urbestandteil des Weltbildes: der materielle Punkt, mußte seines elementaren Charakters entkleidet werden, er ist aufgelöst worden in ein System von Materiewellen" (PLANCK). Im ganzen aber: „Keine Krise der Kausalität, nur eine Krise der Formulierung" (BAUCH).

Im Sinne unserer Unterscheidung von E.K. und A.K. zerlegt sich die Frage irgendeiner physikalischen „Akausalität" im Atominnern schließlich in zwei Teilfragen:

a) Gelten die „Erhaltungsgesetze" weiterhin (Erhaltung der Bewegungsgröße, der Energie, der Masse, Hauptsätze der Thermodynamik und Transformationssätze)? Das ist nach allem, was auf dem Gebiete der Atomphysik gefunden wird, tatsächlich der Fall, und zwar auch hinsichtlich der Elementarprozesse von Lichtquant und Elektron (hinsichtlich „Kernumwandlungen" siehe gegenüber vorübergehenden Anzweiflungen BOTHE u. a., sowie auch „Neutrino-Hypothese"; PAULI; FERMI).

b) Muß die A.K. durchaus in das enge Bett des „mechanischen Anstoßes" mit genauer Berechnungsmöglichkeit der klassischen Körpermechanik gepreßt werden, oder können hier weitergehende Freiheiten und andersartige Spielregeln bestehen? Diese Frage beantwortet sich angesichts der Eigenart und Leistungen von „Quantenmechanik" und „Wellenmechanik" von selbst.

Im übrigen kann es fast scheinen, daß es im engen Atomkern „mechanischer" zugehe als in der weiten Elektronenhülle: scharfe Lokalisation des Kernes, „Rückstoß" der Atomkerne beim Aussenden von Positronen usw. (siehe auch WEFELMEIER über das „geometrische Modell" des Atomkernes). Ein Beispiel: „Li mit der Ordnungszahl 3 und der Massenzahl 7 wird mit Protonen beschossen, dabei fliegt ein der Massenveränderung entsprechender γ-Strahl heraus, und der entstehende Atomkern ist Be mit der Ordnungszahl 4 und der Massenzahl 8" (BOTHE).

Verloren gegangen ist eine streng „mikromechanische" Kausalität; an Stelle der raumzeitlichen Beschreibung treten weitgehend rein *mathematische Symbole*, und nur auf dem Wege der *Fiktion* ist es möglich — und geboten — die zunächst erwartete, aber nicht vorhandene vollkommene primäre „Anschaulichkeit" durch eine „*sekundäre*" und „*konstruktive*" *Anschaulichkeit* zu ersetzen, die im ganzen „ungefähr dasselbe leistet als die Wahrheit selbst" (Schopenhauer). Die Möglichkeit sicheren Voraussagens ist dabei in von der Quantenmechanik selber genau angebbarer Weise eingeschränkt (siehe Heisenbergs Unbestimmtheitsrelation), ohne daß jedoch eine nachträgliche Erklärung (d. h. Einordnung in das gesamte Begriffssystem) grundsätzlichen Schwierigkeiten begegnet. Selbst da also, wo durch den Einfluß des Meßvorganges selber bei der Eigenart des Mikrogeschehens im Atomfeld einer prophezeienden Voraussage unübersteigbare Grenzen gesetzt sind, kann doch *nachläufig und nachträglich von der Kausalität Gebrauch gemacht* werden.

„Man kennt die Ursache des Versagens, und die Kausalität ist gerettet." „Sucht dort keine Kausalität, wo sie in Wirklichkeit nicht ist, weil wir mit großer Wahrscheinlichkeit wissen, wo sie ist" (Gr. Hermann). So bleibt nach wie vor „Kausalität" das Primäre und „statistische Wahrscheinlichkeit" das Sekundäre, d. h. die besondere Erscheinungsform der atomaren Kausalität[36]. Auch in „Mikrocellularvorgängen fehlt jeder Anhaltspunkt, daß wir mit irgendeiner Form des Indeterminismus praktisch rechnen müssen" (W. Zimmermann).

„Innerhalb des Meßapparates ist das Geschehen determiniert. Das ist die Voraussetzung dafür, daß aus einem Messungsergebnis eindeutig geschlossen werden kann, was geschehen ist" (Heisenberg). „Das Versagen der klassischen Form der Kausalität hat nichts mit Indeterminismus zu tun" (M. Strauss). „Quantensprünge können als zufällig erscheinen und doch innerlich motiviert sein" (Bunnemann). In der Quantenmechanik wird nach N. Bohr „eine zur widerspruchslosen Einordnung der neuen Gesetzmäßigkeiten ausreichende Freiheit gewonnen, wenn die gewöhnlichen kinematischen und dynamischen Begriffe durch Symbole ersetzt werden, die neuen Rechenregeln gehorchen."

So ergeben sich „streng logische Formalismen mit weitgehendem Verzicht auf die gewöhnlichen Forderungen der Veranschaulichung" (wie z. B. die Einfügung imaginärer Größen $\sqrt{-1}$ u. dgl. zeigt). „Kausaler Mechanismus" wird dabei hinfällig, und „Atomstrukturen stehen in offenbarem Gegensatz zu den Eigenschaften jedes denkbaren mechanischen Modells" (N. Bohr). Demgemäß hat die neue Atomphysik der alten „Demokritischen" Atomistik mit ihrem „Mechanismus" ein Ende bereitet. Wenn z. B. Atomkerne von energiereicher Strahlung oder von schnellen Deutonen usw. getroffen werden, so läßt jede klassische Mechanik im Stiche, und ein neues Ordnungsschema der „Quantenmechanik" oder „Wellenmechanik" der „Kernphysik" tritt an ihre Stelle. „Auch im Weltbild der Quantenphysik herrscht Determinismus; nur sind die Symbole andere und die Rechenvorschriften." „Die

Unmöglichkeit aber, auf eine sinnlose Frage eine Antwort zu er⸗
teilen, darf natürlich nicht dem Kausalgesetz als solchem zur Last
gelegt werden" (PLANCK).

25. Chemische und katalytisch-chemische Kausalität.

Schon eingangs wurde gezeigt, daß die chemische Kausalität
eine *typische Erhaltungs- oder Gleichbleibungskausalität* (E.K.) darstellt, und daß sie in der katalytischen Kausalität K.K. als Anstoß-
oder Anregungskausalität ihre unentbehrliche Ergänzung erfährt.
Das gilt sowohl für einfache, nur vom Druck und Temperatur ab-
hängige chemische Umsetzungen, wie auch für deren Modifikationen
durch Kopplung mit energetischen Erscheinungen verschiedenster
Art, wie physikalischer Struktur und sonstigen Verhältnissen, insbesondere elektrischen (Elektrochemie), magnetischen (Magneto-
chemie), optischen (Photochemie) und oberflächenenergetischen
(Capillar- und Kolloidchemie).

In der klassischen Reaktionskinetik gilt der Satz von TRAUTZ
(1924): „Alles chemische Geschehen hängt qualitativ und quantitativ nur von der Natur der Ausgangsstoffe und von dem Wettkampf zwischen deren Stoßzahlen und Aktivierungsgrößen ab."
Schon die Worte: „von der Natur der Ausgangsstoffe" zeigen, daß
chemische Kausalität eine Kausalität sui generis ist, unabhängig
von der Körpermechanik eines GALILEI-NEWTON-LAGRANGE; nur
insoweit Vielheiten von Molekeln in Betracht kommen, lassen
sich — so in der kinetischen Gastheorie — Betrachtungen erfolgreich durchführen, die sich mechanischer Bilder als Analogie und
„Fiktion" bedienen. Im Mittelpunkt der Chemie aber steht der
„Affinitätsbegriff", und hier vermag schließlich erst das elektro-
nisch-quantenmechanische Bild den Erscheinungen einigermaßen
gerecht zu werden, so daß die chemische Reaktionskinetik zu einer
willkommenen Vertiefung und Verfeinerung gelangt (siehe S. 39)[37].

„Unbelebter Stoff ist ein Gewebe elektrischer Felder" (KOSSEL). „Die
chemische Valenz eines Atomes wird durch die Zahl seiner unpaarigen Elektronen bestimmt" (HAAS). Dabei ist die alte Bindestrich-Strukturchemie
unzureichend und eine bunte Mannigfaltigkeit von Ionen-, Atom- und
metallischer Bindung nebst Übergängen vorhanden (SOMMERFELD, HERZ-
FELD, GRIMM, FROMHERZ, KLEMM u. a.). Jedoch: „Brauchbare Theorien
der spezifischen Affinität gibt es noch nicht" (W. HÜCKEL).

Demgemäß hat auch die chemische „Mechanik" mit der qualitätslosen klassischen Mechanik der Körper nicht viel mehr als den

Namen gemein; kann doch aus Sätzen der Körpermechanik keine einzige chemische Reaktion spezifischer Art als „genau so sein müssend und nicht anders sein könnend" abgeleitet werden. So kommt der chemischen Verbindung und der chemischen Reaktion einschließlich Katalyse eine „*Eigengesetzlichkeit*" zu, als „Vorstufe" der physiologisch-biologischen Eigen- oder Obergesetzlichkeit. Die Molekel aber ist „nicht ein statisches, sondern ein dynamisches Gebilde; es ist nicht, es geschieht" (BAVINK). Dabei vermag elektrisches und magnetisches Feld, zumal im Organischen, mannigfache Wirkungen hervorzubringen (R. HAUSSER u. R. KUHN, EU. MÜLLER u. a.).

Diese *Eigengesetzlichkeit der Chemie* wird um so augenfälliger, je höher die Komplizierung der stofflichen Verbindung vorschreitet: in Molekül- und Koordinationsverbindungen (WERNER, PFEIFFER, MEERWEIN u. a.) sowie in dem neuerdings immer erfolgreicher angefaßten Gebiet der *Makromolekeln*, die auch bevorzugter Gegenstand der Kolloidchemie sind. Stoffe von hochmolekularem Aufbau „können ein völlig neues Verhalten aufweisen, das man bei den aus kleinen Molekeln aufgebauten Stoffen nicht antrifft" (STAUDINGER).

Für einen tieferen Einblick in das Wesen chemischer Kausalität ist es nötig, sich von *der Vorstellung freizumachen, daß die chemische Reaktionsgleichung ein adäquater Ausdruck des wirklichen chemischen Vorganges* ist. Einerseits gibt diese Gleichung nur Anfang und Ende des Dramas wieder, während das eigentliche Spiel hinter dem Vorhange (meist mit großer Geschwindigkeit der Einzelteile) in Szenen und Akten abläuft; und selbst wenn der Reaktionskinetiker ein Hochziehen des Vorganges erzwingen will, so bekommt er doch nur selten zusammenhängende Teile zu sehen; für gewöhnlich muß er sich mit bestimmten Augenblicksbildern — dem Anblick von Zwischenstufen — begnügen. Von „dramaturgischen" Gesetzen gelten Thermodynamik, das Massenwirkungsgesetz in seiner statischen und dynamischen Form und — vor allem im Mineralreich — die Phasentheorie nach GIBBS u. a., die dennoch zusammen mit der Tatsache der Existenzmöglichkcit reaktionsträger labiler und „metastabiler" Verbindungen, viel Freiheiten nicht nur der Geschwindigkeit, sondern auch der „Richtung" lassen.

Dem entspricht es, wenn andererseits sich das chemische Geschehen dadurch kennzeichnet, daß es *nur selten einen einfachen linearen Verlauf nimmt, sondern Spaltungen zeigt,* so daß die Bühne gewissermaßen oftmals in Teilbühnen zerfällt, auf denen gleichzeitig verschiedene Stücke aber mit gleichem Anfange gespielt werden. Das bedeutet: eine bestimmte Einzelreaktion ist, zumal im Gebiet organischer Verbindungen, sehr selten; „Systeme von Simultanreaktionen sind die Regel" (SKRABAL) (entsprechend den „Nebenreaktionen", die in der Technik so oft „schlechte Ausbeuten" des Gewünschten bedingen). Und selbst wenn ein reaktionsfähiges stoffliches System scheinbar reaktionslos bleibt („Reaktionsträgheit" infolge „Hemmungen"), so können doch unsichtbare Anfänge und Ansätze vorliegen („Vorstufen" nach Wahrscheinlichkeitsregeln), an die ein Katalysator anschließen kann. So wird der Katalysator „Herr über die Simultanreaktionen", indem er unter eigener Einschaltung auswählt, richtet und beschleunigt.

Die chemische Kausalität und damit auch ihre katalytische Modifizierung findet eine *starke Komplizierung in dem Gebiet der Kolloidchemie*; nicht nur weil hier Makromolekeln verschiedenster Art als Fäden, Fibrillen, Micellen, Lamellen usw. auftreten, sondern auch weil infolge deren Labilität — insbesondere im Gebiet der Kohlenstoffverbindungen — ein unendliche Wandlungsfähigkeit vorhanden ist, die die Unterlage für bedeutsame Erscheinungen capillarer, osmotischer und elektrokinetischer Art bildet.

Enge Kopplung chemischer Vorgänge mit kolloidchemischen und elektrokinetischen offenbart sich besonders augenfällig z. B. auf dem Gebiet der *Immunchemie* mit ihren Antigenen und Haptenen, Antikörpern und Komplementen, Allergenen, Präzipitinen, Agglutininen usw. (Über die elektrischen Eigenschaften von Körpergeweben s. RASHEVSKY u. a.).

Zeigt die Verfolgung des Chemischen bis in seine tiefsten Wurzeln, *daß Chemismus letzthin amechanisch* ist, so ist *der gleiche Chemismus in seinen makroskopischen Äußerungen doch beständig mit Mechanismen eng verkoppelt*; es sei nur nochmals auf Bewegungsvorgänge wie Diffusion, physikalische Adsorption (die indes in auswählende chemische Adsorption übergehen kann) u. dgl. erinnert. Hierbei wird *der Chemismus tatkräftig unterstützt von Oberflächenkräften und elektrischen Erscheinungen*, die ihrerseits nur in Wechselwirkung mit dem Stoff und an ihm möglich sind, so daß schließlich *aus dem Chemismus und Kolloidchemismus samt deren Begleiterscheinungen auch geordnete Bewegungen hervorgehen können*: nicht nur einfache modellhafte Pulsationen u. dgl., wie sie der Chemiker sogar mit anorganischen Gebilden hervorzurufen vermag, sondern auch die geregelten und von der „Schwerkraft" sich emanzipierenden *Stoffwechselbewegungen in sämtlichen Organismen* sowie schließlich *aktive Bewegungen* insbesondere der tierischen Organismen, sei es an einzelnen Gliedern oder im ganzen. Es erscheint als eine der wunderbarsten Erfindungen der Natur, wie auf Grund einfachster stofflicher und energetischer Mittel, jedoch unter geradezu ungeheuerlicher räumlich-zeitlicher Verflechtung dieser, Lebenserscheinungen möglich sind, und es bedeutet keine Erniedrigung für das Organische, daß es aus dem Chemischen und Mechanischen herauswächst; genug, daß es sich hoch darüber erhebt.

26. Wie unterscheidet sich die chemische Gesetzlichkeit (Kausalität) der Lebewesen von jener der Nichtlebewesen?

1. Vorhanden ist ein räumlich abgeschlossenes, durch bestimmte Zeit im ganzen aufrecht erhaltenes, im einzelnen aber zeitlich wechselndes, geordnetes mikroskopisches und submikroskopisches *Nebeneinander verschiedenster Verbindungen*, im wesentlichen auf der Grundlage von C, H, O, N, jedoch auch unter Beteiligung zahlreicher anderer chemischer Elemente (Statik).

2. Wesentlich ist ferner die *labile Beschaffenheit* der meisten dieser Verbindungen, in ihrem Entstehen ermöglicht durch Katalyse, begabt mit größerer oder geringerer Reaktionsgeschwindigkeit, aber schließlich in stabile Verbindungen (hauptsächlich CO_2, H_2O, N_2 als solcher oder als Harnstoff) übergehend, wobei eine zeitliche Aufrechterhaltung eines derartigen „quasistationären" Zustandes (dynamischen Gleichgewichtszustandes höherer Art) durch stoffliche und energetische W.W. mit der Umgebung unterbaut wird (Thermodynamik des Stoffwechsels).

Die „Labilität" und damit Reaktionsfähigkeit wird ebenso wie die Spezifität oftmals durch *Komplexbildung* gesteigert. Grundlegend ist oft die Fähigkeit der Kondensation und Polymerisation; in natürlicher Cellulose sind ca. 2000 Einzelmolekeln zur Makromolekel vereinigt, gegenüber 300—400 in künstlichen technischen Fasern. Primärteilchen können wechselnd zu aggregativen Sekundärteilchen zusammentreten. Die Labilität „höherer" organischer Verbindungen, z. B. der amphoteren Eiweißkörper, bildet die Voraussetzung der physiologischen „*Plastizität*".

„Im lebenden Organismus gibt es keine chemischen Körper in statischem Sinne, auch Proteine existieren im lebenden Organismus nicht als solche, sondern in irgendwelchen uns vorläufig unbekannten Gleichgewichten oder anderen Zuständen" (Bertalanffy). *Die Herstellung und Aufhebung nicht streng beständiger Verbindungen aber wird vermittelt durch die Katalyse*, indem nur mit ihrer Hilfe in einem chemischen System mit zahlreichen Freiheiten bestimmte labile und metastabile Gebilde ausgiebig entstehen können, die bei Bedarf — wiederum katalytisch — umgewandelt und unter Energiegewinnung (und Wärmeentwicklung) oxydiert werden können. So ist tatsächlich — abgesehen von der Ur-Energie der Sonne — die *Katalyse* zusammen mit den anderen Mannigfaltigkeitswundern der Bindungsverhältnisse des Kohlenstoffs und der davon ableitbaren kolloiden Substanz *die Grundlage für die Existenz des Lebendigen*. Welche Bedeutung dabei die optische Aktivität nativer Verbindungen hat und welchen Ursprungs sie ist, kann hier unerörtert bleiben.

Der Unterschied eines einfachen chemischen stationären Zustandes, z. B. einer Flamme, und des *komplex-dynamischen stationären Zustandes* von Lebewesen läßt sich äußerlich schematisch folgendermaßen andeuten:

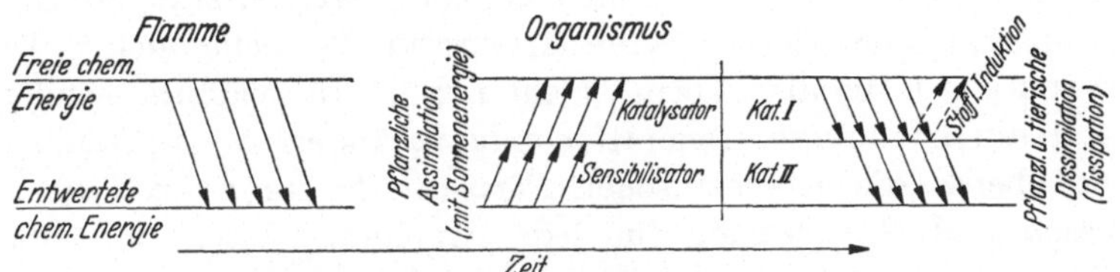

Abb. 5. Chemische und biochemische Prozesse.

Wie das Schema mit seinen Chemismen und Katalysatorsystemen andeutet, ist *auch der Organismus schließlich dem Gesetz der Zunahme der Entropie untertan und verfallen*; von „Ektropie" im ganzen kann keine Rede sein, wenn auch im einzelnen durch den bewundernswerten Kunstgriff der *chemischen Reaktionskopplung* (S. 34) während der ganzen Lebensdauer jeder größerer Abstieg, jeder stärkere Energieabfall mit partieller Rückgewinnung für eine „Erhebung" benachbarter Teile verknüpft sein kann, so daß äußerste Sparsamkeit und opferbereite Solidarität aller Partner eine Erhaltung des Ganzen für bestimmte Zeit ermöglicht.

So ist, wie schon W. Ostwald bemerkte, die stationäre Beschaffenheit eines in aufgehaltener, geregelter und beherrschter „Dissipation" der Energie stehenden Systems — mit einem Anschein der Stabilität — ein Kennzeichen des Lebewesens; irdisches Leben erscheint, chemisch gesehen, als „ein Umwandlungsprozeß der Sonnenstrahlung über die kapitalisierbare Form der chemischen Energie als Mittel", oder als „chemodynamische Wirksamkeit mit peinlicher Aufrechterhaltung von Ungleichgewichten" behufs Arbeitsbereitschaft und Arbeitsleistung. Der Organismus erscheint dementsprechend als „ein pulsierendes chemisches System gekoppelt an stetigen Totalumsatz" (BREDIG). Die Betriebsenergie des tierischen Körpers wird im wesentlichen durch katalytische H_2-Oxydation geliefert. Wie ungleich komplizierter aber „dynamische Gleichgewichte" des Organismus sich verhalten, zeigt schon der Wasserhaushalt des tierischen Körpers mit seinen Beziehungen der Tätigkeit von Darm, Blutplasma, Bindegewebe, Niere und Haut somit den dazu gehörigen höheren Regulierungen (NONNENBRUCH).

Auch die *Autokatalyse* des Organismus hebt sich deutlich von der Keim- und Zuwachskatalyse des Leblosen ab. Zunächst zwar bietet sich das gleiche Bild (siehe S. 14): Bei der unvermeidlichen allmählichen Auswechslung der „Bausteine" des Körpers in Assimilation und Dissimilation erfüllt die Autokatalyse die wichtige Aufgabe, durch „Kooptieren" aus der Umgebung dafür zu sorgen, daß immer ein reichlicher Vorrat jedes lebenswichtigen Stoffes vorhanden ist; und wie gut ihr das gelingt, zeigen z. B. die *Blutgruppenstoffe* der Erythrocyten (LANDSTEINER, siehe auch v. DOMARUS u. a.), die als „Form" nicht nur im Individuum, sondern auch durch zahllose Generationen unverändert weiterbestehen; und ebenso die artspezifischen *Plasmastoffe des Keimes*, die in Wesen und Gruppierung für jede Art immer erhalten bleiben müssen.

Regelrechte Autokatalyse der Gewebestoffe wird beeinträchtigt und geschädigt vor allem durch ungenügend rasche Beseitigung „vergiftender" und zu „irrenden" Nebenreaktionen führender Stoffwechselprodukte: daher das Altern des Blutplasmas und der arbeitenden Gewebe und Organe. Irregeleitete Autokatalyse bestimmter organischer Stoffe, die vom Ganzen nichts wissen mag, wird auch bei der rücksichtslosen Vermehrung einmal entstandener Krebszellen im Spiele sein.

Seltsam mag es zunächst erscheinen, daß, nachdem erst eine bestimmte Autokatalyse, z. B. im Zellkern und in seinen Genen, überwunden, der Wagen also gewissermaßen aus seinem Gleise geworfen ist, eine andere Autokatalyse an ihre Stelle treten kann, der Wagen also auf einem neuen womöglich noch festeren Geleise weiter fährt. Die lawinenartige Vermehrung einmal (etwa durch Genmutation nach K. H. BAUER) entstandener Krebszellen mit ihrem eigenen Stoffwechsel (Gärungsstoffwechsel nach O. WARBURG) ohne die Möglichkeit einfacher Zurechtrückung durch neue katalytische oder energetische Anstöße gibt das eindrucksvollste Beispiel hierfür.

Offenbar können Abweichungen von autokatalytischer Kausalik im Kern der Keimzelle auftreten, indem durch bestimmte „Anstöße" von außen (thermische, elektrische Strahlung — z. B. schon „Betrachtung" im Experiment?) hie und da die eigenkatalytische Erneuerung eines Genstoffes überwunden wird, unter Bildung neuer Kernstoffe, die „Mutationen" bedingen. (Über Strahlengenetik hinsichtlich Zunahme beobachtbarer Mutationsraten siehe auch STUBBE, TIMOFÉEFF-RESSOVSKY u. a.).

Für das Individuum noch wichtiger ist es, daß *der Autokatalyse der Bestandteile des Körperplasmas zeitliche Grenzen gesetzt sind.* Hier hat die Autokatalyse gewissermaßen ein Loch, das durch den *Kolloidzustand* mit seiner unvollkommenen Reversibilität — namentlich in bezug auf das Quellungsvermögen — geöffnet ist und durch welches unkontrollierbare „Anstöße" einschlüpfen, die die sonst vorhandene „potentielle (autokatalytische) Unsterblichkeit" bioorganischer Verbindungen für das Körperplasma (nicht unmittelbar für das Keimplasma) aufheben. Der Kolloidzustand, der Leben ermöglicht, wird so zugleich die Quelle des Todes, der letzthin — in Form des Alterstodes — wohl in natürlichen Grenzen der Autokatalyse von Stoffen kolloidaler Systeme infolge schädigender Fremdeinflüsse begründet ist.

Genauer gesagt: Ist Autokatalyse als eine Weise der Selbsterhaltung des Stoffes eine unentbehrliche Grundlage der Andauer des Lebens, so tragen Störungen dieser Eigenkatalyse mit ihren Folgeerscheinungen Verholzung, Verkalkung, Schrumpfung und Plasmaschwund dazu bei, das Einzelleben an bestimmter Stelle abzuschneiden. Am augenfälligsten tritt dies wohl zutage in dem „Altern" der Vegetationspunkte an der Spitze von Pflanzentrieben; ein dauernd durch Stecklinge vermehrter Baum (wie die Pyramidenpappel) kann also wohl nicht „potentiell unsterblich" sein (MOLISCH; s. auch LEPESCHKIN über „Protoplasmatod").

3. Einer kürzeren oder längeren Erhaltung im Wechsel dient im Chemismus der Lebewesen vor allem der *feindisperse kolloide Zustand* benachbarter heterogener und im Stoffwechsel nach 2. stehender Teilchen und die auf diese Weise ermöglichte *Kopplung einzelner Reaktionsstufen mit osmotischen, capillaren und elektrokinetischen* Erscheinungen, führend zu Arbeitsleistungen im einzelnen und im ganzen, die als Organfunktionen und Handlungen zutage treten (Chemodynamik).

So ist der Kolloidzustand zahlreicher hochmolekularer organischer, oft amphoterer Stoffe (mit „Zwitterionen") in Geweben und Flüssigkeiten verknüpft mit Adsorption und Osmose, sowie den Erscheinungen der elektrischen Doppelschicht, Kataphorese und Elektroosmose, der Grenzflächenpotentiale und Membrangleichgewichte (nach DONNAN) samt selektiver Lipoid-Permeabilität der Zellmembranen; hieraus aber folgen unzählige kombinatorische Möglichkeiten und Richtungsfreiheiten, die das Betätigungsfeld höherer physiologischer und biologischer Faktoren sind (siehe S. 87). Im einzelnen sei nur auf das Gebiet der Muskeltätigkeit mit seiner noch bei weitem nicht voll aufgelösten Verwicklung chemischer und nichtchemischer Einzelprozesse hingewiesen (s. auch FRANCIS O. SCHMITT).

4. Es herrscht eine bestimmte *zeitlich-räumliche Ordnung* („Insertion" nach DRIESCH) aller in Arbeitsteilung stehender Elementar- und Gliedvorgänge mit im einzelnen reversiblen und rhythmischen Abläufen, im ganzen jedoch irreversibel, und zwar zumeist in drei mehr oder weniger deutlichen voneinander abgehobenen Stadien: anfängliche Formbildung und Formentwicklung, dann Form- und Zustanderhaltung nebst Erzeugung gleichartiger Systeme, und schließlich mehr oder minder plötzliches, durch Aufhebung der Ordnung irgendwo und irgendwie bewirktes (lethales) Aufhören der ganzheitlichen Wechselwirkung in sich und mit der Außenwelt. (Rhythmik und Historik.)

Autokatalyse der Gewebestoffe wird beeinträchtigt und geschädigt vor allem durch ungenügend rasche Beseitigung „vergiftender" und zu „Nebenreaktionen" führender Stoffwechselprodukte: daher das „Altern" des Blutplasmas und der arbeitenden Gewebe und Organe. (Siehe auch SCHMALFUSS über das Altern von Fetten usw.)

Kann man richtende und wählende Katalyse als Modell des richtenden und führenden Willens ansehen, so erscheint die Autokatalyse mit ihrer aktiven Selbsterhaltung und Selbstvermehrung als das einfachste Vorbild des sich selbst gestaltenden und immer erneuernden Organismus. Im rätselhaften Virus stoßen Modell und Wirklichkeit im Problem zusammen: nur Autokatalyse oder auch schon Organismus? Auch in der Wachstumszüchtung überlebenden Gewebes in geeigneter Nährlösung (A. CARREL) ist Autokatalyse komplizierter Art zu erkennen, von derjenigen des Virus dadurch verschieden, daß es hier keiner organisierten Substanz zur „Ernährung" bedarf.

Wenn *Leben* seinem Wesen nach nicht Bewegung ist, so *erscheint* es doch *in der Weise von Bewegung*. Zu den mannigfachen Atombewegungen der chemischen Umsetzung, die die Grundlage bilden, kommen hinzu *Bewegungen von Molekeln und Aggregaten*, die ihren Platz verlassen, und unbeirrt einem höheren Gesetz folgend, Wanderungen unwahrscheinlichster Art ausführen, bis sie sich an irgendeinem Punkte — festen oder selber beweglichen — festsetzen und Umwandlungen erfahren, sei es aufbauender Art, indem sie, katalytisch und autokatalytisch, zu Gewebebildung bzw. -umbildung und -neubildung dienen (Formbildung und Formerhaltung), oder sei es abbauender Art, indem sie oder ihre Tochtersubstanzen einer Entwertung („Dissipation") verfallen. Solche Wanderungen aber werden ermöglicht durch einen *Feinbau*, der schon in der „einfachen" Zelle mit ihrer räumlich-stofflichen Differenzierung (labiler Art) beginnt und durch den ganzen Körper, steigender Organisationshöhe entsprechend, mit zunehmender Entwicklung fortschreitet.

Die erforderliche „chemische Beweglichkeit" der Gliederung wird ihrerseits gewährleistet durch den komplexdispersoid-kolloiden Zustand (in gemischt wäßrig-lipoider Phase) der weitaus meisten Bausteine und Gebilde, der für eine unendliche Anzahl Trennungsflächen sorgt, die der Sitz wichtiger „Oberflächenkräfte" sind. Derartige Kräfte aber mit ihren verschiedenen Äußerungen und elektrokinetischen Folgeerscheinungen werden bei dem geordneten Platzwechsel von Teilen in solch ungeheuerlich verwickelter Weise mobilisiert, daß Kolloidchemiker und Physiolog nur schwer eindringen können, und daß oft kaum unterschieden werden kann, was Ursache und was Wirkung ist, *chemische Umsetzung, elektrische Erscheinungen und makroskopische Teilchenbewegungen vielmehr in einem Verhältnis grandioser W.W. mit fortschreitenden Anstößen, Anreizungen und Erregungen stehen.*

Für zieldienliche „passive" Bewegungen größeren Ausmaßes sind dabei — vor allem in „Gefäßsystemen" — besondere Wege geschaffen, die eine Versorgung auch entfernter Gebilde ermöglichen; bei den Tieren kommen schließlich noch *aktive Bewegungen* größerer „Gruppen" hinzu: Plasma-, Flimmer- und Muskelbewegung, die sämtlich letzthin gleichfalls katalytisch-chemisch verursacht oder doch mitbedingt sind.

Der Chemiker vermag sich vorzustellen, daß in W.W. mit der Umgebung auf Grund einer gegebenen Vielheit (Ganzheit) organischer Verbindungen, insbesondere komplizierter Eiweißstoffe als Hauptsubstrat und verschiedener anderer Verbindungen, vielfach als Mutter- oder Urahnsubstanzen tätiger Biokatalysatoren, in einer Art *epigenetischem Ablauf durch Reaktionsverzweigung eine langdauernde Erhöhung und Erhaltung stofflicher Mannigfaltigkeit resultieren kann*, die als Kennzeichen der Lebensentwicklung erscheint und die zu der Mannigfaltigkeit der Bewegungen in und von Organismen führt. Das Problem der Keimdifferenzierung (= Selbstausgliederung), der Korrelation, Koordination und Insertion wird hiermit aber nur angerührt, nicht gelöst. Auch hinsichtlich des *wichtigen biologischen Instrumentes der Katalyse* gilt, daß man ihre Wirkung, die ja jeweils nur ein Einzelnes mit einer Einzelwirkung betrifft, nicht überschätzen soll. Wenn es bei STOHMANN 1895 heißt, daß „vielleicht die Entstehung aller organischen Substanz auf katalytische Vorgänge zurückzuführen sei", oder bei E. HAECKEL, daß „durch chemische Prozesse (Katalyse kolloider Substanz) Plasma entstand als materieller Lebensstoff", so sind damit Kausalismen behauptet, für die jede Beobachtungsgrundlage fehlt. Ist ja noch heute die genaue Biogenese fast für sämtliche Naturstoffe so gut wie unbekannt.

27. Mechanisches und Nichtmechanisches; kausale Gesetzlichkeit und mathematisches Symbol.

Es ist ein Beweis für die zwingende Gewalt traditionell festgewurzelten mechanistischen Denkens, daß immer und immer wieder der Gedanke sich auftut, alles Naturgeschehen müsse im Grunde und *letzten Endes* Bewegung sein: ein begreiflicher Gedanke bei der Organisation des Intellektes, der Erfahrungen nur sammeln kann — abgesehen vom „inneren Sinn" mit seinen Empfindungsqualitäten — auf Grund der Anschauungsformen Raum und Zeit, dennoch aber eine rein willkürliche Annahme, da viel mehr dafür spricht, daß das Metermaß nicht das letzte Maß der Dinge ist, sondern daß das wahre Wesen der Dinge, die „Innerung", etwas Nichtmechanisches und uns im Grunde Unbekanntes ist.

Noch HELMHOLTZ sah in der Bewegung die „Urveränderung, welche allen anderen Veränderungen in der Welt zugrunde liegt"; alle Kräfte sind darnach Bewegungskräfte, und „das letzte Ziel aller Naturwissenschaft ist, sich in Mechanik aufzulösen". Ähnlich H. HERTZ: „Das Verborgene ist nicht anderes als wiederum Bewegung und Masse", und so ist es „fast sicher", daß in elektrodynamischen Vorgängen wiederum Bewegung verborgener Massen hervortritt. Oder LORD KELVIN (1896): „Schließlich sind doch alle Eigenschaften der Materie lediglich als Attribute der Bewegung zu erkennen" Oder noch neuerdings J. SCHULTZ: „Punkte, die sich bewegen, sind das Letzte."

Von MAXWELL ab löst sich die Vor- oder Alleinherrschaft des Mechanismus allmählich auf. So schon BOLTZMANN (1895): „Die Möglichkeit einer mechanischen Erklärung der ganzen Natur ist nicht bewiesen; und mechanische Begriffe sind oft nur anschauliche Bilder, welche in der als Dogma längst nicht mehr anerkannten Ansicht gipfeln, daß die ganze Welt durch die Bewegung materieller Punkte darstellbar sei." „Diese Vorstellung ist uns nur ein Bild, das wir nicht anbeten." MACH: „Daß alle physikalischen Vorgänge mechanisch zu erklären seien, halten wir für ein Vorurteil." Nach PH. FRANK ist es ein „falscher Satz", daß „alle Vorgänge der Natur auf Gesetze der NEWTONschen Mechanik zurückgeführt werden könnten". Als Beispiel nehme man eine „elektrische Spannung" von 1 Million Volt, von der niemand sagen kann, was sie „in Wirklichkeit" ist, die aber auf jeden Fall nicht ein Zustand von Streckenbewegung ist und dennoch elementaren Stoffteilchen rasche Bewegung als „Beschleunigung" aufzuzwingen vermag. „Das richtig Gedachte braucht nicht vorstellbar zu sein" (ZIMMER).

„Erklärende *Fiktionen*" haben indes (nach J. SCHULTZ) die Tendenz, die Naturvorgänge auf Mechanik zurückzuführen; „Erklärungen sind Mechanisierungen". „Die mechanistische Physik trägt dem Postulat der Anschaulichkeit Rechnung" (WUNDT). „Das Denken braucht anschauliche Bilder, um Ansatzpunkte für das Experiment zu finden" (GR. HERMANN), und „die mechanische Erklärungsart ist der Mathematik am fügsamsten" (KANT)[38]. „Die Wahrheit schimmert durch das Modell hindurch" (ZIMMER).

Wenn es heißt, Chemismus gründe sich auf Mechanismus (LIEBMANN), oder löse sich in Mechanïk der Atome auf (MÜNSTERBERG), so ist das auf alle Fälle unrichtig, sofern man „Mechanismus" im Sinne der klassischen qualitätslosen Körpermechanik faßt; wohl aber werden *mechanistische Bilder und Fiktionen* in der Begriffswelt der Chemie so allgemein und so andauernd gebraucht, daß oft das Gleichnishafte des „Mechanismus" gar nicht mehr zum Bewußtsein kommt (siehe auch S. 145).

In der Tat muß man sich wundern, wie es der Forschung gelingt, immer und immer wieder für im Grunde nichträumliche Kausalismen — bis in die Tiefen des „Atominneren" hinein und in das Geheimnis der chemischen „Bindung" — *fiktive räumliche Bilder und Modelle* zu schaffen, die im Einklang mit den primären mathematischen Symbolen stehen, denen sie zugeordnet werden, und die dann sogar gewisse Voraussagungen erlauben. Allerdings gilt auch oft: „Die Wirklichkeit widerstrebt der gedanklichen Nachbildung durch ein Modell" (SCHRÖDINGER). So ist man denn in gewisser Beziehung an der Grenze angelangt, oder (genauer) hat sich mit bestimmten Beschränkungen bereits abfinden müssen: *Es gibt für Physik und Chemie nicht mehr ein einziges durchweg brauchbares und zuverlässiges geometrisches und mecha-*

nisches Bild, das allen Anforderungen gerecht würde (also etwa das Korpuskelbild), sondern es gibt nur jeweils für bestimmte Fälle *ein bestimmtes* taugliches anschauliches Modell, für andere Fälle *ein anderes*, vielfach im Widerspruch mit jenem stehendes. So leben wir heute in einer Antinomie von Feld und Materie, Kontinuum und diskretes Teilchen, Welle und Korpuskel. Sowohl Stoff wie Energie sind unter dem Bilde des Kontinuums *und* der Korpuskel zu fassen; „korpuskulare und undulatorische Auffassung ergänzen sich" (HAAS).

So ist auf dem Grunde einer unanschaulichen Zahlensymbolik der neueren Quantenmechanik und Wellenmechanik (L. DE BROGLIE, DIRAC, SCHRÖDINGER, HEISENBERG, P. JORDAN u. a.), die allein die Beziehungen von Materie und „Licht" adäquat anzuzeigen erlauben — mit ihren Quantenzahlen und Gruppeneigenschaften, Matrizen und Operatoren, Materiewellen und gedachten vieldimensionalen Räumen — eine „anschauliche Quantentheorie" erwachsen, die es vermag, in *konstruktiver und sekundärer Veranschaulichung* kinetische und mechanische Bilder auch des Mikrogeschehens zu liefern, mit Begriffen wie Trägheit und Beschleunigung, Bewegungsgrößen und Frequenzen, Rotatoren und Oszillatoren, Elektronenstoß und Rückstoßstrahlung, Drehimpuls und Spin, Resonanzen und Abschirmungen, Potentialwall und Tunneleffekt, Elektronengas mit Druck (in Metallen), das „entartet" sein oder zum „Krystall" werden kann (bei sehr tiefen Temperaturen) usw.

Wenn nun räumlichen und zeiträumlichen Bildern und Modellen für in der Beobachtung nie oder doch nicht durchgehend räumlich und zeiträumlich Gegebenes nur beschränkte (und vorwiegend praktische) Bedeutung zukommt, *so gewinnt und behält eine überragende Stellung die mathematische Symbolik* niederen und hohen Grades, wobei auch hier historisch ein Fortschritt von minder vollkommener zu immer getreuerer und umfassenderer „Wiedergabe", besser „Setzung" und „Ordnung" beobachtet wird. So gilt insbesondere für Physik und Chemie: „Nur die mathematische Theorie ist widerspruchsfrei" (SCHRÖDINGER) [39]. Die „Sprache der Natur ist die Mathematik" (GALILEI); in ihr liegt „höchste Weisheit" (LEONARDO DA VINCI), ihr gebührt „der Primat" (HELMHOLTZ). „Es besteht Harmonie zwischen der mathematischen Vernunft und der Weltvernunft", die zu einer gewissen „Verstehbarkeit der Weltidee durch das mathematische Gesetz" führen kann (LANCZOS).

Dabei bleibt bestehen, daß auch für die mathematische Symbolik die *Gewähr eindeutigen und sicheren Voraussagens*, die so oft als Kriterium vollkommener Kausalität hingestellt wird, auf keinem Sachgebiete ohne jeden Vorbehalt gegeben ist. „Die Unmöglichkeit, alle Daten eines Zustandes exakt zu messen, verhindert die Vorherbestimmung des weiteren Verlaufes" (BORN). „Naturgesetze sind nichts anderes als der Ausdruck für das wahrscheinlich durchschnittliche Resultat zahlreicher mikroskopischer Vorgänge" (EXNER). SCHLICK nennt Naturgesetz „eine Formel, die erlaubt, Ereignisse vorauszusagen"; in der Quantentheorie ist eine solche Möglichkeit „in genau angebbarer Weise eingeschränkt", eine Verknüpfung von Erfahrungsdaten nach Ursache und Wirkung also nicht ganz eindeutig möglich. Nach SCHRÖDINGER bedeutet es einen Mißgriff, wenn man als Kennzeichen kausaler Bedingtheit die Möglichkeit scharfen Voraussagens hinstellt[40]. „Es kann keine Rede davon sein, aus dem gegenwärtigen Zustand heraus die Zukunft mit absoluter Genauigkeit zu bestimmen" (SOMMERFELD). „In keinem einzigen Falle ist es möglich, ein physikalisches Ereignis genau vorauszusagen" (PLANCK).

Wohl ist Wissenschaft (nach HILBERT) „das sich im Voraussagen bewährende Wissen um die Wirklichkeit": „savoir pour prévoir" (COMTE), „prophezeiende Wissenschaft" (W. OSTWALD); allein ein solches Voraussagen gemäß einem „Katalog der Erwartungen" (SCHRÖDINGER) „kann alle Grade der Wahrscheinlichkeit durchlaufen". Auch kann eine Voraussage „mathematisch nicht genau und dennoch sicher sein" (BAUCH). So hat man sich erst daran gewöhnen müssen, daß Elektronen- und Atomvorgänge nicht mit gleicher Sicherheit und Exaktheit vorausgesagt werden können wie Sonnenfinsternisse und Planetenvorbeigänge an der Mondscheibe, die der Astronom seit langem „haarscharf" zu berechnen vermag.

Obgleich die *mathematische Darstellung der Naturgesetzlichkeit*, weil von den Mängeln und der letzten Unzulänglichkeit mechanistischer Fiktionen nicht berührt, grundsätzlich durchweg der sprachlich-anschaulichen vorzuziehen ist, so bleibt doch eine starke methodische Einschränkung insofern, als die *so wichtige eine Hauptform der Kausalität, die A.K., einer adäquaten mathematischen Behandlung schwer zugänglich ist*, da das im Wesen der A.K. liegende „Mißverhältnis" zwischen Ursache und Wirkung, genauer das quantitativ (und oft auch qualitativ) unbestimmte und durchaus variable Verhältnis zwischen Anstoß und Resultat einer scharfen mathematischen Erfassung zunächst widerstrebt. So ist die *Mathematisierung* von Gebieten, in denen vorwiegend Gleichheitsbeziehungen herrschen, vor allem der Mechanik und

Energetik, viel weiter fortgeschritten als diejenige von anderen Gebieten, in denen komplizierte Ungleichheitsverhältnisse mit sprunghaftem Wechsel der „Qualitäten" überwiegen, wie der Chemie. Noch mehr gilt dies für Physiologie und Biologie, in deren R.K. und G.K. sich die Schwierigkeiten einer eindeutigen und adäquaten mathematischen Behandlung häufen und steigern. „Die Verwendung der Mathematik hat nur solange Zweck, als das Kausalgesetz *mit der Fassung: gleiche Ursachen, gleiche Wirkungen* (vom Verf. unterstrichen) gültig ist. Wie selten trifft diese Voraussetzung zu"! (REICHENBACH)[41].

Indes: „Die Unmöglichkeit einer restlos zahlenmäßig genauen Voraussage bedeutet auch auf biologischem Gebiet nicht eine Aufhebung der Kausalität" (BAUCH); zudem bleiben genügend Teilgesetzlichkeiten und Regelläufigkeiten spezieller und auch umfassender Art, für deren Formulierung die Mathematik, insbesondere in bezug auf „Modelle", wie auch hinsichtlich Wahrscheinlichkeitserfassung außerordentlich nützliche Dienste leisten kann. Statistische Gesetzmäßigkeiten aber, wie in MENDELS Vererbungslehre, „folgen aus dem Zusammenwirken kausaler Einzelprozesse" (MEYERHOF). „Im Hintergrunde der Statistik steht immer eine dynamische kausale Gesetzmäßigkeit" (J. REINKE). „Auch auf den dunkelsten Gebieten, z. B. der Vererbungslehre, kommen wir immer mehr zur Annahme streng kausaler Beziehungen." Statistische Regelmäßigkeiten weisen schließlich auf „das Walten wirklicher Gesetzlichkeiten" hin, die „ihrerseits sicher nicht auf Statistik beruhen" (PLANCK).

Mit geeigneten Abstraktionen und insbesondere auf Grundlage der Statistik *haben sich viele physiologische und biologische Gesetzmäßigkeiten mathematisch fassen lassen*, z. B. das chemische Gleichgewicht des Blutes, die pflanzliche CO_2-Assimilation in ihrer Abhängigkeit von Systembedingungen, die Energetik des Stoffwechsels (z. B. RUBNERS Gesetz über die Abhängigkeit von Körpergröße), die Reizwirkung des elektrischen Stromes, die Abhängigkeit des Wachstums und „Ertrages" von bestimmenden Faktoren (Weiterführung von LIEBIGS „Minimumgesetz"; HUXLEYS Formel des heterogenen Wachstums, NEEDHAMS „chemischer Grundplan"); es gibt eine mathematische Variations- und Vererbungslehre des „Mendelismus", eine mathematisch-physikalische Theorie der Reizerscheinungen (PÜTTER und HECHT), ein „WEBERsches Gesetz für das Verhältnis von Reiz und Empfindung", eine mathematische Biophysik der Zelle (RASHEVSKY), Ansätze einer mathematischen Behandlung von Formbildung als gerichtetem Wachstum, sowie von Tropismen, Gestalten und „Lernvorgängen", ein

Prinzip der abgestimmten Reaktionsgeschwindigkeit für die Epigenesis (R. GOLDSCHMIDT), dazu logistische Untersuchungen über das Prinzip der hierarchischen Ordnung usw. [42]

Im Einzelfalle, d. h. in der zergliedernden Untersuchung bestimmter Kausalismen, tritt biologische Mathematik meist zurück, und man begnügt sich oft mit *Regelmäßigkeiten*, deren Erkenntnis trotzdem, z. B. in der Medizin, wertvoll genug sein kann. Im wesentlichen *sprachlich* und nur ausnahmsweise und hilfsweise auch *mathematisch* formulierbar sind so die verschiedenen höheren Kausalitätsformen, die sich der „einfachen" physikalischen und chemischen Kausalität überlagern und auf die nunmehr einzugehen ist.

28. Wirk- und Reizstoff-Kausalität.

Katalytische Kausalismen (einschließlich Induktion und Kettenreaktion) erscheinen als Modelle und Vorbilder unzähliger stofflicher Kausalismen, die das Reich des Lebendigen mit seinen Reaktionsverknäuelungen auszeichnen und deren „Ur-Sachen" allgemein in dem Ausdruck „Wirk- und Reizstoffe" zusammengefaßt werden. Fragt man, wie überhaupt in einem ausgedehnten Stoffsystem a, b, c usw. einzelne Stoffe weitreichende und verzweigte Reaktionsfolgen unter Bildung von Produkten A, B, C usw. veranlassen können, so sind folgende Möglichkeiten ins Auge zu fassen:

a) Rein chemische Reaktionsverzweigung, etwa gemäß

$$a + b = A + B$$
$$c + B = C$$
$$d + A = E + F$$
$$c + C = G \text{ usw.}$$

Hiermit ist die erste Voraussetzung dafür gegeben, daß sich Systeme mit „abgestimmten Reaktionsgeschwindigkeiten" in bestimmter Zeitordnungsfolge entfalten können.

Handelt es sich um Makromolekeln, so kann der Fall eintreten, daß kleine Stoffmengen *große Wirkungen auch nichtkatalytischer Art* vollbringen. Eine einzige kleine Gruppe, die nur 1% der Gesamtmolekel beträgt, kann die Umsetzung der gesamten Makromolekel beeinflussen; und bei stark hochmolekularen Polystyrolen z. B. genügen 0,002% Divinylbenzol, um eine derartige Verknüpfung der Ketten von Fadenmolekeln herbeizuführen, daß das Produkt nicht mehr löslich ist, dafür aber begrenzt quellbar wird. Solche Wirkungen kleiner Mengen auf das chemische und physikalische Verhalten makromolekularer Stoffe (z. B. Eiweißkörper) stellen nach STAUDINGER „Modellversuche zum Verständnis der chemischen Wirkung z. B. von Hormonen und Vitaminen auf die Lebensvorgänge im Organismus" dar.

b) Kopplung der chemischen Reaktionen mit energetischen, insbesondere elektrischen und kolloidischen Erscheinungen, die ihrerseits den weiteren Verlauf mitbestimmen (siehe S. 61).

Die Vorgänge von der Art a) und b) geben die Grundlage für den eigentlichen „*chemischen Determinismus*", der in jedem Lebewesen in vielfältigster Verzweigung und Verfilzung zutage tritt; so kommt eine „Entwicklung" mit bestimmtem Zeitmaß zustande, und so entstehen *Lebensrhythmen,* etwa anschließend an Tages- und Jahreszeiten und bedingt und vermittelt durch Substratstoffe und Wirkstoffe, die in bestimmter Reihenfolge mit festgelegter Zeitordnung entstehen und die ihre rhythmische und cyclische Weise auch beibehalten, wenn die Grundvoraussetzung durch Veränderung von Sonderverhältnissen der Umwelt gefallen ist oder sich verkehrt hat. Ein einfaches Beispiel: Die Zimmerlinde blüht „in Erinnerung" und in Gebundenheit an ihre südafrikanische Heimat und *deren Sommer* in Mitteleuropa dauernd im Winter weiter, obwohl eine Einstellung auf die vertauschten Jahreszeiten „harmonischer" und „zweckmäßiger" erschiene. Für das Ganze solcher chemischen Kausalismen ist aber noch erforderlich:

c) Bildung und Eingreifen von Katalysatoren und Induktoren gemäß folgendem Schema (aus „Katalyt. Verursachung" S. 104):

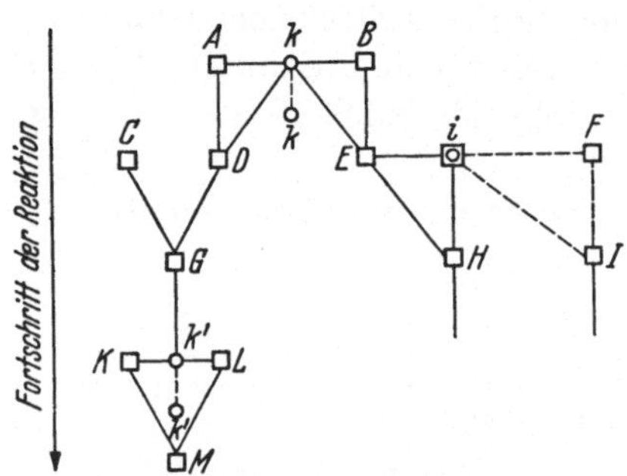

Abb. 6.   Reaktionsverzweigung.
☐ *A, B, C* usw. = reagierende oder erzeugte Stoffe;
○ *k* = Katalysator;
◙ *i* = Induktor;
G = Muttersubstanz eines Katalysators *k'*.

„Ein und derselbe Stoff kann als Komponente in den Stoffwechsel eingreifen oder katalytisch auslösend wirken" (Lundegardh).

All dieses wird bei *Wirk- und Reizstoffen* in Betracht kommen (einschließlich Präge-, Spezial-, Induktions-, Schutz-, Abwehr- und Hemmungsstoffen), die ihrerseits begrifflich dahin geschieden werden können, daß man bei *Wirkstoffen* einen verhältnismäßig einfachen Chemismus (ausdrückbar in chemischen Reaktionsgleichungen) beobachtet, während bei *Reizstoffen* durchweg das Ganze der Zelle oder des Organismus mitwirkt, so daß von jener Beteiligung nicht mehr abgesehen werden kann. (Tatsächlich wird der Ausdruck „Wirkstoff" oft für das gesamte Gebiet angewandt; siehe auch v. Eulers „Ergone".) „Der Partner des Hormons ist die lebende Zelle" (Giersberg).

Dem chemischen Charakter eines Wirk- oder Reizstoffes entspricht es, daß er nicht „an sich", d. h. nach der Weise eines mechanischen Stoßes auf alle Fälle bestimmt wirksam ist, sondern daß seine Betätigung von einer Unzahl Bedingungen abhängt, von denen hier nur eine mehr oder minder spezifische und selektive „Resonanz" eines geeigneten Substrates, ein jeweiliges p_H-Optimum, eine „Verträglichkeit" mit benachbarten Stoffen und ein bestimmter „eukolloider" Zustand des Ganzen genannt sei.

Auf das Ganze der Zelle, ja des Organismus, ist auch hinzublicken, wenn man die schwierige Frage der *Bildung von Wirk- und Reizstoffen* erhebt. Soviel scheint heute sicher (nach GRASSMANN, R. KUHN u. a.), daß sehr oft eine *Eiweißmolekel das „Depot"* ist, aus dem je nach Bedürfnislage des Organismus bestimmte Spaltstücke als Wirkstoffe herausgenommen und in den Kreislauf gebracht werden; eine andere große Gruppe von Muttersubstanzen liegt in den *Sterinen* vor mit ihrer ungeheuren Variationsmöglichkeit und Beeinflußbarkeit (z. B. auch durch Strahlung, siehe Vitamin D)[43]. Während „Drüsenhormone" bestimmt lokalisierte und differenzierte Ursprungsstellen haben, können „Organhormone" an den verschiedensten Orten (selbst im Hirn), vorzugsweise durch Eiweißabbau entstehen und daselbst oder anderwärts eine spezifische oder unspezifische Reizwirkung auf das Gewebe entfalten (BIER, WEICHARDT, MUCH u. a.).

Zunehmende Beachtung finden die im Organismus neben den unmittelbar lebensunentbehrlichen Elementen wie Fe, K, Mg usw. in *geringen und geringsten Spuren vorhandene Elemente*, und es ist wahrscheinlich, daß sich in bestimmten Fällen eine katalytische oder sonstige Wirkung auch noch von anderen Elementen als den schon als bedeutsam erkannten Elementen wie Ti, Si, B, F, Mn, Cu usw. ergeben wird (beispielsweise für die von FOSTER spektrographisch ermittelten 0,00001 mg Pb in der Rückenmarkflüssigkeit ?). Schließlich ist es vielleicht nicht eine leere Spekulation, wenn bei der konstatierten Allgegenwart der Elemente (J. NODDACK) sämtliche Elemente als im Organismus nicht nur vorhanden, sondern auch — in irgendwelcher ionischer oder sonstiger, auch maskierter Form — spezifisch wirksam angesprochen werden[44].

Äußerlich fällt die vorgeschlagene Scheidung von Wirk- und Reizstoff im allgemeinen mit der Frage zusammen, ob jeweils *die physiologische Wirkung eines Stoffes in vitro experimentell verfolgt werden kann oder ob sie streng an den Lebensprozeß als solchen gebunden ist.* Klassifizierend lassen sich den „Wirkstoffen" etwa die typischen Enzyme des Organismus sowie „das Heer der namenlosen Katalysatoren" nebst „Zwischenkatalysatoren" nach Art des Glutathions einordnen (begonnen bei Wasserstoff- und Hydroxylion sowie den Salzionen des Blutes und der Gewebeflüssigkeiten), den „Reizstoffen" dagegen morphogene sowie funktionelle Hormone, Wuchsstoffe, Vitamine, Vererbungs- und Organisatorstoffe [45]. Unbestimmtheiten und Übergänge sind vielfach anzutreffen, so auf dem Gebiete der Immunchemie. Wie wenig scharf solche begriffliche Scheidungen sind, zeigt ferner die Tatsache, daß bereits eine Anzahl anerkannter Enzyme (z. B. Atmungsfermente) an die intakte Struktur der Zelle topographisch und funktionell gebunden sind und nicht losgelöst von dieser untersucht werden können: ortfeste Desmoenzyme oder Gewebekatalysatoren gegenüber den Lyoenzymen oder Wanderkatalysatoren.

Bei Zertrümmerung von Leberzellen sinkt die oxydative Katalyse auf 20% herab, beim Durchgang des Extraktes durch eine BERKEFELD-Filter auf 4%: ein Hinweis auf die Beteiligung des Ganzen und auf die Mitwirkung der „lebenden Substanz", die bei Hormonen die Regel ist (für Phytohormone siehe KÖGL, FITTING, JOST u. a.). Zellabbauvorgänge, insbesondere hinsichtlich Trennung von Ferment und Substrat, sowie Zellatmung können von intakter Zellstruktur in mannigfacher Weise beeinflußt werden; ebenso sind Zellsynthesen von der Zellstruktur, vor allem auch von der Zellgrenzschicht abhängig, die u. a. Sitz von Fermenten als „mikroskopischen Köchen" ist. (Siehe hierzu auch OPARIN, PRZYLECKI u. a.).

Andererseits bestehen *enge chemische und funktionelle Beziehungen* zwischen Enzymen einerseits, Hormonen und Vitaminen andererseits: Das Vitamin B_2 (Lactoflavin) dient in der Form von Phosphorsäureester als Grundlage des „gelben Fermentes" von WARBURG und CHRISTIAN (R. KUHN, H. RUDY u. a.); die salzsaure Verbindung des Pyrophosphorsäureesters des Vitamins B_1 (Aneurin) wirkt nach LOHMANN als Co-Carboxylase. So können Vitamine als Wirkungsgruppen oder „Co-Fermente" (Coenzyme) dienen, und ein Körper z. B., der im Reiskorn Phytohormon ist, kann im neuen „Wirt" Tierkörper als Vitamin und zugleich als Grundlage eines Fermentes auftreten (vgl. auch v. EULERS Kennzeichnung von „Vitazymen und Hormozymen" als Vollfermenten, in die Vitamine oder Hormone eingehen). Das Sterin-Grundgerüst von Vitaminen zeigt Beziehungen zu den Gallensäuren und zu oestrogenen Geschlechtshormonen, sowie zu krebserregenden Substanzen von der Art des Methylcholanthrens als Benzanthrenabkömmling (WINDAUS, BUTENANDT u. a.).

So begegnen uns in den pflanzlichen und tierischen Organismen *alle denkbaren Formen und Komplikationen verursachender Stoffe,* von den verhältnismäßig „einfach" reagierenden Enzymen des

Stoffwechsels, die der Chemiker teilweise sogar modellmäßig nachbilden kann, bis zu den zwar nicht selten einfacher aufgebauten, dafür aber um so komplizierter reagierenden Hormonen, Wuchsstoffen und Vitaminen, ja schließlich bis zu den ihrer Natur nach noch so gut wie völlig unbekannten Wirk- und Reizstoffen, Spezial-, Induktions-, Prägungs- und Lebensstoffen der Vererbung und Formbildung usw. sowie auch der Trieb- und Instinkthandlungen. Dabei ist zu beachten, daß nur die *Fermente oder Enzyme* nach allen Erfahrungen glattweg als *Biokatalysatoren* bezeichnet werden können, während dies bei den weit komplizierter wirkenden Hormonen, Vitaminen usw. nur „mit Vorbehalt" oder „im uneigentlichen Sinne" einer „Katalyse höheren Grades" statthaft ist. Dennoch wird gelten, daß sich hormonale Prozesse im weitesten Sinne, d. h. stofflich veranlaßte „Steuerungen" und Regulierungen in den Organismen gar nicht denken lassen ohne *maßgebende katalytische Teilakte*, die dort an bestimmten Stellen ebenso bedingend und richtend sind, wie nachweislich etwa für Gärung, Zellatmung und Muskelarbeit[46]. Kann ja schon Gewebewachstum durchweg durch Stoffe gehemmt oder beschleunigt und gerichtet werden.

Hinsichtlich der *Hormone* gilt, daß zahlreiche von ihnen — darunter die bekanntesten, wie Adrenalin und Jodthyroxin — eine sehr mannigfaltige, also wenig spezifische Wirkung entfalten: ein Hinweis darauf, daß sie in erster Linie *in den Kolloidchemismus der Zellen und Gewebe eingreifen*, was natürlich an verschiedenen Stellen und unter verschiedenen Bedingungen sehr ungleiche Endwirkungen haben kann. Als eine besondere Art der Einwirkung auf kolloidchemische Zustände (Quellung, Dispersität, Adsorption u. dgl.) erscheint das hormonale Hemmen und Enthemmen enzymatischer Wirkungen, wie es von WILLSTÄTTER in dem Falle des Adrenalins und Insulins nachgewiesen worden ist.

Ein Hormon der Hypophyse *beschleunigt* die Bildung von Sehpurpur in der Retina und macht dadurch das Auge für lichtschwache Reize empfindlicher (Dunkeladaptation, vor allem für Nachttiere wichtig); desgleichen wird von da z. B. die Anpassung der Hautfarbe des Frosches an seine Umgebung geregelt, indem je nach der Qualität der Lichtreize der Umwelt der schwarzbraune Farbstoff der Haut in die Oberflächenschicht vorgeschoben oder in die Tiefenschicht zurückgezogen wird (Hormon als *Katalysator* für kolloidchemische Oberflächenvorgänge ?). Insulin und Adrenalin regulieren im Bienenblut den im Vergleich zum Menschen ungefähr 20 mal so hohen Blutzuckergehalt, der aus dem Leberspeicher kommt und im Muskel-Stoffwechsel nach Bedarf enzymatisch verbrannt wird (BEUTLER).

Als „Biokatalysatoren" können arbeitshypothetisch auch die *Keimdrüsenhormone* angesehen werden, mit naher chemischer Verwandtschaft der so verschieden wirkenden Stoffe Testikel- und Follikelhormon (dazu ein künstlicher „Zwitterstoff" Androstendiol, der beiderlei Eigenschaften in sich vereinigt), und mit mannigfachen Möglichkeiten psychophysischer Abstimmung und Umstimmung, die mit dem einen oder anderen solcher oestrogener Hormone erreicht werden (BUTENANDT u. a.). Sehr lehrreich sind die zahlreichen stofflich bedingten sexuellen Festlegungen und Umstellungen in Natur und Experiment, z. B. bei dem Meereswurm Bonellia mit vermännlichendem Reizstoff (oder Hemmungsstoff) im Rüssel des Weibchens. Vgl. auch die Versuche über „chemische" Befruchtung von J. LOEB an, mit Seeigeleiern, bis heute.

Formbildungen der Pflanze werden nach ANDRÉ u. a. durch bestimmte innere Reizstoffe oder morphogene Hormone vermittelt; die jungen Knospen produzieren Reizstoffe, die als Sendboten Entstehung und Wachstum bestimmter Organe an anderen Stellen veranlassen und „stimulieren". Phytohormone von der Art der Auxine dienen der Zellstreckung und der Steuerung des pflanzlichen Wachstums unter Mitwirkung von Schwerkraft und Licht (Geotropie und Phototropie); sie regen die Bildung von Wurzeln an, rufen sekundär Dickenwachstum hervor, verhindern vorzeitiges Ausschlagen der Seitenknospen usw. (KÖGL u. a.).

Gene werden „in letzter Linie stets chemische Vorgänge im Körper beeinflussen" (A. KÜHN); „Erbanlagen" mit chemischer „Grundlage" bestimmen auf stofflichem Wege die Reaktionsnorm und die Einpassung in die Lebensbedingungen. Schon konnte z. B. das Dunkelfärbung auslösende Hormon vom Gen A der Mehlmotte extrahiert werden (E. BECKER; vgl. auch die Bemühungen von H. SCHMALFUSS, Hauptbegriffe der Genetik wie „Dominanz" und „Rezessivität" von Merkmalen, sowie die Gesetze der Mendelspaltung chemisch verständlich zu machen).

Durchweg können Wirkstoffe, die in einem Gen gebildet sind und „nach der Art von Hormonen" wandern, in anderen Zellen wichtige Vorgänge „auslösen" (Augenfarbe der Mehlmotte und Zwergwuchs der Maus; Formbildungen bei Acetabularia usw.; siehe A. KÜHN, HÄMMERLING u. a.). Gene steuern das Plasma, wobei auch das Cytoplasma am Erbvorgang, d. h. der Merkmalbildung Anteil hat: hormonale Genwirkungen (siehe auch S. 88).

Schon mehrfach ist bemerkt worden, daß *Gene und Virusstoffe* in ihrem Verhalten als autokatalytische Selbstvermehrer und auch sonsthin Ähnlichkeiten zeigen: eine Blattanomalie des Tabaks kann sowohl durch ein Virus, wie auch durch eine Änderung des Genoms infolge Kreuzung oder Mutierung zustande kommen.

Ein einzelnes Gen erscheint chemisch als eine Makromolekel, etwa mit 10^6 bis 10^9 Atomen und infolgedessen mit praktisch unbegrenzter Variationsmöglichkeit des Aufbaues, die größer ist „als die Zahl sämtlicher Organismen, die auf der Erde existieren oder je existiert haben" (STAUDINGER). Leben aber ist „von der chemischen Seite aus betrachtet, Wachstum und Entwicklung nach dem ganz bestimmten Bauplan, der in den Genen niedergelegt und durch den Aufbau ihrer Makromolekeln vorgezeichnet ist".

Besonders verwickelt erscheinen die *stofflichen Einwirkungen bei der anfänglichen tierischen Entwicklung*, mit der besonderen Erscheinung des „Organisationszentrums" als einer bevorzugten Region des Keimes, deren einzelne Stücke als „Organisatoren" z. B. bei Überpflanzung (vor der Gastrulation) auf andere Stellen anderer Individuen spezifischen Zwang und wahlhafte „Induktionswirkung" durch Reizung und eigene Mitwirkung ausüben. Daß hier letzten Endes *geordnete chemische Wirkungen im geordneten Plasma* stattfinden, geht aus der Tatsache hervor, daß z. B. die „Induktion der Medullarplatte" (der Anlage des Zentralnervensystems) des Amphibienkeimes auch durch bestimmte andere, sogar durch abgetötete Gewebeteile, ja schließlich auch durch gewisse chemisch reine Stoffe, wie Ölsäure, verursacht werden kann derart, daß etwa aus einem bestimmten Keimteile statt Epidermis Medullarplatte wird (SPEMANN u. a.). Stoffliche Einflüsse sind es, die ortgemäße „Potenzen" wecken und aktivieren und den von „Wirkungsfeldern" durchsetzten Keim wahlhaft beeinflussen, so daß das Bild einer Katalyse höherer Ordnung erscheint. (Siehe auch HOLTFRETER, F. G. FISCHER, NEEDHAM u. a.).

Zu den im Organismus gebildeten oder regelmäßig mit der Nahrung übernommenen Wirk- und Reizstoffen — die ihrerseits wieder keine scharfe Grenze gegen die Nährstoffe selbst zeigen — gesellen sich von Fall zu Fall verschiedenartige *sonstige von außen herangeführte stoffliche Anreize* mehr oder weniger spezifischer Art: Arznei- und Heilmittel, Rausch- und Betäubungsmittel, Narkotica und Anästhetica, Gifte und Gegengifte, Heilionen der Luft und anregende Stoffe in Heilwässern; ferner in der Haut durch Bestrahlung gebildete Eiweißabbauprodukte usw.

Gold hat nach SCHLOSSBERGER „spezifische Affinität" zum tuberkulösen Gewebe, die Tuberkelbacillen schädigend und auf diesem Wege die Abwehrkräfte des Organismus erhöhend; zugleich wirkt es anscheinend katalytisch beschleunigend auf die Einschmelzung und Vernarbung des krankhaften Gewebes (ähnlich Quecksilber bei syphilitischem Granulationsgewebe).

Wie ungeheuer mannigfaltig *stoffliche Einwirkungen schädigender Art* bei Pflanze, Tier und Mensch sind, mit mehr oder weniger spezifischem Reaktions-Chemismus, braucht nur kurz angedeutet zu werden. Besondere Beachtung erfahren neuerdings solche stoffliche Einflüsse (gleichlaufend bestimmten energetischen Einflüssen, wie denjenigen der Röntgenstrahlen oder UV.-Strahlen), die die Erbmasse einer Zelle zu schädigen vermögen, ohne die Zelle selbst zu töten. Hierher gehören anscheinend die verschiedenen geschwulst- und krebserregenden Wirkungen, z. B. bestimmter polycyclischer Kohlenwasserstoffe vom Typ des Dibenzanthracens, wie 1, 2-Benzpyren, aber auch anderer chemischer Stoffe, wie β-Naphthylamin, ja sogar gewisser Fettsäuren sowie Metalle, wie Arsen und Zink. Daß derartige Einwirkungen nicht ohne hormonale und katalytische Mitwirkung bzw. Gegenwirkung der betroffenen Gewebeteile bleiben können, liegt auf der Hand.

Die größten Kontraste bestehen hinsichtlich der *individuellen Beständigkeit der Wirk- und Reizstoffmolekeln* im organischen Stoffwechsel: von solchen ab, die unmittelbar gespalten werden und nur als Spaltstücke wirken, sowie anderen, die ähnlich den Blutkörperchen wohl nur einige Tage leben, über die mehr oder minder dauerhaften Schutz- und Abwehrstoffe des Körpers (oder werden diese aus dem Reservoir des Blutes: Plasma und Serum, autokatalytisch immer wieder neu aufgebaut?) bis zu den artunspezifischen oestrogenen Wirkstoffen der Sexualsphäre, die außerordentlich beständig sind und die uns ihre grundlegende Bedeutung wohl auch dadurch sichtbar machen wollen, daß sie einen gewissen „Ewigkeitscharakter" zeigen, d. h. sich in der Form toter Überbleibsel durch geologische Zeiträume — in Mooren, in der Steinkohle und im Erdöl — unversehrt zu erhalten wissen.

Bunteste Mannigfaltigkeit bieten die körpereigenen wie körperfremden Wirk- und Reizstoffe hinsichtlich ihres *Werdens und Vergehens* und der dazwischenliegenden, oft seltsam bunten, abenteuerlichen und verzwickten *Schicksalswege*, die ihnen auferlegt werden, wobei selbst ein unmittelbarer „Wirtswechsel", und zwar unter Wandlung der Funktionen, nicht ausgeschlossen ist, wie pflanzliche Vitamine zeigen. Auf verschlungenen Pfaden werden auch die Vererbungs- und Organisatorstoffe geführt, deren sich „höhere Potenzen" des Organismus bedienen (siehe R. GOLDSCHMIDT, A. KÜHN, SPEMANN, G. JUST, HÄMMERLING u. a.).

Wie durch den komplexkolloiden Charakter von Wirkstoffen, insbesondere Enzymen, besondere Eigenschaften bedingt sind,

z. B. chemische Empfindlichkeit, Thermolabilität und Wirkungs-
optimum, ist nach den verschiedensten Richtungen untersucht
worden; siehe WILLSTÄTTER, v. EULER, FODOR, NORD (Kryolyse
und Zellphysiologie) u. a. Für zahlreiche Wirkstoffe, namentlich
Enzyme, ist nicht nur die Tatsache ihrer katalytischen Wirkung
erwiesen, sondern auch der *Chemismus dieser Wirkung* weitgehend
ermittelt; für andere wiederum, vor allem für die ausgesprochenen
Reizstoffe stimulierender und regulierender Art, ist der von ihnen
eingeleitete kompliziertgegliederte und verzweigte *Reaktionsverlauf* noch völlig im Dunkeln, so daß das *Vorhandensein wichtiger
katalytischer Teilakte* zunächst nur als naheliegende Arbeitshypothese zu werten ist.

Dies gilt z. B. für die Gene oder von diesen ausgehende Wirkstoffe, welche
die Art bestimmen, „wie die Zellen auf bestimmte Entwicklungsreize antworten", wobei sich die Wirkung (oft reaktionsspezifisch, nicht artspezi-
fisch) örtlich wie zeitlich weit hinausstrecken kann (A. KÜHN). Immer aber
sind alle Gene zugleich wirksam (siehe FR. SEIDEL u. a.), und zwar in Synergie mit dem Plasma (Keim- oder Körperplasma, je mit eigener „Bahn" nach
WEISMANN). Der „*Polymerie*" *der Gene*, d. h. ihren ganzheitlichen Zusammenwirken schon für ein einziges Merkmal, entspricht auf niederer Ebene
die Erscheinung der Synergie von Katalysatoren, der *Pleiotropie* aber, d. h.
dem Eingreifen *eines* Genes in viele Merkmale, die Tatsache, daß in der
Regel ein bestimmter Stoff sehr verschiedenartige katalytische Befähigung
besitzt (man denke an die ganz universelle katalytische Betätigung des
Wasserstoffions oder aber des Eisens in seinen verschiedensten, auch mas-
kierten Gestalten). Das trifft namentlich dann zu, wenn der „Grundkata-
lysator" jeweils einen neuen Partner antrifft, mit dem zusammen er etwas
Neues tun kann (ebenso wie das Eisen in jedem Mehrstoffkatalysator, den
es mit einem neuen Hilfsstoffe bildet, qualitativ neuer starker Wirkungen
fähig sein kann).

Während die höheren hormonalen Wirk- und Reizstoffe den
Enzymen gegenüber gesteigerte Vielseitigkeit und „Pluripotenz",
also verminderte Wirkungsspezifität zeigen, haben sie mit jenen
gemeinsam die *Wirkung schon in kleinsten Mengen.* 1 g Zellsub-
stanz enthält nur ungefähr $3 \cdot 10^{-8}$ g Fe, wovon 1/250 im Zustand
wirksamen Atmungsfermentes; 1 Atom Fermenteisen aber kann
in der Sekunde 10000—100000 Molekeln umsetzen bei einer Be-
rührungsdauer von 10^{-8} bis 10^{-13} Sekunden.

Ganz analog wirken Hormone, Vitamine und sonstige Reizstoffe schon
in kleinen und kleinsten Mengen: Der Mimosenreizstoff macht sich noch in
einer Verdünnung von 1 : 100 Millionen bemerkbar; Adrenalin wirkt blut-
drucksteigernd noch in einer Verdünnung von 1 : 400 Millionen; Biotin

auf Hefewachstum noch bei 1 : 400 Milliarden; $^1/_{2000}$ mg Thyroxin erhöht den Oxydationsprozeß im menschlichen Organismus um 1%, 15 mg im Blute kreisend schützen vor Degeneration und Verblödung; 1 mg Neurotoxin vermag einen Menschen zu töten. Die Lichtentwicklung mariner Bakterien (d. h. die Leuchtkraft der Einzelzelle) kann durch 0,0001% Cu deutlich gesteigert werden (BUKATSCH); die Rückenmuskeln von Blutegeln, durch Physostigmin sensibilisiert, reagieren auf Acetylcholin noch in einer Verdünnung von 1 : 1 Milliarde (DALE). Bestimmte organische Stoffe wie Getreidepollen können durch „Reiz" schon in kleinsten Mengen allergische Krankheiten hervorrufen; für die oligodynamische Wirkung von Silber genügt minimale Ag-Ion-Konzentration ($2 \cdot 10^{-11}$ Mol/l nach FROMHERZ) usw.

Andererseits findet sich auch die *ganzheitliche Synergie* kleiner oder größerer Enzymsysteme bei beliebigen hormonalen Wirkungen wieder, ein Zusammenwirken, das hier indes vielfach die Form des *Antagonismus* behufs „Erreichung höherer Zwecke" annimmt (jeweiliges dynamisches Gleichgewicht von Stimulation und Hemmung nach MURPHY u. a.). Die zahllosen Synergismen und Antagonismen von Hormonen und Vitaminen untereinander sowie mit Enzymen sind allgemein bekannt. Gegensätzlichkeit besteht z. B. zwischen Vitamin A und D bzw. C, sowie gegenüber dem Hormon der Schilddrüse. Bei Vitaminmangel ändert sich die Zusammensetzung der Galle (z. B. Verschwinden des Cholesterins bei A-Mangel); umgekehrt regeln Bestandteile der Galle die Aufnahme von Vitaminen aus der Nahrung.

Durchweg können verschiedene gleichzeitig eingesetzte Reizstoffe ähnlicher oder unähnlicher Art, den Mehrstoffkatalysatoren vergleichbar, zu *Bewirkungen* führen, *die stark übersummativen Charakter zeigen.* So gibt es eine pharmakologische Synergie wirksamer Drogenstoffe mit gleichzeitig anwesenden Hilfsstoffen (BIER, LECLERC), sowie eine Steigerung der Wirkung von Diphtherieimpfstoffen auf das Vielfache durch Behandlung mit Al-Verbindungen, oder der Chininwirkung durch Beigabe von Adrenalin; natürliche Schilddrüsenpräparate geben oft stärkere Erfolge als die isolierten „wirksamen Bestandteile"; Insulinwirkung wird durch Glukagon unterstützt (BÜNGER); Meso-Inosit und Aneurin fördern Wachstum nur in Gegenwart von Biotin; Antigene und Toxine, selber vielfach nach Art von Mehrstoffkatalysatoren oder Enzymen dual aufgebaut (aus „Pheron" und „Agon": KRAUT), unterliegt mannigfachen stofflichen Verstärkungs- und Abschwächungsmöglichkeiten; Erbanlagen mit ihren Erbstoffen

„manövrieren gemeinsam miteinander" (OEHLKERS); Hormone wie Insulin und Adrenalin greifen nach WILLSTÄTTER durch Affinität zu Inhibitoren in wechselnder Regulierung in die Hemmungen und Enthemmungen von Enzymen ein. Im höheren tierischen Organismus gibt es die bedeutsamen humoralen (hormonalen) wie neurohumoralen Wechselwirkungen.

In die unergründlichen Tiefen von Reizstoffbeziehungen wird der Blick gelenkt, wenn gezeigt werden konnte (DALE, LOEWIE, u. a.), daß elektrisch gereizte *Nerven jeweils „ihren" entsprechenden Reizstoff selber erzeugen* können: der Accelerans den Acceleransstoff, identisch mit Sympathin (ähnlich Adrenalin), der Vagus den Vagusstoff, wohl Acetylcholin (bei einer Einzelerregung etwa 0,00001 mg Substanz), und daß solche Reizstoffe die „Erregung" von einem Neuron zum anderen in kürzester Zeit (0,002 Sekunden) übertragen können, wobei schließlich auch willkürliche Muskelbewegung zustande kommt (Kontraktionsreiz des Acetylcholins). Andererseits ist sogar das Zentralnervensystem mit besonderen inkretorischen Drüsen versehen, die wichtige Hormone erzeugen[47].

„Jedes nervöse Organ produziert bei Reizung oder Zustandsänderung Stoffe, die dieser Zustandsänderung gleichwirkend sind" (KROLL). Sogar für das Zentralnervensystem erscheint eine Erregungsübertragung auf chemischem Wege möglich.

Bevor dem „ganzheitlichen" Gepräge stofflicher Reizwirkung weiter nachgegangen wird, sei jedoch der mehr oder minder großen Kompliziertheit kausaler Zusammenhänge überhaupt eine kurze Betrachtung gewidmet.

29. Komplexe und hochkomplexe Kausalismen.

Das Denken stellt Kausalbeziehungen her zwischen elementaren Akten oder zwischen komplexen Vorgängen, zwischen sich unmittelbar zeitlich und räumlich Berührendem oder zwischen weit Entlegenem, zwischen konkret Gegebenem oder nur abstrakt Gedachtem. Auf der einen Seite also etwa: Ein Lichtquant wird von einem Chloratom aufgenommen und aktiviert dieses, ein adsorbiertes H-Atom tritt mit einem Lithiumatom zusammen und bildet Lithiumhydrid; auf der anderen Seite: die Kompliziertheiten meteorologischer und geologischer Kausalismen, durch Hinzukommen neuer Momente noch weiter gesteigert im Biologischen sowie in dessen kollektiver Ausgestaltung: den Lebensgemeinschaften und Lebensverkopplungen der Natur. Auch die verwickeltsten Kausalismen der Natur lassen sich jedoch zusammengesetzt denken aus elementaren Kausalismen von Stoff und Energie in bezug auf Erhaltungsgemäßheit einerseits, Veränderung durch „Anstoß" andererseits (E.K. und A.K.).

Zur Illustrierung der Mannigfaltigkeit hoch- und höchstkomplexer Kausalismen, in denen A.K. und E.K. nebst W.W. in verschiedenster Weise verfilzt und verknäuelt sind, seien einige Beispiele in bunter Folge angeführt:

a) Im Anorganischen: die Zurückwerfung elektrischer Wellen in der Ionosphäre; kosmische Höhenstrahlung mit ihren „Schauern"; Einfluß der Sonne mit ihren konstanten und wechselnden Vorgängen (Sonnenflecke usw.) auf den elektrischen und magnetischen Zustand der Erde; Klimaverhältnisse, Erdfeld und Gewitter; die Beeinflussung stofflicher Lichtabsorption durch Konzentration, Temperatur, Druck und Fremdstoffzusatz; Wirkung elektrischer Felder auf Stoffe; experimentelle Atomumwandlungen samt „Kernphotoeffekt"; Grammophon, Magnetophon, Photozelle, Radio, Fernsprechen und Fernsehen; piezoelektrisch erzeugter Ultraschall kann Sauerstoff aktivieren und Metallpassivierung in verschiedenem Sinne beeinflussen (G. SCHMID, L. BERGMANN, HIEDEMANN u. a.); ferner Gebirgsbildung; Erdbeben und Vulkantätigkeit mit seiner Folgenreihe: Magmaabkühlung ⤳ Erstarrung mit Freigabe von Gasen → Drucksteigerung und schließlich Eruption; Motorismus von Dampfmaschinen und Verbrennungsmotoren; Chemismus industrieller Fabrikationen; antagonistische Wirkung von Golfstrom und „Azorenhoch" gegenüber Eismeer-Luftwirbeln in bezug auf das Klima von Nordwesteuropa; Bildung von Tornados usw.

b) Im Biologischen des Individuums: Zellatmung; Muskelkontraktion als kolloidisch-chemodynamischer Vorgang, von dem nur der chemischkatalytische Teil einigermaßen bekannt ist; Bewegung von „Wuchsstoff" u. dgl. im bioelektrischen Felde (Elektrophysiologie); Blutgerinnung[48]; sexuelle Umstimmungen durch Follikulin; feste und „bedingte" Reflexe, Taxien und Tropismen; Vorgang der Mitose, der Organisatorwirkung und der „Differenzierung" mit Wachstum und Entwicklung in „Keimbahn" und „Körperbahn"; Respiration und Assimilation nebst Dissimilation; Selbstregulierung und Adaptation; Wasserhaushalt des tierischen und .pflanzlichen Organismus; biologische Leuchtwirkungen; biologische Abwässerreinigung und Gesteinsbildung; Nährstoffregulierung von Gewässern durch Kolloidgele; Stoffwechsel-und Formwandel der Pflanze mit Veränderung des Standortes; das gesamte Erbgeschehen mit Form- und Funktionsentwicklung, Mutationen und Modifikationen, Dominanz und Rezessivität, Erbkrankheiten und „Aufsteigerungen"; biologische Wirkung von Luftelektrizität und Kurzwellen; pathologische Wirkung von Föhn, günstiger Einfluß von Wüstenstaub auf Tiefatmung; Wirkung von Giften, Toxinen, pathogenen Mikroben und Virusarten, sowie von Antigenen, Antitoxinen und Abwehrfermenten; die gesamte Reiztherapie; nach negativer Seite

Leben vernichtende Wirkung einer Lawine, eines Riesenmeteoreinfalles, eines Vulkanausbruches usw.

c) In Kollektivbiologie und Ökologie: Symbiosen und Lebensgemeinschaften, Wechselwirkung von Klima und Wald; Anpassungen von Arten durch aktives Reagieren auf veränderte Umwelt; phylogenetische Entwicklungen; Vogelzug in Abhängigkeit von Klima, Sonnenstrahlung und Hormonbildung; Genese von Endemien und Epidemien in Abhängigkeit von Mikroorganismen, Boden (auch Grundwasserstand), Klima und individueller Konstitution; Neubildung einer artenreichen Pflanzen- und Tierwelt innerhalb 50 Jahren nach dem Vulkanausbruch von Krakatau durch „Einwanderung". „Jedes Samenkorn enthält in sich die Wirkungen ehemaliger Umwelten" (P. H. Schmidt).

d) Unter ausgesprochener Beteiligung des Psychischen: Kausalismen der Psychologie und des täglichen Lebens; phylogenetische Entstehung des Auges aus einem einfachen Pigmentfleck; Erzwingung der Menschwerdung durch die Eiszeiten (?); Beziehungen zwischen Boden, Klima, Körperbau, Rasse, Atmung und Sprache; Entwicklungsgeschichte der irdischen Organismen einschließlich Menschheitsgeschichte.

Die Wissenschaften haben es fast durchweg mit breiten, langen und verknäuelten Kausalismen zu tun, so vor allem die Biologie, die Psychologie und sämtliche Kultur- und Geisteswissenschaften — mündend in der Universalgeschichte — mit ihrem „Einmaligen" in der Einzelerscheinung und „Wiederholung" (und dabei zuweilen „Steigerung") im Typus. Physik und Chemie aber durchforschen die Grundlagen für die „natürliche" Seite des Weltlaufes mit Aufsuchung relativ einfacher Kausalismen von Stoff und Energie und deren Verknüpfungen.

30. Physiologisch-biologische Reizwirkung oder Erregung als Ganzheitskausalität.

Schon von Johannes Müller und Schopenhauer ist die *Reizkausalität als die eigentliche typische Form der biologischen Kausalität* erkannt worden, der niedrigere Kausalitätsformen untertan sind. „Die Dinge, die sich gegen ihre Ursachen als gegen Reiz verhalten, sind die organischen Wesen" (Joh. Müller). Auf höherer Stufe kehrt hier gewissermaßen wieder, was der Katalysator im rein Chemischen leistet: Reize können „Aktionen einleiten, beschleunigen oder in neue Bahnen lenken" (Pfeffer 1896), und zwar so, daß der Reiz „nicht die Energie für das Geschehen liefert, er löst vielmehr andere Energien aus" (Jost), etwa auf Grund der in einer Keimzelle vorhandenen „Bildungspotentiale" (J. Reinke); Reizwirkungen sind demnach *Zustandsänderungen einer Ganzheit aus eigenem Energievorrat* auf bestimmten äußeren oder inneren Anstoß hin, oder „nichtbilanzmäßige Bewirkungen" des Organismus, ganz nach der Art der Katalysatorwirkungen[49]. „Ohne Reiz schon keine Ernährung" (BIER).

Trotz des *Anklingens der Reizdefinition an die Begriffsbestimmung der Katalyse*, und obgleich unstreitig in den ausgedehnten Reizkausalismen auch katalytische Teilakte eine maßgebende Rolle spielen, ist als ein unterscheidendes Merkmal jeder Reizwirkung nicht außer acht zu lassen, daß der *Reiz immer auf ein lebendes Ganzes (oder ein Teilganzes) wirkt und daß er von diesem Ganzen aktiv beantwortet und verwertet wird.* DRIESCH: „Stets wird das Ganze des Impulses durch die Ganzheit der Ausführung verwirklicht bei ungeheurer Variationsmöglichkeit der Ausführungswege." „Jede Zelle weiß gleichsam, was vom Ganzen da ist und was noch da sein soll." J. S. HALDANE: „Der Körper als ein Ganzes oder das Nervensystem als Ganzes drückt sich in jeder Antwort auf einen Sinnesreiz aus." (Aktive Koordination und aktives Reagieren; „Vorwissen" der Zelle, des Organismus; „Alles- oder Nichts"-Gesetz.)

Der *Reiz-Ursache* nach kann man allgemein unterscheiden (der Einteilung S. 43 mit Abb. 3 entsprechend):

a) energetische Reizung: Stoß und Druck, Schall, Licht, Elektrizität;

b) stoffliche Reizung: Geschmack- und Riechstoffe, stoffliche Einflüsse auf die äußere Haut und im Innern des Organismus;

c) Reizung durch nichtenergetische und nichtstoffliche Impulse.

Im einzelnen spricht man z. B. von Ernährungs- und Respirations-, Wachstums-, Formbildungs- und Befruchtungsreizen, von Funktions- und Entwicklungs-, Erkrankungs- und Gesundungsreizen, von Einzelreizen und „komplexen Situationsreizen" (SPEMANN). Reizwirkungen werden vor allem von *Hormonstoffen* (im weitesten Sinne) hervorgebracht, wie solche — von spezifischer oder unspezifischer Art — schon auf niedrigen und niedrigsten Lebensstufen gefunden werden: so in Pantoffeltierchen, Würmern und Insekten (Häutungs- und Verpuppungshormone), durchweg als besondere „Drüsenhormone" oder als „Organhormone", ebenso in Pflanzen, etwa Zellteilung auslösend (HABERLANDT) oder organbildend (J. SACHS) oder sonstige Funktionen mannigfach steuernd und regelnd (Wuchsstoffe: WENT, KÖGL, P. BOYSEN-JENSEN, SÖDING, JOST u. a.).

Allgemein können Reaktions- und Funktionsreize aus der Umgebung stammen (äußere Sinnesreize) oder aus dem Inneren des Organismus hervorgehen (Organreize insbesondere hormonaler und neuraler Art); dazu kommen besondere Reize wie Krankheitsreize, toxische und therapeutische Reize unspezifischer und spezifischer Natur, allergische Reize usw.

Reizwirkungen aber können sein:

a) physikalisch-chemische, einschließlich kolloidchemische und elektrokinetische Reaktionen: Stoffwechsel;

b) zeiträumliche „Fixierungen und Insertionen" (nach DRIESCH) in Formbildung und -erneuerung;

c) Organfunktionen, unbewußt oder bewußt, in der Hauptsache aber „ungewollt" und unwillkürlich: Lebenserhaltung und Anpassung an die „Umgebung";

d) Empfindung, Wahrnehmung und Handlung: diese trieb- und instinktmäßig oder unter Beteiligung von Willensmotiven, schließlich wahlhaft frei.

Oft sind die *nächsten Reizursachen* oder auch die *ersten Reizursachen*, insbesondere auch pathologischer Wirkungen unbekannt, und der Spürsinn des Arztes wird vor schwere Aufgaben gestellt; handelt es sich ja durchweg um komplexe Kausalfolgen in einem hochkomplexen System mit dauernden physikalischen Änderungen und chemischen Umsetzungen solcher Art, daß für ihre Bewältigung die Phasentheorie eines W. GIBBS und VAN 'T HOFF und die ganze chemische Reaktionskinetik in keiner Weise ausreichen. „Nur in den seltensten Fällen kann man sagen, was Ursache und was Wirkung ist." (KÖTSCHAU und AD. MEYER.) Stark verknäuelte Reizkausalität herrscht ferner z. B. in Vererbung und Formbildung, gekennzeichnet durch Wirkungen im „harmonisch äquipotentiellen Systeme" (DRIESCH) mit Verzweigung und „Erhöhung der Mannigfaltigkeit" auf Grund einer „prospektiven Potenz", die sich in „prospektiver Bedeutung" festlegen kann.

Je tiefer wir in das Organische eindringen, desto mehr wird die Anstoß- oder Anlaßkausalität zu einer Lenkungs- und wahlhaften Führungskausalität, jedoch immer unter Beteiligung des Ganzen; sie nimmt also die Form einer höheren „Ganzheitskausalität" an, in der sich A.K. (einschließlich K.K.), E.K. und Wechselwirkung auf das innigste verweben, und zwar so, daß nicht nur der gegenwärtige Zustand, sondern auch die Vorgeschichte mehr oder weniger bestimmend ist: ganzheitliche Reizwirkung und Reizbeantwortung auf historischer Reaktionsbasis[50].

31. Ganzheit, Wechselwirkung und Ganzheitskausalität.

Das Grundelement von „Ganzheit" oder „Gestalt" oder „Form"
(siehe DRIESCH, v. EHRENFELS, WO. KÖHLER, FRIEDMANN u. a.)
ist ein *regelmäßig wiederkehrendes objektives Geordnetsein von Qualität im Gleichzeitigen*: intensiv im Psychischen, extensiv im Stofflichen bis zum Atom herab, für dessen „Inneres" schließlich
Geometrie und Topographie versagen. So steht die *Ganzheit* zunächst da als eine Ordnung und Gliederung im „So — jetzt" bzw.
„Hier — so — jetzt", gegenüber der Kausalität als einer Ordnung
im „So — jetzt, so — vorher" bzw. „Hier — so — jetzt, hier — so
— vorher"[51]. Wie bei der Kausalität, so gibt es auch hier Kom-
plizierungsstufen; den elementaren Ganzheiten ordnen sich höhere
Ganzheiten von verschiedenen Graden der Gestaltung und Verwicklung über, und *diese* sind in der Regel Gegenstand der Ganz-
heitsbetrachtung. Das Verhältnis von Ganzem und Glied darf
man sich dabei „niemals ursächlich oder gar körperlich vorstellen"
(O. SPANN); *zeitliche Veränderung* von Ganzheit durch Anstoß
aber kann in dem Begriff der „*Ganzheitskausalität*" gefaßt werden.

Mit einfach „statistischer" Betrachtungsweise muß ein solches ganzheitliches „Schauen" nicht im Streite stehen; Wahrscheinlichkeit „als
Grenzwert einer relativen Häufigkeit in einer unendlichen Folge" ist
„verträglich mit der Voraussetzung einer gewissen Geordnetheit der
Ereignisabläufe in der Welt" (REICHENBACH).

Physische Ganzheit bedeutet die Existenz eines *Nebeneinander*
(oder einer Relation) von Dingen oder Geschehnissen als Gliedern,
das, ohne einer unmittelbar kausalen Begründung zugänglich zu
sein, unmittelbar oder in seinen weiteren Folgen Sinn und Wert
aufweist. „Ganzheiten sind nicht erklärbar aus Teilen, der Zustand
der Teile ist vom Ganzen her bedingt" (A. WENZL). Hiernach ist
„Ganzheit" an sich nicht der organischen Natur vorbehalten;
schon im Reich des Anorganischen treten Gebilde auf, die nicht
einfach als die Summe von Teilen erschöpft werden können, da
die Herausnahme eines „Stückes" nicht möglich ist, ohne das
„Übrige" (und auch das Herausgenommene) wesentlich zu verändern. In diesem Sinne besteht *gegliederte Ganzheit* — statt sum-
mierte Gesamtheit — schon in Elektrostatik und Elektrodynamik,
in den Gestalten des Atoms, der Molekel, des Krystalls, des meta-
strukturierten „Somatoids" (V. KOHLSCHÜTTER), und des anorganischen Körpers überhaupt.

Wird uneigentliche, bloß summative Ganzheit, als aus Kleinem und Einfachem zusammengesetzt und aufgebaut gedacht, so ist hingegen *echte* Ganzheit (z. B. des Atoms) primär, und darum nicht voll „ableitbar". Demnach gehört zu wahrer Ganzheit „Ausgliederung und Rückverbundenheit" der Glieder eines Umfassenden (O. Spann), die sich in ständiger *Wechselwirkung* äußert (S. 46). „Das Geschehen in einem beschränkten Raume wird getragen von dem im übrigen System und umgekehrt" (Wo. Köhler). Entscheidend ist das „Sichtragen einer Gestaltganzheit" infolge der funktionellen Wechselwirkung aller Glieder, verschieden von der „Summe der Teile" und ihren elementaren Wechselbeziehungen, und mit der „Garantie des künftigen Daseins eines gleichartigen Systems" trotz der unermeßlichen Fülle störender und zerstörender Einflüsse der Umgebung. Ganzheit ist „sinnbedingter Zusammenschluß und zieldienliche Ordnung"; ein Ganzes im wahren Sinne ist „eine durch sinnbedingten Zusammenschluß aus Einheiten zu denkende neue Einheit" (Burkamp) und „eine relativ abgeschlossene Mannigfaltigkeit" (F. Krüger). „Neben der Kausalität hintereinander wäre eine Abhängigkeit neben- und untereinander gegeben" (Nietzsche).

„Der Ganzheitsbegriff ermöglicht die richtige Formulierung der Probleme, gibt aber nicht die Problemlösung, die nur durch Kausalitätsforschung gewonnen werden kann" (M. Hartmann). „In der Welt herrscht Ganzheit und Kontinuität" (Simmel). Driesch unterscheidet *merogene Ganzheit*, die sich aus Wechselwirkung der Komponenten ableiten läßt (Planetensystem, Atom) und *hologene Ganzheit* = organismische Ganzheit, die unauflösbar ist und in entelechial bedingter Morphogenese und Regulation besonders scharf hervortritt, und zwar als räumliche und zeitliche „Insertion" des Einzelnen: Lokalisation und zeitliche „Fälligkeit" im Hinblick auf ein Ziel. (Siehe auch Friedmann, V. Goldschmidt, Ungerer über „Zeitordnungsformen", sowie Smuts, J. S. Haldane, Ad. Meyer, Alverdes, Jores, Bünning, Hellpach, Stumpf u. a.)[52]. So ist denn *das Reich des Organischen das Reich höherer gestaffelter und beweglicher Ganzheiten.* „Der Organismus kann nur vom Ganzen aus verstanden werden" (Bleuler). „Das Ganze ist das Primäre, die Teile das Sekundäre." „Der Organismus ist in Zellen gegliedert, nicht aus Zellen aufgebaut" (Dürken). „Die Ursache der Art der Existenz bei einem jeden Teil eines lebenden Körpers ist im Ganzen enthalten" (Kant). „Das Ganze ist die wahre causa" (Smuts). „Ganzheit und Aktivität machen den Organismus" (Alverdes), und zwar „Ganzheit in dem Sinne, daß das Netz der Relationen aller Teile in ihrer Dynamik verstanden wird" (H. J. Jordan). Biologische Ganzheit ist „die Gesamtheit der inneren Fäden, die die Teile eines Organes verbinden und damit auch nach außen abgrenzen" (H. A. Stolte). „Zelle und Medium, Struktur und Funktion bilden ein untrennbares Ganzes" (Carrel).

Noch mehr als bei anorganischer Ganzheit herrscht in biologischer Ganzheit beständige W.W. der Glieder, die wiederum ein „Sichentsprechen" gewisser Eigenschaften voraussetzt, das man kaum anders als mit zeiträumlichen Bildern ausdrücken kann: „Resonanz" und gewisse „Abgestimmtheit" in der physikalisch-chemischen einschließlich katalytischen Grundlegung bis zur physiologischen „Iochronie" von Neuronen untereinander und mit Muskelfasern usw. Schon in der „feinbaulichen Ordnung" der Zellstruktur herrschen höhere Ganzheitsbeziehungen mit geregelter W.W.

Wird an einem Gebilde neben „Ganzheit" und „Wechselwirkung" in Anstoß und Erhaltung noch die *geordnete Veränderung in der Zeit* beachtet, so kommt man zu der oft mißverstandenen *„Ganzheitskausalität"*, wie sie zuerst von Driesch in seiner „Philosophie des Organischen" für das Gebiet der Lebewesen hingestellt wurde, und wie sie in „einfacherer" Art schon im Anorganischen, z. B. in dem nichtadditiven Zusammenwirken der Bestandteile eines Mehrstoffkatalysators sichtbar wird. In diesem allgemeinen Sinne ist grundsätzlich so gut wie *jegliches Anstoß-Wirken auf Ganzes* nach Maßgabe der Ganzheits- oder Komplexkausalität zu erfassen. So liegt eine Art „Ganzheitskausalität" schon im Benehmen des Atomes oder des Atomkernes bei äußeren „Anstößen" vor, ein Verhalten, das durchaus nicht durch eine „geometrische Konstellation" der Teile kinetisch eindeutig gegeben ist; Ganzheitskausalität zeigt auch ein im chemischen Gleichgewicht stehendes stoffliches System bei von außen kommenden Störungen (Le Chatelier-Prinzip, für lebende Systeme siehe auch Schmalfuss u. a.). Auf niederer Stufe treten *Ganzheitsgesetze in Form statistischer Gesetze* auf: Wahrscheinlichkeiten der Atomphysik, Kinetik der Gase, Massenwirkungsgesetz und chemisches Gleichgewicht.

„Das Schicksal der einzelnen Korpuskel ist undeterminiert", „nur eine Statistik läßt sich mit Hilfe des Wellenbegriffs aufstellen" (Zimmer). „Die Bewegung eines einzelnen Lichtquants ist unbestimmt" (Haas). Aber: „Jedes dynamische Geschehen weiß von dem anderen" (Wo. Köhler).

Ein Modell höherer „Ganzheitskausalität" kann man schon im Verhalten von Atomkernen bei scharfer Beanspruchung sehen;

so wenn z. B. ein Aluminiumkern mit α-Strahlen beschossen und getroffen nicht in der Weise einer Billardkugel mechanisch (elastisch) reagiert, sondern zunächst in ein wenn auch zeitlich sehr kurz bemessenes unklares Zwischenstadium der Erregung gerät und erst dann auf Grund von „Überlegung mit Rücksichtnahme" zu einem festen „Entschluß" kommt, indem er in „schöpferischer Aktivität" etwa ein Proton als neues Gebilde entstehen läßt und „herauswirft" und dabei selber einen entsprechenden Wandel erleidet: $Al_{13}^{27} + \alpha_2^4 \rightarrow Si_{14}^{30} + H_1^1$. Wie in einem solchen aktiven Reagieren des Atomkernes, so kann man auch in dem wahlhaften (spezifischen) Benehmen eines chemischen Systems, zumal in Gegenwart eines richtenden Katalysators, primitive G.K. erkennen.

G.K. im eigentlichen, wahren und vollen Sinne ist dem *Lebewesen* vorbehalten; der jeweilige bewirkende Anstoß aber kann hier sowohl von außen wie aus dem eigenen Inneren kommen.

32. Kennzeichen biologischer Ganzheitskausalität.

Mit der Ganzheit von Nichtlebewesen (physikalisch-chemischer und mineralogischer Ganzheit) hat die *organismische Ganzheit* den atomaren und molekularen Unterbau gemeinsam:

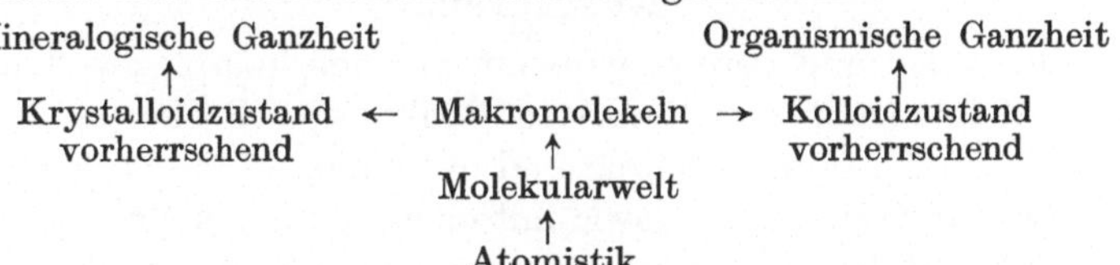

Die *Reizwirkung als Ganzheitswirkung* hat mit der katalytischen Wirkung gemeinsam, daß die eigentliche „Auswirkung" aus den vorhandenen Machtmitteln, d. h. aus eigenen Energievorräten des Systems bestritten und geleistet wird, der „Anstoß" also in der stofflich-energetischen Gesamtbilanz keine oder doch nur eine sehr untergeordnete Rolle spielt; nur sind bei Reizwirkungen (z. B. hormonaler Art) die Auswirkungen raumzeitlich viel verwickelter und „verschwimmender" als bei typischer Katalyse, und zwar auch noch als bei solcher von enzymatischer Art.

G.K. in vollem Sinne liegt vor, wenn eine Ganzheit irgendwie „angestoßen", d. h. in ihrem Gesamtzustand, in ihren Systembedingungen erschüttert wird und auf die Erschütterung aktiv antwortet. Von unten gesehen umfaßt G.K. die Formen A.K., E.K. und W.W., von oben gesehen ist sie *Aktivität*. Wie aber wird A.K. in der biologischen G.K. zur Führungs-, zur Gestaltungs- und Entwicklungs-Kausalität? Welcherlei „Anstöße" und „Anregungen" sind es z. B., die die Bildung von

Eiweißverbindungen und deren höheren „Ganzheiten", sowie die Koordinationen der Formbildung und Bewegung und die phylogenetische Entwicklung der organismischen Welt zuwege gebracht haben?

Biologische G.K. mit ihrer „großen Linie" beginnt in physiologischen *Funktionen*, anschließend an die Komplexkausalität höherer „Katalismen" wie Gärung und Zellatmung, und steigt als R.K. niederer und höherer Art weiter in die Gebiete der Entwicklung und Formbildung und bis zur „Handlung" im Einzelindividuum wie in Biozönosen. „Der ganze Organismus gehört zum Ursachenkomplex" (KÖTSCHAU u. AD. MEYER). Welche *Merkmale* aber unterscheiden die biologische R.K. als G.K. von komplexer Kausalität des Nichtlebenden? Indem man einerseits die „angestoßene" Ganzheit des Organismus, andererseits das Schicksal des Anstoßes selbst in Betracht zieht, lassen sich — abgesehen von den Besonderheiten von „Reizschwelle" und „Reizgrenze" nebst „Überreizung", die jeder Erfassung durch „Massenwirkungsgesetz" einfach chemischer Art spotten — folgende Eigentümlichkeiten in einer „Syntax der Prozesse" (V. KOHLSCHÜTTER) feststellen:

a) Raumzeitlich hochkompliziertes und weitreichendes Reagieren.

Angestoßen und gereizt wird ein vielfach-komplexes strukturiertes Gebilde mit von Punkt zu Punkt, von Bezirk zu Bezirk wechselnder Zusammensetzung und mit einem räumlichen Durcheinander von Ordnungen, sowie mit einer zeitlichen Veränderlichkeit der Konstellation, indem zwar bestimmte Systembedingungen annähernd konstant bleiben (so bei Warmblütern die Körpertemperatur), andere in rhythmischem Wechsel sich wiederholen (Pulsschlag und Atmen, Wechsel von Wachen und Schlafen usw.), im ganzen aber das Geschehen einsinnig irreversibel abläuft.

In einer Leberzelle von 0,00001 Stecknadelkopfgröße (immerhin noch Milliarden Molekeln enthaltend) spielen sich wohl mehr als zehn enzymatische Vorgänge gleichzeitig geordnet ab; die Organzellen der menschlichen Hypophyse liefern ungefähr 15 Hormone für verschiedene Zwecke. In der Retina des menschlichen Auges wirken etwa 120 Millionen Stäbchen, 1 Million Zapfen und 400000 Ganglienzellen zusammen. Die Zahl der Nervenzellen des menschlichen Gehirns wird zu 14 Milliarden geschätzt; dabei hat jede für sich wieder ihre komplizierte Eigenstruktur und ihre besonderen funktionellen Beziehungen. In einem intermediären Ganglion, das aus etwa 100000 Zellen besteht, wird bei Erregung sämtlicher präganglionären

Fasern 1 Zehnmillionstel mg Acetylcholin frei = je 9 Millionen Molekeln je Einzelerregung und Ganglionzelle. Welch eine sinnverwirrende Mannigfaltigkeit!

In Verfilzungen und Verstrickungen ganz ungeheuerlicher Art von zahllosen Einzelvorgängen niederen und höheren Ranges (siehe auch Abschnitt V) macht sich allenthalben R.K. und G.K. geltend. Dabei kann eine Reizung, zumal stärkerer und umfassender Art, verschiedene Regionen und Schichten durchlaufen und schließlich sogar im Bewußt-Psychischen münden[53]. So ist die *Reichweite des Stofflichen unbeschränkt.* Hirnüberpflanzung von der Knoblauchkröte auf den Moorfrosch gibt diesem auch seelische Merkmale des „Spenders", z. B. in Form des Grabinstinktes, der jedoch mit der „Technik" des Empfängers zur Ausführung gelangt (GIERSBERG).

Für *Instinkt- und Triebhandlungen* sind hormonale Grundlagen wahrscheinlich, und teilweise schon festgestellt. Der periodische Vogelzug z. B., von der Sonnenstrahlung her bedingt, wird anscheinend durch photochemisch erzeugte, d. h. bestimmte Sonnenstrahlungsintensität und Dauer voraussetzende „Hormone" vermittelt (STIMMELMAYR).

Menschliches Schilddrüsenhormon haftet für geistige Gesundheit; auf die Gewalt der Sexualhormone braucht nur hingedeutet zu werden. Der Gegensatz der Temperamente und abnorme Gestaltungen der psychischen Grundstimmung können durch hormonale Verhältnisse mit bestimmten Disharmonien veranlaßt sein. Rauschgifte wie Cocain und Mescalin führen unter Umständen zu „Depersonalisation", d. h. starken Störungen des Persönlichkeitsbewußtseins, Spaltungen und Irrungen, so daß das Individuum „sich als Persönlichkeit nicht anerkennt" bzw. „nicht mehr als die bisherige Persönlichkeit anerkennt" (SCHILDERER, HAUG) oder „das Gefühl der Zugehörigkeit zum Körper verliert". Alkaloide wirken mannigfach auf das Hirn (VEIT und VOGT). Starke Kohlenoxydvergiftung kann zu Beeinträchtigung der Gedächtnisfunktionen, ja zu dauerndem Verlust der Merkfähigkeit führen[54].

b) Aktives erfahrungsgemäßes Reagieren.

Das angestoßene Ganze reagiert aktiv auf äußere wie innere stoffliche und energetische Anreize derart, daß nicht nur der jeweils vorhandene Zustand des Ganzen maßgebend ist, sondern auch *die ganze Vorgeschichte.* Reiz ist „jede Einwirkung, die das Lebewesen zu einer bestimmten Tätigkeit veranlaßt" (BAEGE: naturbedingte und umstandbedingte Reize). Jede physiologische Leistung ist „ein Erfolg, der durch die Eigentätigkeit im Organismus erzeugt wird" (PFEFFER): Aktivität eigengesetzlicher Art (ALVERDES u. a.), Spontaneität und „Impulsität" oder: als Grundleistung „spontane Aktivität der Veränderung bei regulativer Selbsterhaltung des spezifischen Gefüges" (Woltereck), aktives Reaktionsvermögen (Böker), und zwar „auf historischer Reaktionsbasis" (Driesch 1903). Zwischen Reizanstoß und Reizantwort besteht keine quantitative Beziehung der Energieumwandlung, kein „Maschinenverhältnis" (W. Ostwald); auch der Ort der Gegenwirkung kann ein anderer sein. Schon der durch einen Reiz ausgelöste „Reflex" ist nach Holst „ein kompliziertes Zusammenspiel von Mechanismen mit aktiven zentralen Kräften". Jede Aktivität aber ist Zielstrebigkeit.

Von der *Spontaneität und Aktivität des Organismus* zeugt der dauernde Erregungszustand des Protoplasmas, für den man — wie für das chemische Gleichgewicht — kaum eine „Einzelursache" setzen, sondern nur eine Beschreibung der „Systembedingungen" geben kann. Schon die primitiven „Pantoffeltierchen" zeigen jenen unaufhörlichen Erregungszustand, der im Stoffwechselablauf begründet ist; durch das Nervensystem eines Menschen aber „braust dauernd ein Orkan" mit ungefähr 1 Million Erregungswellen je Sekunde. „Das Wesen des Lebens ist primäre Aktivität auch beim Fehlen äußerer Reize" (Bertalanffy). „Der Reiz bewirkt nicht das Geschehen, sondern verändert es nur"; maßgebend ist letzthin „die Entfernung vom Normalzustand, das Bedürfnis" (Bertalanffy; siehe auch Pflüger u. a.)[55]. Individuelle wie phylogenetische Konstruktionen und Umkonstruktionen in Entwicklung und Anpassung kommen durch aktive Umweltausnützung zustande; siehe Böker, Beurlen, Dacqué u. a. Die eigentliche Aktivität der Zelle indes „stellt immer noch ein unenträtseltes Geheimnis dar" (Kötschau u. Ad. Meyer).

„Was ist aber aktiv? — nach Macht ausgreifend." „Vor allem will Lebendiges seine Kraft auslassen." „Das Leben strebt nach einem Maximalgefühl von Macht." „Leben selbst ist Wille zur Macht" (Nietzsche).

Als ein physiologisches Beispiel komplexer Kausalität, die durch das Hinzukommen der Lebensaktivität zur vollen G.K. wird, sei das Dunkeln pflanzlicher und tierischer Lebewesen in bestimmten Teilen und Organen angeführt, wie es von H. Schmalfuss u. a. bereits weitgehend untersucht wurde. Der Hautpanzer eines frisch geschlüpften Mehlkäfers dunkelt (mit dem Erfolg der Festigung) bei der Erfüllung zahlreicher Bedingungen wie: vorhandene Farbvorstufe (etwa 3, 4-Dioxyphenylessigsäure, in Gemisch mit analogen Stoffen), Sauerstoff, enzymatischer Katalysator, Wasser, bestimmter Säuregrad, und wird weiter beeinflußt von bestimmten Umweltreizen wie Temperatur, Licht und Fremdstoffe; *Grundvoraussetzung aber ist das Vorhandensein lebenden Plasmas,* da im abgetöteten frisch geschlüpften Mehlkäfer nicht der Hautpanzer, sondern nur das Blut unter günstigen Bedingungen zum Dunkeln gebracht werden kann.

Physiologische Anpassung an variable Bedingungen hat ein Modell in dem Verhalten chemischer Systeme bei Störung des Gleichgewichtes, nach dem Prinzip von Le Chatelier, wonach eine Veränderung der Bedingungen

(Druck, Temperatur usw.) solche Veränderungen des Systems (also „Umsetzungen") hervorruft und anstößt, die der Störung entgegenwirken, mit dem Resultat der Einstellung oder Anstrebung eines neuen Gleichgewichtes, das wiederum dem Massenwirkungsgesetz entspricht. Es handelt sich aber nur um eine Analogie und einen Unterbau: *der Organismus arbeitet aktiv als ein Ganzes,* und es werden nie wahre „Gleichgewichte" auch nur annähernd erreicht: wirkliche chemische Gleichgewichte würden den Tod des Organismus bedeuten.

c) Auf einheitlichen Erfolg gerichtetes Reagieren.

Derart ganzheitliches Wirken zeigt sich in Formbildung und Formerhaltung, in Koordination und „Insertion" der Lebensfunktionen, in Regulation und Steuerung, Anpassung und Entwicklung.

Es finden dauernd *viele* Anreizungen statt, und zwar mit steigender Organisationshöhe stark zunehmend — entsprechend den „Tausenden von Katalysatoren" des Organismus, von denen BERZELIUS redet —, jedoch mit einer raumzeitlichen Ordnung der Reizbeantwortung, die zur Erhaltung und Steigerung sowie „Vermehrung" des Zustandes als Leistung führt; *Ganzheitskoordination und Ganzheitserfolg* in sinnvollem Leistungszusammenhang, mit den besonderen Erscheinungsgruppen der Selbstregulation, Regeneration und Restitution, sowie der Differenzierung „harmonisch-äquipotentieller Systeme". „Funktion wie Entwicklung jedes Teiles erklärt sich aus der Wechselwirkung mit anderen Teilen und der Umgebung" (HALDANE).

Koordination mit Wechselwirkung kann bewirkt werden nicht nur durch unmittelbare Berührung, sondern auch durch geregelt strömende oder diffundierende Körperflüssigkeiten bzw. einzelner Bestandteile solcher, insbesondere Hormone als Sendboten; in der höheren Tierwelt aber vor allem auch durch das übergeordnete Nervensystem als oberstes Schaltwerk energetischer Art. Immer indes sind *stoffliche* Mittel unentbehrlich; so ist ja die erstaunliche Restitutions- und Regenerationsfähigkeit bestimmter Gewebe an örtliches Erhaltenbleiben embryonaler pluripotenter Gewebeteile, also letzthin an primäre Muttersubstanzen und Urkatalysatoren und deren Ordnung gebunden. Koordination ist „nicht starr und maschinenmäßig, sondern wandelbar, gleitend, plastisch" und beruhend auf „sehr weit durchkonstruierter innerer Organisation" (HOLST).

In ganz überwältigender Mannigfaltigkeit und Größe tritt die G.K. (mit E.K., A.K. und W.W.) in der *individuellen Formbildung und Formentwicklung* zutage, wie die Keim- und Zellforschung seit DRIESCHS Durchschnürungsversuchen mit Seeigeleiern (1891) immer deutlicher lehrt. „Das Ganze des Keimes ist die Wirkursache, die Vollpotenz des Artplasmas" (DÜRKEN). Bei jeder Zellteilung und Zelldifferenzierung, bei jeder Organisatorwirkung durch Induktionsreiz und bei jeder Verpflanzung wirken „Führungsfeld" und „Wirkungsfeld" zusammen (SPEMANN u. a.)[56]. „Das Ei ist ein seltsam Ding" (DRIESCH). „Der ganze Keim ist durchsetzt von Wirkungsfeldern, in denen die artgemäßen Potenzen ansprechen" (SPEMANN). Dabei ist eine für den Typus charakteristische Rhythmik und Periodik zu beobachten, ein Verlauf in „Kettenprozessen", der bei jeder Art zu bestimmter Zeit beginnt und in geregelter Weise verläuft, mit stetigem oder sprunghaftem Fortschreiten (RIES: Arbeitsrhythmus und Funktionsperioden der Zelle).

Ein eindrucksvolles Beispiel wahrhafter „Ganzheitskausalität" bieten auch die Erscheinungen der *Überpflanzung embryonalen Gewebes* bei Pflanzen und Tieren, im gleichen Individuum oder nach einem anderen, artgleichen oder artfremden Lebewesen. Hier ist nicht einfache W.W. wie für ein mechanisches Mehrkörpersystem, auch nicht nur einfache Reizwirkung wie beim „Anstich", sondern hier kann alles in einem sichtbar werden: Selbstbehauptung und Nachgiebigkeit, einseitiger Zwang und freundschaftliches Hand-in-Hand-gehen neben A.K. und E.K., mit einer unübersehbaren Fülle möglicher Endresultate unter bestimmter Führung. Eine Parallele hierzu bietet wohl nur der historische Einbruch fremder Völkerstämme in ein Volkswesen, etwa in Ländern wie Italien, Spanien, Indien, Nordamerika, mit reichen Musterkarten denkbarer Folgen solcher Ganzheitswirkungen: von der völligen Vernichtung des einen Partners über regionale oder sonstige mehr oder minder freundnachbarliche Abgrenzung mit gegenseitigen Beziehungen bis zur vollkommenen Verschmelzung zu neuen Gebilden; all dieses — und wohl noch mehr — ist, wie die neuere Überpflanzungsforschung zeigt, in der Entwicklungsbiologie wiederzufinden.

Bei den Vorgängen der „*Vererbung*" ist nicht nur ein einheitliches Zusammenwirken aller „Gene" oder Erbfaktoren, sondern auch W.W. und *Synergie des Genoms mit dem Plasmon* unerläßlich. Nach DRIESCH, DÜRKEN, V. UEXKÜLL, u. a. betrifft die Wirkung der Chromosomen-Gene nicht das Ganze der embryonalen Typik, nicht die Totalität der Vererbung, sondern nur die Bestimmung der „zufälligen" und variablen Merkmale; die *Weitergebung des Wesens* aber erscheint an die Plasmasubstanz gebunden (siehe v. WETTSTEIN, HELD, G. WOLFF, WOLTERECK, PLATE, WINKLER u. a.). Darnach bestimmen die Gene in Gesamtheit nur die von Individuum zu Individuum, von Rasse zu Rasse veränderlichen Eigenschaften des werdenden Organismus, das artspezifische (und durch Autokatalyse beständige) Plasma aber die wesentlichen der Art. Da nun die Hauptmerkmale bei beiden Eltern vorhanden sind, kann sich die Natur im allgemeinen darauf beschränken, jenes Plasma nur von einem Elter (regelmäßig der Mutter) zu liefern; durch das Zusammentreffen und die W.W. stofflich teilweise verschiedener, insbesondere mit verschiedenen Vererbungsstoffen behafteter Zellkerne zweier Individuen aber, zusammen mit bestimmten Umwelteinflüssen, wird die starke Variabilität des Typus, vor allem der höheren Organismen erreicht. (Genotypus — Phänotypus.)

Durchweg erheben sich G.K. und R.K. auf der Basis der physikalischen und chemischen Kausalität, so daß „das Ziel eine möglichst weitgehende Analyse der chemischen Reaktion des Reizvorganges sein muß“ (KÖGL), und die Anerkennung der Möglichkeit höherer Ordnungen den Forscher nicht der Verpflichtung enthebt, immer wieder nachzusehen, wie weit man mit Physik und Chemie wohl kommen kann. Dahin gehört es z. B., wenn SPEK den Einfluß des p_H auf die Sonderung von Substanzen in der Zelle — konzentrisch oder bipolar — untersucht und auf die kataphoretische Bedeutung der Grenzflächenpotentiale hinweist, die sich an der Innenfläche der Zellmembran ausbilden. Noch nicht polar differenzierte Eizellen können durch Zusatz von KCl zur biologischen Differenzierung gezwungen werden usw. Ähnlich bedeutsam ist es, wenn man die Wirkung von Phytohormonen auf wohldefinierte physikalisch-chemische Vorgänge zurückzuführen sucht (KÖGL), oder wenn das schwierige Gebiet der Nervenreizung und der W.W. von Hormon und Nerv mit feinsten Messungen verfolgt wird. (Im einzelnen siehe auch z. B. die Diskussion der Faraday-Society über Eigenschaften und Funktionen natürlicher und künstlicher Membranen, 22. u. 23. April 1937.) Daß indes durch derartige physikalisch-chemische Untersuchungen die Bezeichnung „Reizstoff“ oder auch der Begriff der „Reizwirkung“ je „überflüssig“ werden könne — wie von mancher Seite gemeint wird — ist doch ebenso unwahrscheinlich, als daß je Biologie völlig in Chemie und Physik aufgehe (siehe S. 146).

Freilich *steht Chemie der Biologie weit näher als eine „Mechanik der Körper“*, die nichts von Entscheidung zwischen Qualitäten kennt. Ein Tropfen Schwefelsäure zwischen eine Zink- und eine Silberscheibe geführt wird nicht zaudern, sich wahlhaft an das Zink zu wenden; ein Stück Platinschwamm in ein Gemisch Sauerstoff, Stickstoff und Wasserstoff gebracht, wird O_2 und H_2 vereinigen und N_2 verschmähen. In Physiologie und Biologie aber setzt sich derart wählendes Benehmen in unendlich komplizierterer und verfeinerter Weise fort. In rohem Vergleich kann man vielleicht sagen: Der

Körper der klassischen Mechanik führt ein „Sklavendasein" völliger Gebundenheit (die bei astronomischer Bewegung freilich zugleich ein Zustand seliger Harmonie sein kann?). Eine chemische Molekel kann in gewissem Umfange frei wählen, bevorzugen und verschmähen. In der R.K. als G.K. aber (z. B. eines Geschmacksreizes, einer Hormonwirkung) mischen sich zahlreiche Fremde mit ein: es wird signalisiert, geprüft, vereinigt, geleitet und weitergegeben, gestritten und vermittelt und dauernd gewandelt, so daß der ursprüngliche Empfänger sowie auch jede „Mittelsperson" meist leer ausgeht und darin Genüge finden muß, wenn gemäß besonderen Spielregeln ein Resultat zustande kommt, das *für das Ganze* Wert besitzt. In der Motivation der Willenshandlung aber tritt insofern schließlich wieder etwas Neues auf, als „das Ganze" bewußt das Hineinreden und Mitreden vieler fremder Stimmen kurzweg in eigener Entscheidung abschneidet.

Wenn eine Fliege an ein Spinnennetz anstößt und dieses als Ganzes in Bewegung und Erschütterung versetzt, so ist das ein komplexer mechanischer Kausalismus, aber noch keine G.K. Hierzu würde noch gehören, daß das Netz sich auf den Anstoß hin wahlhaft aktiv benähme; dies aber bleibt der Spinne überlassen, an die das Netz die Bewegung weitergibt. Sie ist es, die aktiv reagiert: vom Reizanstoß über Reizleitung und -verwandlung zur Reizbeantwortung, wobei unter Voraussetzung einer Beteiligung bewußter Wahrnehmung und (angestoßenen und anstoßenden) Willens die R.K. weiter zur S.K. und M.K. wird.

Ganzheitskausalität des Lebens, wenngleich sie erst auf höherer Stufe sich in vollster Verwicklung ausprägt, beherrscht auch schon niederste Lebewesen, wie Protisten und Infusorien; von dem mitunter als eine Art Zwischenstufe des Lebenden und Nichtlebenden angesehenen „Virus" aber kann kaum mehr gesagt werden, als daß vermutlich auch schon bei einer „Zusammensetzung" des einzelnen Virusteilchens aus etwa 50 Eiweißmolekeln (auch verschiedener Art?) nebst sicher nicht fehlenden Elektrolyten (und Enzymen?) die Eigentümlichkeit der *Selbstbehauptung durch Angriff fremden Lebens* unter Assimilation, Dissimilation und Vermehrung (mit Hilfe der Autokatalyse) vorhanden sein wird[57]. Entspricht aber ein einziger ausgedehnter Reaktionslauf im Organismus dem Erklingen einer einfachen Melodie, so gibt ein entferntes Analogon des Gesamtgeschehens im gesunden Organismus das Ertönen einer gewaltigen Übersymphonie.

Einseitig stofflich betrachtet ist die Kausalität des Lebens eine großartige Synthese von A.K. und E.K. nebst W.W.: E.K. in dem trotz Stoffwechsel autokatalytisch als „Form" erhaltenen und nur quantitativ veränderlichen artspezifischen Protoplasma mit seinen stofflichen Gliedern und seinem dauernden Erregungszustand; A.K. aber in dem unaufhörlichen Wechsel der einstürmenden

Reize, die durch verwickelte W.W. bedingt sind und die der Organismus in einer meist erfolgreichen Weise aktiv verarbeitet. Energetisch aus der Vogelschau betrachtet aber erscheint das gleiche Geschehen als eine merkliche Verzögerung in der unvermeidlichen „Entwertung" der Urenergie der Sonne, deren Strahlen in der organischen Welt gewissermaßen kurzen Aufenthalt nehmen, bevor sie durch Zerstreuung und Ausgleichung von Intensitätsgraden „dahinschwinden".

Die so bewundernswerte vieldimensionierte und labile Kausalität des Organismus hat, zumal auf höherer Stufe der Tierwelt, auch ihre unerfreuliche, ja sozusagen „tragische" Seite, und zwar vor allem in medizinischer Hinsicht. Ist einmal durch Unausgeglichenheiten und Einseitigkeiten im Wechselspiel der Kausalismen des Körpers und durch „Emanzipationsgelüste" von Teilorganen Unordnung in die Totalkausalität gekommen, so ist es infolge der unendlichen Verflechtung der Einzelkausalismen oft außerordentlich schwer, bei dem Unternehmen des Abhilfeschaffens den „rechten Punkt" zu treffen, d. h. die „Hauptursache" oder Ur-Ursache anzustoßen und in Bewegung zu setzen und nicht nur nebensächliche Bedingungen und einzelne Symptome. Wenn also z. B. richtig erkannt wird, daß in einem bestimmten Falle eine „Fehlkatalyse" etwa durch Säureüberschuß bei der Verdauung vorliegt, so läßt sich das Übel doch nicht ohne weiteres durch einfache „Korrektur" der Katalyse — etwa durch Basenzufügung — kurieren: *Die Medizin hat es mit Ganzheitsursachen und -wirkungen zu tun,* und Ganzheitsstörungen bedürfen ganzheitlicher Behandlung, damit die örtlich oder allgemein „durcheinander geratenen Kausalismen" die alte ganzheitliche Harmonie wiedergewinnen können.

Welche Aussichten der *Begriff des zeiträumlich dynamischen biologischen Feldes* mit festgelegter (mehrdimensionaler) Inhomogenität im dynamischen Gefälle — als Gegenstück zu dem „einfacheren" Kraftfeld der Physik — für die Weiterentwicklung ganzheitskausaler Betrachtung insbesondere organischer Formentwicklung und Formerhaltung besitzt, mag hier dahingestellt bleiben; siehe Gurwitsch, H. Rudy, P. Weiss u. a., auch Childs „physiologische Gradienten" (z. B. „axial gradients"). Das Protoplasma erscheint nach Spek „als Träger und Bildner inhomogener Kraftfelder, in welchen chemische, osmotische, thermische, elektrische Gefälle, Zug- und Druckspannungen, dazu Kraftfelder, deren Träger der Gesamtorganismus ist, in heute unentwirrbarer Weise kombiniert sind" (zitiert nach Bertalanffy). Rein dynamische Kraftfelder der Zelle sind vielleicht *primär* gegenüber der stofflichen Struktur; doch kann ja Dynamik nicht als „Nur-Feld-Dynamik" erfaßt, sondern nur mittelbar aus stofflicher Wirkung erschlossen und insofern erkannt werden (siehe S. 44).

d) Psychisches Mitreagieren.

Biologische G.K. mit ihrer richtend und führend erscheinenden Art ist schließlich so beschaffen, daß sie sowohl in Formbildung wie in Lebenserhaltung und Lebensvermehrung den Eindruck macht, *als ob* ein unbewußter psychischer Faktor als Anstoßendes (oder auch Angestoßenes) mit beteiligt sei. Hierüber ist noch besonders zu sprechen.

33. Seelische und geistige Kausalität.

Wir können auf dieses vielumstrittene Gebiet hier nur in der Weise kurz eingehen, daß wir, um einen festen Punkt zu gewinnen, auf Fälle hinweisen, in denen tatsächlich *Unräumliches „Anstoß", Anlaß und Anregung für räumliche Verschiebungen, Umgruppierungen und Bewegungen stofflicher Gebilde niederer und höherer Art gibt: seelische Kausalität und Motivkausalität* (S.K. u. M.K.).

Im bewußten und wahlhaften *Willensakt*, der bei höheren tierischen Lebewesen über das Nervensystem hinweg den komplizierten Kausalismus ganzer Muskelgruppen geordnet in Bewegung setzt, haben wir einen solchen festen Ausgangspunkt, und zwar in bezug auf einen *Anstoß- oder Erregungskausalismus*, der selber mit „Energieumsatz" nichts zu tun hat, sondern nur in einen solchen richtend eingreift — dem Katalysator vergleichbar, der ja auch ein „bilanzfreier Impuls" ist. Tatsächlich wird auf dem Gebiet bewußter menschlicher Willenshandlung ein psychisches „Veranlassen" auch vom extrem mechanistisch denkenden Forscher zugelassen; liegen doch derartige Einwirkungen allzu offenkundig vor. Bestimmte Fälle weitreichenden psychischen „Anstoßes" wie ein Kommandowort beim Militär oder bei der Bedienung eines Ozeandampfers — oder gar eine Kriegserklärung — sind so recht geeignet, die Wahrheit des Satzes von SCHOPEN-HAUER zu erweisen, daß, je höher man in der Kausalität emporsteigt, um so mehr es sich ereignet, daß „die Wirkung viel mehr zu enthalten scheint, als die Ursache ihr liefern konnte", so daß der Grad der Wirkung keineswegs nach dem Grad der Ursache bemessen werden kann. „Ein Motiv wirkt so gesetzlich wie ein

Stoß" (A. Riehl). „Der Stein muß gestoßen werden, der Mensch gehorcht einem Blick" (Schopenhauer).

Beschränken wir uns auf den *individuellen Organismus*, so *kommen außer dem motorischen Anstoß des Willens auch Gefühle und „Gemütsbewegungen"* als Urheber körperlicher Vorgänge und Änderungen — und oft mit „eigengesetzlicher Kausalik" dem Intellekt gegenüber — in Betracht. Affekte vehementer oder schleichender Art wirken sich günstig oder ungünstig im Blutkreislauf und im Stoffwechsel aus: „seelischer Druck" kann über Nervensystem und Hormone Organerkrankungen hervorrufen, Freude den Körper kräftigen usw. Andererseits geben Sinnesreize nicht nur den Anstoß für Empfindung und Wahrnehmung, sondern bilden auch die Grundlage zusammenhängender und zusammenfassender „Erfahrung" (= Aus-fahrung, Erkundung) mit ihrer Erinnerungskausalität, und schließlich für die Motivation der freien und doch determinierten Überlegungs- oder Willenshandlung.

Als zweites Moment dient die Tatsache, daß der *menschliche Wille unter Umständen auch Körperfunktionen anregen und beeinflussen kann, die dem Willen sonst nicht unterstehen.* So wird von indischen Yogis glaubhaft berichtet, daß sie Atmung und Blutkreislauf willkürlich abzuschwächen, ja praktisch vorübergehend aufzuheben vermögen. Näher liegt der Fall *hypnotischer Suggestion*, durch die unter Umständen lokalisierte Erscheinungen wie Brandblasen, Hautflecke, vergrößerte Impfquaddeln und verstärkte Nierentätigkeit hervorgerufen werden können. Alles funktionelle Geschehen kann durch nervöse, d. h. also auch durch psychische Momente in Gang gesetzt werden (J. H. Schultz u. a.)[58].

Als drittes Moment diene die Würdigung der *Ähnlichkeitsbeziehungen von bewußter Trieb- und Instinkthandlung einerseits, der unbewußten Organfunktionen des Wachstums, der Drüsentätigkeit usw. andererseits*, die dahin führen, daß gegenwärtig vielfach Form- und Organ*bildung* einerseits, trieb- und instinkthafter Organ*gebrauch* andererseits genetisch auf den gleichen Ursprung eines unbewußten treibenden Faktors, eines schöpferischen „Urwillens" der Seele zurückgeführt werden[59].

So weist Spemann auf „*Analogien zwischen psychischen Vorgängen und Entwicklungsvorgängen*" hin auf Grund von Überpflanzungsversuchen wie demjenigen, daß, wenn im frühen Embryonalstadium von Amphibien ein

Stück der Epidermis auf der Unterseite des Kopfes durch ein Stück von
der anderen Art ersetzt wurde, welches normalerweise etwa Bauchhaut
oder Gehirn gebildet hätte, artgemäß Kopfhaut mit artgemäßem Organ
entsteht, aber derart, wie es dem eigenen Erbschatz entspricht: Kaulquappe mit den Haftfäden der Molchlarve unter den Augen, und Molchlarve mit Haftnäpfen und Hornkiefern wie eine Kaulquappe. Es kann also
z. B. „der von der Molchslarve dem Fremdstück gegebene Befehl weder
„Zähne" noch „Hornkiefer" gelautet haben, vielmehr nur ganz allgemein
„Mundbewaffnung"; nicht mehr, aber auch nicht weniger. Denn ohne
diesen Befehl wäre aus dem Implantat etwas ganz anderes, etwa Bauchhaut
oder Gehirn, oder aber auch gar nichts entstanden."

Viertens schließlich sei als Tatsache unterstellt, daß *Fälle
voll beglaubigter „Telepathie"* u. dgl. oder psychischer „Fern-
wirkung unmittelbarer Art" existieren, etwa der Fall der schwach-
begabten Ilga K. in Riga, die unter Umständen gedachte Worte
eines Fremden, wie Lösung von Rechenaufgaben oder gar Sätze
in fremder Sprache unmittelbar getreu auszusprechen vermag,
gewissermaßen auf Grund eines Empfanges von „Hirnwellen"
von einem geeigneten Sender oder sehr hoher Tonfrequenzen von
Gehörorgan zu Gehörorgan (nach J. J. Thomson)[60].

Nimmt man noch verschiedene „tiefenpsychologische" *Erscheinungen unbewußten und unterbewußten Seelenlebens wie Traum
und Gedächtnis* hinzu, so kann man sich zu einer „Extrapolierung"
des Willens als S.K. in das Gebiet des Unbewußten veranlaßt
fühlen (siehe Abb. 4 S. 46), d. h. zu der *fiktiven Vorstellung,
daß ebenso wie bewußter Wille den Anstoß für das Stattfinden
geregelter physiologischer Vorgänge im Rahmen bestimmter Möglichkeiten geben kann, dies auch für einen unbewußten Willen (als
entelechialer oder psychoider Faktor) möglich sei.* Ein innerer
Widerspruch besteht nicht, sofern dieser „Wille", der gewissermaßen der Urgrund und „das Fünklein" des bewußten Willens
wäre, gleichfalls auf den „bilanzfreien Impuls" ohne energetische
Betätigung (analog dem Katalysator) beschränkt wird. „Die
Reichweite des Seelischen erstreckt sich im Körpergeschehen soweit
wie lebendige Funktionen spielen" (Schultz)[61]. Gibt es ja „tief
im Körperlichen verankerte Hirnstammregulationen, die gewissermaßen den halbbewußten Unterbau des Wachzustandes bilden"
(H. Geyer). „Willkürliches" und „unwillkürliches" Geschehen
im Organismus werden schließlich die gleiche Wurzel haben.

Hinsichtlich *wahlhaft-bestimmender psychischer Kausalität* (S.K.)
befindet sich die Naturwissenschaft in einer besonderen Lage.

Während stofflich-energetische A.K. beliebiger Art im großen und ganzen unangefochten dasteht, liegt *im Psychischen allgemein und im Willen insbesondere etwas „Inkommensurables" vor, das als Naturfaktor von jeher heftig umstritten ist.* Vor allem mußte ein Eingreifen „*unbewußt* psychischer Faktoren" „telischer" Art einer einseitig mechanistischen Kausalitätsauffassung als widerspruchsvoll, ja sogar als „gegen die Energiegesetze verstoßend" erscheinen (folgerichtig hätte das vom bewußten Willen auch behauptet werden müssen); und erst eine freiere Kausalitätsauffassung, die A.K. verschiedener Art neben E.K. und W.W. gelten läßt, kann sich zu voller „Toleranz" auch der Macht des Psychischen entschließen, das dann nicht mehr als täuschender Schein oder als bloße Randverzierung des Mechanischen angesehen wird[62]. (Näheres noch in Abschnitt V.)

HALDANE: „Das Unbewußte liegt nicht außerhalb der Persönlichkeit, sondern ist nur eine unvollkommene Bekundung ihrer. Schon in der physikalischen Welt müssen Keime von Personalität vorhanden sein." DRIESCH: „Von Bewußtsein dürfen wir freilich im Reich des Morphogenetischen nicht reden. Aber was ist denn bei der menschlichen Willenshandlung bewußt? Das Dynamische ist hier ebenso unbewußt wie die Gesamtheit des Morphogenetischen. *Ich „will"* ist nur das Ziel und etwas Unbekanntes macht es." „Meist wird in uns gehandelt." Hiermit aber gelangt man in das „dunkle Gebiet der persönlichkeitsbildenden Zentrierungsvorgänge im Unbewußten" (C. G. JUNG). (Siehe auch WUNDT: Schöpferische Synthese; NIETZSCHE: beständige Schöpfung; BERGSON: schöpferischer Lebenswille und schöpferische Entwicklung.)

Dabei sei nachdrücklich hervorgehoben: Wenn *bewußt* psychisch angestoßene Kausalismen Tatsache sind, und (dem Subjekt) *unbewußt* psychisch angestoßene Kausalismen zum mindesten keinen inneren Widerspruch bergen, so *ergibt sich sofort eine „Fiktion", wenn jene Kausalismen verdinglicht oder personifiziert, d. h. in einem substantivischen Begriff wie psychischer Faktor oder „Psychoid" oder „Entelechie" zusammengefaßt werden*; freilich gilt das gleiche wie für psychische auch für physische „Kräfte" und „Faktoren", die dann nicht minder „fiktiv" sind. Unter einer naturwissenschaftlichen Fiktion verstehen wir hier eine gleichnishafte Darstellung mechanistischer oder psychistischer Art für ihrem Wesen nach unbekannte oder unerkennbare Verhaltungsweisen (z. B. das geometrische Atommodell, die chemische „Zusammensetzung", die „Lebenskraft"; siehe auch Anm. 31). Derartige Fiktionen können für die Forschung brauchbar und wertvoll, ja unentbehrlich und mehr oder minder denknotwendig sein, so daß sie ihre Stellung auch gegen alle puritanischen und positivistischen Bestrebungen behaupten, nur sollen sie nicht zu Dogmen werden. „Die Arbeit sieht aus wie von einem Wollenden gemacht" (Driesch).

So muß streng genommen der Gedanke einer organismische Kausalismen anstoßenden oder richtenden oder zusammenfassenden „psychoiden" Potenz für die Wissenschaft eine „Fiktion", d. h. *ein zur Deutung dienendes „Bild"* oder ein „Begriff" (= Zusammen-Griff = Symbol = Zusammen-Treff) bleiben, der ebensowenig ein Ding anzeigt wie etwa das Wort „Katalyse"; wenn aber die Physik z. B. von dem mechanischen „Wellenbild" behufs Ordnung von Erfahrungen auch da ausgiebigen Gebrauch machen darf, wo es sich um ganz ausgesprochene Symbolik handelt (Wahrscheinlichkeitswellen!), dann wird wohl der Biologie der sparsame fiktive Gebrauch eines psychistischen „Willensbildes" für analoge Vereinheitlichung *ihrer* Erfahrungen gleichfalls zu gestatten sein. „Gewiß ist die Zurückführung der Finalität auf zielstrebige Potenzen psychischer oder metaphysischer Art (Wille, Entelechie usw.) für die Naturwissenschaft unfruchtbar; und doch müssen im Reich des Lebens Wirkenszentren gegeben sein, die die Richtungsbestimmtheit des Geschehens bewirken" (K. Sapper; siehe auch S. 131[63].

Es kann mithin nicht einen Verstoß gegen die Normen exakter Naturbeschreibung mit sparsamer Begriffswirtschaft bedeuten, wenn innerhalb der Grenzen der Erfahrung *psychische Faktoren als Anstoßursachen im biologischen Geschehen* behauptet und zugelassen werden; sofern und solange nur hierin *keine hinreichende „Erklärung"* gesehen wird, bei der sich der Forscher ohne weiteres beruhigen möchte. Auch muß die Bedeutung des Wortes „psychisch" oder „unbewußt psychisch" bzw. „psychoid" im allgemeinen biologischen Gebrauch sehr unbestimmt bleiben, da es (nach Driesch) „sehr leicht möglich ist, daß die Worte „geistig" und „seelisch" „nicht einmal in ihrem allerallgemeinsten und allerunbestimmtesten Sinne ein adäquater Ausdruck für ein uns gänzlich Unfaßbares sind". Dabei bleibt vorerst auch das Problem bestehen: „Wie ist es möglich, daß ein Vorgang, der physisch anfängt, psychisch aufhört und umgekehrt?" (M. Hartmann). Die Anerkennung der Tatsache also, daß es „psychische" A.K. auch im unbewußten Körpergeschehen gibt, enthebt keineswegs der Verpflichtung, den Kausalnexus im Körperlichen und Stofflichen selbst so weit zu verfolgen, als es irgend möglich ist, um zu sehen, wie es — stofflich und energetisch — von der „Entelechie" gemacht wird[64].

Zur *Veranschaulichung* der Verhältnisse diene eine System konzentrischer Kreise, von denen der innerste *A* das psychophysische Gebiet des bewußten Wollens, Fühlens, Vorstellens und Denkens andeuten soll, der mittlere *B* das fiktive (oder hypothetische ?) Gebiet des unbewußten, triebhaften psychoiden oder entelechialen Willens, und der dritte und weiteste Kreis *C* den gesamten Organismus mit allen seinen Funktionen und Reaktionen. Der mittlere Kreisumfang ist gestrichelt dargestellt (für Pflanzen sollte es auch der innerste sein), nicht nur um seinen fiktiven Charakter und seine unbestimmten Grenzen anzudeuten, sondern auch um auf die

Abb. 7. Biokausalismen.

A Bewußtsein und Wille,
B Unbewußt Psychisches,
C Physisches,
D Merk- und Wirkwelt,

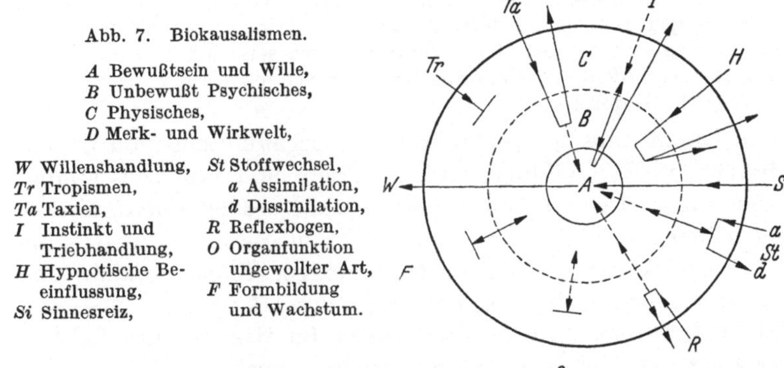

W Willenshandlung,	*St* Stoffwechsel,
Tr Tropismen,	*a* Assimilation,
Ta Taxien,	*d* Dissimilation,
I Instinkt und Triebhandlung,	*R* Reflexbogen,
H Hypnotische Beeinflussung,	*O* Organfunktion ungewollter Art,
Si Sinnesreiz,	*F* Formbildung und Wachstum.

metaphysische Möglichkeit hinzuweisen, diesen Kreis in dem Sinne zu streichen, daß der ganze große Kreis psychoidisch erfüllt, d. h. der ganze Organismus (auch der pflanzliche mit seinem „Organisationsfeld" und mit seinem „Wirken": ANDRÉ, BOAS u. a.) nicht nur belebt, sondern auch „beseelt" wäre! Das bedeutsame „physiologische X" (CREMER) würde darnach durchgängig auch ein psychisches X sein! „Alle lebende Substanz ist beseelt" (E. BECHER). (Dazu O. SPANN: „Die Natur lebt, aber sie ist nicht Geist.")

In das Schema der konzentrischen Kreise sind versuchsweise einige Formen *organismischer Kausalismen* nach Anfang, Richtung und Ende simplifizierend eingetragen, wobei zentripetale wie zentrifugale Vorgänge mannigfach „verquickt" vorkommen. Ein Überschreiten von „Trennungslinien" mit Nehmen und Geben ist die Regel (W.W. und R.K. als G.K.). Unbestimmte oder nicht durchweg anzunehmende Beziehungen sind durch gestrichelte Pfeile angedeutet. Dabei ist zu beachten, daß ein Körpervorgang, der dem persönlichen bewußten Willen nicht untertan ist, doch von der „Zentrale" zur Kenntnis genommen werden kann (z. B. Herzschlag und manche Körperreflexe), während in vielen anderen Fällen eine beliebige innere Körperfunktion, z. B. die Nierentätigkeit, sich normalerweise völlig im Gebiet des Unbewußten vollzieht.

Tritt ein in der artspezifischen „Körperstruktur" samt deren Hormonen begründeter und auf bestimmten Reiz ansprechender Kausalismus über Bewegungsorgane, insbesondere die Muskulatur, bis in die Umwelt hinaus, so ist er regelmäßig mit einem Bewußtsein des „Antreibens" verknüpft und erscheint als *elementarer Trieb* oder *Instinkt* (z. B. das Picken von Jungvögeln nach Körnern). Eine solche Außenfunktion läßt gleichwie die innere Körperfunktion im ganzen keine Wahl — wenngleich bei jedesmaliger Wiederholung ganz „von selbst" die Bewegungskoordination der Instinkthandlung ein wenig anders sein wird, der jeweiligen Situation entsprechend — und unterscheidet sich insofern von der „Appetenz" oder der elementaren Wahlhandlung nach Belieben (z. B. „ohne bestimmten Grund" sich hinsetzen oder weitergehen)[65]. Ein tieferes Eindringen in die verschiedenen grundlegenden Möglichkeiten und deren Verknüpfungen setzt jedoch eine Berücksichtigung der Stufenfolge oder Rangordnung psychophysischer Verursachung voraus (siehe Kapitel V).

In Organ- und Körperfunktion, in Organbildung und Organgebrauch, in Formbildung sowie in Trieb- und Willenshandlung: immer führen irgendwelche Reize — äußere oder innere, niedere oder höhere — als Auslösevorgänge in Auslöseweisen zu Auslöse- und Anstoßfolgen, jedoch unter derartiger Einschränkung und wiederum mit derartiger Einschaltung des „Mitgehens" des Individualbewußtseins, wie dies der Natur für das Ziel der Lebenserhaltung und Lebensgestaltung geboten erscheint.

In welcher Weise zu der noch verhältnismäßig einfachen Reiz- und Sinneseindruck-Kausalität in der Stufenleiter der Organismen die „geistige" *Kausalität von „Engrammen" und Erinnerungsbildern sowie schließlich* diejenige von Verstandes- und Vernunftmotiven (M.K.) hinzukommt, kann hier unerörtert bleiben. Betont sei nur, daß mit der Kausalität der Trieb- und Willenshandlung die K.K. unmittelbar gar nichts zu tun hat. Nur Modellwert kann es haben, wenn man etwa das Willensmotiv der Katalysatorwirkung darum analog setzt, weil beide durch den Satz: Kleine Ursachen — große Wirkungen zusammengehalten werden. Und wenn auch der menschlichen Willenshandlung, die mit ihren Folgeerscheinungen und Wertungen Gegenstand der Geisteswissenschaften und der Geschichte bildet, von Anfang an irgendwelche physische Prozesse im Organismus entsprechen, die schließlich auch „Katalyse" voraussetzen, so *beginnt doch im Gebiet des Geistigen mit seiner Sinngebung und Sinnverwirklichung eine ganz andersartige, durch besondere Gefühlsbetonung bestimmte Kausalität,* die wahlhaft bestimmend in das ganze irdische Geschehen eingreift. Hier ist *der bewußte Wille* mit seiner „mystischen Macht" (ROTHACKER) ebenso das große treibende und führende Agens wie im organismischen Geschehen *ein uns unbekannter „Allgemeinwille"* mit ebenso mystischer Macht. Gilt schließlich metaphysisch vielleicht sogar das Wort von SCHOPENHAUER: „Überall, wo Kausalität ist, ist Wille, und kein Wille agiert ohne Gesetze der Kausalität"? [66].

„Unser Hunger ist nicht sehr wesentlich verschieden von dem Streben der Schwefelsäure nach Zink, und unser Wille nicht so sehr verschieden von dem Druck des Steines auf die Unterlage, als es gegenwärtig den Anschein hat" (MACH). „Wir müssen den Versuch machen, die WillensKausalität als die einzige zu setzen." „Man muß die Hypothese wagen, ob nicht überall, wo Wirkungen erkannt werden, Wille auf Wille wirkt und ob nicht alles mechanische Geschehen, insofern eine Kraft darin tätig ist, eben Willenskraft, Willenswirkung ist" (NIETZSCHE).

V. Stellung der Katalyse in der Rangordnung der Kausalität; Beziehungen zu Plan und Ziel im Naturgeschehen (Telie). Was ist Determinismus?

> „Um mich zu retten, betrachte ich alle
> Erscheinungen als unabhängig voneinander
> und suche sie gewaltsam zu isolieren, dann
> betrachte ich sie als Korrelate, und sie ver
> binden sich zu einem entschiedenen Leben."
> (GOETHE).

Um die katalytische Kausalitätsform verstehen und würdigen zu können, haben wir sie als eine Form der A.K. den anderen Formen der Naturkausalität gegenübergestellt. Wie jede A.K. steht sie in engster Verknüpfung mit der E.K., die in der allgemein anerkannten Form stofflicher und energetischer *Erhaltungs- und Richtungsgesetze*, im großen wie im kleinen, das anorganische und das organische Reich gleichförmig durchzieht, im Gebiet der Lebewesen in der besonderen Erscheinungsform des vielgestaltigen *Stoff- und Energiewechsels* dynamisch stationärer Systeme [67]. Noch deutlicher als in der E.K. tritt die Trennungslinie zwischen dem Reich des Anorganischen und dem Reich der Lebewesen in der A.K. hervor, die als R.K., G.K., S.K. und M.K. in unendlicher Ver

knüpfungsmannigfaltigkeit die Unerschöpflichkeit der Lebensvorgänge schafft.

Es bleibt nun noch das Problem des *inneren Zusammenhanges*
der verschiedenen Formen der A.K., das zu dem Verlangen führt,
die verschiedenen Kausalitätsformen selber einer ganzheitlich-
kausalen Betrachtung zu unterwerfen mit der *zentralen Frage,
wie die planvoll erscheinende Ordnung der Kausalismen zu deuten
ist.* „Wie soll ich es verstehen, daß, weil etwas ist, etwas anderes
sei?" (KANT.)

Für die K.K. des präparativen und technischen Chemikers
erscheint diese Frage überflüssig; der übergeordnete *Wille des
Denkers und Gestalters* steht hinter den Dingen, die verwirklicht
werden und z. B. in Fabrikationen und deren Verzweigungen zweckmäßig und ganzheitlich geordnet sind. Gibt es nun etwas Ähnliches, Dirigierendes und Zusammenfassendes auch in den Kausalismen der Biokatalyse, sowie in den sonstigen Erscheinungen
der A.K.?

34. Das Postulat einer geschlossenen Naturkausalität (N.K.).

Zugrunde liegt *die Frage einer universellen Naturkausalität*
(N.K.), die der allgemeinen Kausalitätsforderung der entwickelten
Vernunft entsprechen soll. Wenn von diesem Postulat einer
geschlossenen N.K. gesprochen wird, so kann damit *nicht eine
raumzeitliche Abgeschlossenheit* gemeint sein; im Gegenteil ist
Kausalität ein progressus und ein regressus in infinitum, d. h. ein
Verlangen, dem ebensowenig wie dem Zeitbewußtsein mit einem
Anfang und mit einem Ende gedient ist. Dann kann geschlossene
N.K. nur bedeuten ein *solches System geordneter Kausalismen,
das in gleicher Weise dem Denkbedürfnis logischer Widerspruchslosigkeit, wie demjenigen der Sparsamkeit in Begriffsbildungen
entspricht*[68]; nicht aber kann mehr wie in früheren Zeiten un-
vollkommeneren physikalischen Wissens (so noch bei KANT?) als
geschlossene N.K. vollkommene Gleichförmigkeit, und zwar in
Gestalt einer Vor- oder Alleinherrschaft der mechanistischen
Kausalitätsform gelten.

Unter diesem Gesichtspunkt einfacher Widerspruchsfreiheit
oder gedrängten Begriffseinklanges ist zunächst die *Frage der
Allgemeingültigkeit und Verbindlichkeit des „Kausalgesetzes" zu
erörtern.*

Wir gehen aus von einer Formulierung von Burkamp, wonach gelten soll: „Ist in einem Zeitpunkt ein abgeschlossenes System vollständig bestimmt, so ist die Gesamtreihe der zukünftigen Zustände durch allgemein gültige Gesetze gegeben." Oder v. Kries, wonach „durch das in jedem Zeitpunkt gegebene Verhalten das sich anschließende Geschehen eindeutig bestimmt ist". „Kausalität ist vorhanden, wenn durch den beobachtbaren Zustand des Systems zu einer Zeit t der beobachtbare Zustand zu einer späteren Zeit t' eindeutig bestimmt ist" (P. Jordan). Besonders klar wird dieser Begriff einer durchgehenden und zwingenden N.K., wenn wir, einen Gedanken von Nernst weiterführend, *als Fiktion zwei abgeschlossene Welten* (bei Nernst nur „gleichartige Gasmassen") annehmen, die zu einer gegebenen Zeit sich in völlig gleichem Zustande, im ganzen wie im einzelnen, physisch und psychisch befinden. Die Frage lautet dann: Ist es eine notwendige Forderung unseres Intellektes (die er ohne Aufgabe seiner selbst nicht preisgeben könne) anzunehmen, daß jene gedachten zwei Welten nach tausend oder Millionen Jahren vergleichsweise wiederum genau den gleichen Zustand aufweisen werden? (Der Laplace-Gedanke eines „Voraussehens" durch einen „vollkommenen Geist" ist hier als für die Kausalität nebensächlich — und zunächst nur auf einen mechanistischen Determinismus gemünzt — weggelassen. Mit der Preisgabe eines universellen Mechanismus „entfällt auch die Kausalität im Sinne des Laplaceschen Weltgeistes": Sommerfeld).

Diese Formulierung zeigt wohl schlagend, daß die „Kausalität" kein Axiom, sondern nur ein „Postulat" der Vernunft, oder eine Denkform („Kategorie") für die Möglichkeit von Erfahrung ist, und zwar ein Postulat, das man nicht als „absolut" zu nehmen gut tun wird. Kausalität ist ein *Denkbedürfnis,* und wenn jenes Bedürfnis hie und da nicht ganz erfüllt werden sollte, so wird die Vernunft mit sich handeln lassen und sich mit weniger zufrieden geben. Die Forderung aber wird dennoch Forderung und die Kategorie Kategorie bleiben (als a priori, d. h. vor aller Erfahrung, aber nicht ohne alle Erfahrung vorhanden). „Das Denken weiß, daß es nicht mit absoluter Notwendigkeit gezwungen ist, kausal zu denken; es weiß aber zugleich, daß es sich selbst aufgibt, wenn es nicht Kausalität als absolute Denknotwendigkeit postuliert" (May). Zugleich wird gelten: „Wir haben in den Naturgesetzen nicht nur Gesetze unseres Erkennens vor uns, sondern auch Zeugnisse *eines Anderen,* einer Macht, die uns bald zwingt, bald sich von uns beherrschen läßt" (Fr. A. Lange).

In der Wissenschaft nimmt das *Postulat geschlossener N.K.* beispielsweise folgende Formen an: „Alle Vorgänge hängen mit

allen zusammen" (LENARD). „Jede Veränderung irgendeines
Komplexes ist auch zu bemerken an jedem anderen Komplex"
(POPPER-LYNKEUS). „Die Verhältnisse innerhalb der Atome sind
durch den ganzen Bau des Kosmos mit bestimmt" (EDDINGTON).
„Jedes Atom wirkt in das ganze Sein hinaus" (NIETZSCHE).
„Es spiegelt sich alles in allem, klingt jedes in jedem wieder"
(SCHOPENHAUER).

Danach soll das gesamte Geschehen und der gesamte Zustand
der Welt in einem gegebenen Zeitmoment das gesamte Geschehen
und den gesamten Zustand im nächsten Zeitdifferential bestimmen. Mit jedem Vorgang ändert sich jeweils „die ganze Natur"
(O. SPANN). Von anderer Seite wird vor der „verschwommenen
unkritischen Betrachtungsweise", daß nichts Selbständiges exi-
stiere, als vor einer „romantisch-philosophischen Erbauung" ge-
warnt und ein „unstetiger Weltzusammenhang" mit weitgehender
Selbständigkeit der Glieder betont (Wo. KÖHLER).

Richtig ist, daß *jede Kausalbetrachtung eine künstliche Isolierung* eines
bestimmten Erscheinungskomplexes aus dem Gesamtzusammenhange bedeutet und daß eine solche gedankliche Abtrennung mehr oder minder
gewaltsam sein kann, ja sein muß; andererseits aber bringt „Ganzheitlich-
keit" eine *weitgehende Unabhängigkeit von Teilgestaltungen und Teilprozessen*
mit sich. So gibt es gewiß übergenug Fälle, daß von der „Konstellation des
Universums" unbedenklich abgesehen werden kann. Während also z. B.
ein Fixstern an der „Grenze des Weltalls" sein Strahlungsfeld durch hundert
Millionen Lichtjahre Entfernung erstreckt und also tatsächlich überall
„ist", d. h. auf lichtempfindliche Substanz wirkt (—„man kann nicht
sagen, ein Körper wirke, wo er nicht ist": MAXWELL —), kann sich der
Chemiker z. B. bei seinen katalytischen Versuchen auf die Beachtung
der „Konjunktur im Reagensgefäß" beschränken, ohne auf die „Konjunktur des Sternenhimmels und Weltalls" Rücksicht nehmen zu müssen;
und freiwilliger radioaktiver Atomzerfall von einem Milligramm Radium
kümmert sich schon gar nicht um das, was in seiner Nachbarschaft oder
sonstwo vor sich geht.

So herrscht neben Zusammenhang und Abhängigkeit weitgehend
Freiheit und Selbständigkeit. Biologisch geht das so weit, daß
„Erfahrungen", die die Natur an einer bestimmten Stelle mit einem
gegebenen Organismus gemacht hat, nicht ohne weiteres an andere
Stellen übertragen werden können; und so kann es geschehen,
daß ein Problem, das an einem Organismus auf die einfachste
Weise gelöst ist, z. B. auf dem Fortpflanzungsgebiet, anderwärts
die umständlichsten und seltsamsten Erledigungen findet.

Zusammenhang und Selbstbehauptung, Abhängigkeit und Freiheit schließen sich in der *N.K.* zusammen, die in hoministisch-fiktiver Sprachform auch als durchgehende *Naturgesetzlichkeit* bezeichnet wird, zum Hinweis darauf, daß bei allem einsinnigen Wandel der Dinge unzählige Teilerscheinungen doch regelmäßig wiederkehren. Nur so wird *Erfahrung* möglich, die folgerichtig durchdacht schließlich auch zu dem Begriff der *Naturnotwendigkeit* geführt hat[69].

Ihren reinsten Ausdruck findet Naturgesetzlichkeit im *mathematischen Symbol* niederer oder höherer Art, und auch die Biologie macht keine Ausnahme in dem Streben nach Mathematisierung — die durchaus nicht einer Mechanisierung gleichzusetzen ist. Mathematik (einschließlich nichteuklidische Geometrie) als ein universeller Ordnungs-Schematismus, der das Primäre der individuellen Wahrnehmung mit ihren Zufälligkeiten als Grundlage nimmt und systematisiert, kann auf alle Wissensgebiete mehr oder weniger erfolgreich angewendet werden; und so mögen auch systematisch durchgeführte mathematische Chemie und mathematische Biologie (siehe auch S. 68) in gewissem Sinne ein erstrebenswertes Ideal sein, mechanische aber nie.

Dabei ist zu beachten, daß das, was die Kausalität an streng mathematischer Exaktheit besitzt, im wesentlichen in „Erhaltungsgesetzen" und deren Folgerungen niedergelegt ist; unendliche Mannigfaltigkeit und Leben aber kommt erst mit der im Grunde meist „unberechenbaren" A.K. — zumal in ihren höheren Formen — in das stoffliche Geschehen hinein. So wird auch die Frage möglich, ob wir berechtigt sind, „mit der Vorstellung einer absoluten Wirklichkeit diejenige einer lückenlosen Ordnung zu verbinden". „Vielleicht ist die Welt gar keine fertige Ordnung, sondern Ordnung mit Unordnung gemischt, um Ordnung ringend und in Bildung begriffen" (Riezler).

35. Rangordnung der A.K., insbesondere im Reiche der Lebewesen.

Daß eine *Ordnung in unübersehbarer Vielheit* aus einem bloßen Nebeneinander und einer freien Konkurrenz gleichartiger Urbestandteile gewissermaßen „von selbst" und „durch Zufall" hervorgehen könne, ist die Anschauung eines überwundenen atomistisch-materialistischen Zeitalters der Wissenschaft gewesen, fußend auf der Vorstellung einer universellen „Stoßwirklichkeit" oder einer durchgehenden „Wahrscheinlichkeitsmechanik", die für eine bestimmte Anzahl von Anbeginn der Welt vorhandener Stoffteilchen gelten soll. *Wahrscheinlichkeitsgesetze* finden jedoch jeweils das Ende ihrer Anwendbarkeit an den räumlichen Grenzen der Gebilde, für die sie entwickelt wurden: Die Statistik der Bäume eines großen Waldes gilt nicht für das benachbarte Getreidefeld, ja nicht einmal für das am Boden wurzelnde Pflanzenwerk; die Kinetik eines Gasgemisches findet ihre Grenze an der undurchlässigen oder durchlässigen Wand, jenseit deren sich vielleicht eine Flüssigkeit befindet, in der ganz andere „Spielregeln" gelten, denen mit den Wahrscheinlichkeiten der Gasbewegung in der Blase nicht beizukommen ist. Was für das „Innere" eines Atoms oder einer Molekel gilt, darf nicht unbesehen über deren Grenzen hinaus postuliert werden usw.

In Wirklichkeit gibt es im Gesamtbereich des Stofflichen eine *Gliederung und Staffelung*, die durch *die große Zahl seiender Dinge* verlangt wird, und in die *eine Rangordnung der Kausalismen unter Erreichung sinnvoller Leistungszusammenhänge* dauernd eingreift. Für die Zahlenverhältnisse in den niederen Stockwerken der Welt mit ihren schätzungsweise 10^{80} „negativen" Elementarteilchen (nach EDDINGTON)[70] seien einige Beispiele aus dem Organischen gegeben (nach BÜNNING und ZILSEL): In einer kleinsten „Organzelle" bei Einzellern von einigen μ Durchmesser haben noch Millionen Riesenmolekeln Platz; eine Bakteriengeißel enthält noch 1000 bis 10000 Molekeln, ähnlich ein Centrosom. Eine Hefezelle von 7 μ Durchmesser enthält etwa 20000 Katalasemolekeln. Wenn Histidin bei einer Konzentration von $1{,}5 \cdot 10^{-7}\%$ in Vallisneria Plasmaströmung auslöst, so treffen auf jede Zelle immer noch 10^4 Molekeln Histidin. Bei Phototropie wirken 10^5 Quanten auf eine Spitze von 0,1 mm Höhe; zur Abtötung eines Bacterium coli sind 10^6 Quanten im Ultraviolett (aber nur einige Quanten im Röntgenlicht) nötig. Eine Keimzelle als Kugel von 10 μ und Dichte $= 1$ gedacht, enthält ungefähr $2{,}5 \cdot 10^{13}$ Atome; das kleinste Chromosom der Drosophila (ein einzelnes Gen?) als Kugel von 0,3 μ Durchmesser $9 \cdot 10^8$ Atome (eine Kautschukmolekel nach STAUDINGER $2{,}4 \cdot 10^4$ Atome). (Vergleichsweise sei noch angeführt: Die Grenze des Mercaptangeruchs liegt bei $5 \cdot 10^{11}$ Molekeln je Liter Gas. Im höchsten experimentellen Vakuum von etwa 0,000001 mm Quecksilberdruck finden sich noch etwa $4 \cdot 10^{14}$ Gasmolekeln je Liter; im Orion-Nebel besteht eine Stoff-Konzentration von $^1/_{1000}$ jenes „Vakuums".) Man kann auch die Zahl der Elektronen, Protonen und Neutronen, die z. B. einen menschlichen Körper „zusammensetzen", überschlagsmäßig berechnen und wird dann sogleich inne, daß Ordnung sowohl in der Gestaltung dieses Baues wie in seinen dauernden Veränderungen nur in der Weise einer gestaffelten Rangordnung denkbar ist.

Zur Veranschaulichung der Zahl- und Größenverhältnisse diene noch ein Schema, das der Schrift von E. LEHMANN: „Die Grundlage des Lebendigen" (S. 8) entnommen ist.

Der Maßstab „soll die Spanne zwischen der Grenze der mikroskopischen Sichtbarkeit irgendeines Teilchens, also etwa 1 Zehntausendstel eines Millimeters bis zur Größe irgendeines Atoms oder etwa eines Wasserstoffmoleküls umfassen."

Wird (nach einer Berechnung von LENARD) 1 cmm zu einem großen Würfel von 5 km Kantenlänge vergrößert gedacht, so nimmt darin ein Atom etwa die Größe eines Hanfkornes ein. Hinsichtlich der Eiweißstoffe sei bemerkt, daß nach W. M. STANLEY u. a. das Mol.-Gew. des krystallisierten Eiweißkörpers der Tabakmosaikkrankheit gleichmäßig = 17 000 000 ist, gegenüber 30 000 des Eieralbumins, das Mol.-Gew. des Agens einer Viruskrankheit von Kaninchen = 25 000 000 (STUBBE). Bei Eiweißstoffen vom Mol.-Gew. 1 Million sind nach STAUDINGER an dem Aufbau ihrer Makromolekeln ungefähr 6000—8000 Aminosäurereste der verschiedensten Bauart beteiligt; „die Zahl der Isomeren wird dadurch eine praktisch unendliche".

Tatsächlich ist in einer Welt großer und größter Zahlen und bis in „das Unendliche" reichender Dimensionen *eine Naturordnung als Wohlordnung nur möglich auf der Grundlage einer Rangordnung* in der „Individuation", oder eines *Stufenbaues* von Ordnungen, und zwar sowohl für die stofflichen Gebilde der Welt wie auch für die kausalen Zusammenhänge dieser. Der *statischen Ordnung* gestaffelter Zusammensetzung in der Stufenreihe vom Proton, Neutron und Elektron bis zum terrestrischen und astronomischen Körper — mit dem bedeutsamen „Seitensprung" in biologische

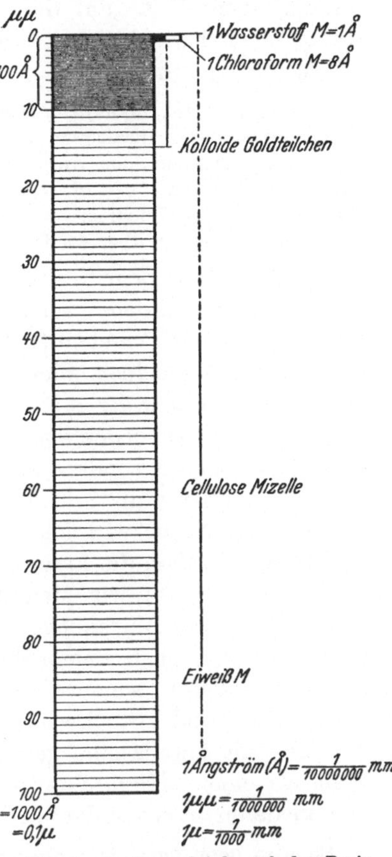

$$1\,\text{Ångström}\,(Å) = \tfrac{1}{10\,000\,000}\,mm$$
$$1\,\mu\mu = \tfrac{1}{1\,000\,000}\,mm$$
$$1\,\mu = \tfrac{1}{1000}\,mm$$

Abb. 8. Größenmaßstab auf der Basis der Größe eines Wasserstoffmoleküls (= 1 Ångström) bis zu 1000 Ångström.

Gebilde — entspricht in großen Zügen eine *dynamische Ordnung der Verursachung, genauer der A.K.* in der Natur, beginnend mit inneratomaren und zwischenatomaren „Reaktionen" und über Funktionen und Korrelationen ausmündend in „höhere Führungen", in deren Dienst auch die Katalyse steht. „Im Gegensatz zum mechanistischen Monismus, der alle physische Welt auf mechanische Kausalität zurückführen will, steht die Anerkennung eines stufenförmigen Aufbaues, die der physischen Welt allein gerecht wird". Dabei erscheint in gewisser Hinsicht die irdische anorganische Welt „auf die organische angelegt" (KOTTJE); in dieser aber herrscht „successiv gegliederte Steigerung" neben „Polarität" (GOETHE).

Durchweg wird man das Anstoßende und Richtunggebende in dem Wechselspiel der Kausalismen als das Übergeordnete, weil „Befehlende" auffassen, gegenüber dem Angeregten, d. h. dem durch den empfangenen Impuls zum *Wirken gemäß eigener innerer Gesetzmäßigkeit* Veranlaßten. So sind die „physiological gradients" (CHILD) chemischer Gesetzlichkeit übergeordnet, selber aber wiederum oft „psychischen Potenzen" untertan.

Obgleich der Begriff der „Rangordnung", weil auf Gefühlswertung sich gründend, zunächst als reine anthropistisch-psychistische „Fiktion" erscheint, die nur eine „Ersatzwahrheit" bedeute, so drängt doch alles dahin, diesem *Begriff den „Rang" einer Art „Ordnung der Wirklichkeit" zu verleihen.* Ist doch (nach WINTERNITZ) „zu bedenken, daß nicht nur unsere Vernunft ein Teil der Natur ist, sondern auch die Natur irgendwie an der Vernunft teilhaben muß": „Logos und Eros in einem" (BAVINK). „Wie es die Natur wirklich macht", ist freilich unseren Blicken verborgen — schon die Frage ist im Grunde wohl ein unzulässiger Anthropismus! —; wir Menschen aber mit unserer denkenden Nachbildung der Wirklichkeit vermögen weder das Höhere aus dem Niederen, noch umgekehrt das Niedere aus dem Höheren restlos abzuleiten, sondern sind zur Anerkennung verschiedener „Schichten" und „Stockwerke von Gesetzmäßigkeiten" genötigt, die für sich jeweils eine gewisse Autonomie besitzen[71]. In der Welt als einer „Hierarchie" der Formen sind die höheren von den niederen nicht voll ableitbar (BOUTROUX, OLDEKOP u. a.).

So wird denn auch eine *Rangordnung der Kausalitätsformen durchweg stillschweigend anerkannt,* indem jede naturwissenschaftliche Disziplin sich in methodischem Vorgehen ihre eigenen Begriffe, auch in bezug auf Kräfte, Faktoren und Potenzen schafft. Keinem Erfinder auf dem Farbstoffgebiet wird es einfallen, sich bei jeder seiner Handlung am Arbeitstisch über das elektronische Geschehen jedes Atomes seiner organischen Verbindungen ausführlich Rechenschaft geben zu wollen; er nimmt Atome und als höhere Staffel die Molekel als gegeben und operiert damit gemäß dem Begriffssystem der Chemie, als ob die Atome wirklich „Atome" wären; und nur in besonderen Fällen wird er heute auch nach der atomphysikalischen Grundlegung fragen. Oder was würde man zu einem Geologen sagen, der seine Untersuchungen mit Elektronen und Protonen (oder auch mit Katalyse) begänne, oder gar zu einem Geschichtsforscher, der dasselbe unternehmen wollte, weil, naturwissenschaftlich betrachtet, doch alles ein Spiel der Atome und ihrer „Bestandteile" sei!

Ganz analog aber ist es auf physiologisch-biologischem Gebiet. Was würde es nützen, wenn man die Anzahl und die augenblickliche „geometrische Anordnung" sämtlicher Elektronen (= Wahrscheinlichkeitswellenpakete) und Atomkerne in einem Hasen oder in einer Tulpe kennte; es wäre doch kein Mathematiker da, der die Feldgleichungen dafür aufstellen und auswerten und die zukünftigen „Wahrscheinlichkeiten" berechnen könnte. Und auch wenn man — weniger anspruchsvoll — sich ein „chemisches Modell" jener Lebewesen als vollendet denkt, von solch ungeheurer Vergrößerung, daß sehend und tastend jede Molekel des Organismus erkannt und verfolgt werden könnte, was wäre damit für das Verständnis der Lebenserscheinungen gewonnen? Oder welcher Arzt wird sich versucht fühlen, etwa „Entzündung" oder „Erkältung" in die Zeichensprache der Quantenmechanik zu übersetzen! Wohl aber wird man in bestimmten typischen Fällen *den Übergang von einem Stockwerk zum anderen beobachtend verfolgen,* indem man z. B. den physiologischen Vorgang der Muskelkontraktion physikalisch-chemisch auflöst oder den Erregungsvorgang der Netzhaut oder eine Mutation auch atomphysikalisch anfaßt usw.

„Die Hierarchie der Beziehungen von der molekularen Struktur der Kohlenstoffverbindungen bis zum Gleichgewicht der Arten und zur ökologischen Ganzheit wird vielleicht die Leitidee der Zukunft sein" (Needham).

36. Wie ist Kausalitäts-Rangordnung mit strenger Naturgesetzlichkeit verträglich?

In einem wohlgeordneten Staatswesen ist ein harmonisches Zusammenwirken unter- und übergeordneter Stellen gewährleistet, wenn die Funktionen und Kompetenzen jeweils deutlich abgegrenzt sind: die niederen Faktoren und Potenzen machen zweckdienlichen Gebrauch von denjenigen Freiheiten, die ihnen von den oberen Instanzen eingeräumt worden sind; jene wiederum sind gehalten, die Grenzen der unteren Ermächtigungen zu respektieren und darüber eine Obergesetzlichkeit zu entfalten. Niedere und höhere Stellen stehen also derart in sinnvoller Wechselwirkung, daß *den Unbestimmtheiten oder Teilbestimmtheiten des Niederen Freiheiten des Oberen entsprechen und umgekehrt.* Ist es wohl in der Natur, mit menschlichem Auge gesehen, ebenso?

Tatsächlich kann man die Analogie ohne weiteres durchführen. Das heißt: *Die Vielheit der Kausalitätsformen, insbesondere der*

A.K., läßt sich in einer Rangordnungspyramide unterbringen auf Grund der Tatsache, daß auf jeder mittleren Ebene Unbestimmtheiten oder Halbbestimmtheiten bestehen geblieben und Freiheiten offen gelassen sind, die erst durch Beziehungen nach oben und unten hin zu Vollbestimmtheiten werden. „Lücken der Ordnung brauchen keine absolute Unordnung zu bedeuten" (RIEZLER). **Unbestimmtheiten und Unschärfen müssen vielmehr auf jeder Stufe des Geschehens vorhanden sein, damit höhere Kausalität in der Rangfolge des Wirkens eingreifen kann.** Für die Betrachtung dieses Stufenbaues ist es grundsätzlich gleichgültig, ob man von unten nach oben oder von oben nach unten steigt — „aufplanend oder abplanend" (SCHMALFUSS): wissenschaftliche Arbeit zieht indes aus guten Gründen meist das erstere Verfahren vor[72].

Beginnen wir „zu unterst", so gewinnen die vielbesprochenen *Unbestimmtheiten und „Akausalitäten"*, die man im inneratomaren Geschehen, sowohl beim Elektron wie beim Atomkern, regelmäßig konstatieren mußte, und die in HEISENBERGS Unbestimmtheitsrelation oder Unschärfebeziehung einen besonderen Repräsentanten besitzen, ein neues Gesicht. Ein einzelnes Elektron, ein einzelner Atomkern, ist für sich etwas sehr Ungewisses und „Unwissendes", das „nicht weiß, was zu tun ist"; *eindeutige Bestimmtheit kommt mit A.K. erst hinein durch die Einordnung in das nächsthöhere Gliedganze* des Atomes und noch mehr durch die Gegenwart weiterer gleichartiger Atome, welche gemeinsam unter einer *Ganzheitsgesetzlichkeit* stehen, die man gewöhnlich als „statistische" Gesetzlichkeit bezeichnet. Ein Atomkern Al^{27}_{13} *kann* beim „Beschießen" mit α-Strahlen He^4_2 verschiedene Produkte, stabile oder unstabile, liefern, oder von schnellen Neutronen angestoßen Mg^{27} oder Na^{24} bilden, unter Abhängigkeit von der Geschwindigkeit der Geschosse; ein angeregter C-Kern kann je nach der Art der Erregung γ-Strahlen aussenden oder $Be^8 + He^4$ liefern (BOTHE); ein radioaktives Atom kann in der einen oder anderen Weise zerfallen. „Der Zustand eines radioaktiven Kerns ist vermutlich in solchem Grade und in solcher Art verwaschen, daß weder der Zeitpunkt des Zerfalls noch die Richtung feststeht, in der eine α-Partikel, die austritt, den Kern verläßt" (SCHRÖDINGER). Ist indes erst „die große Zahl" mit ihren „Ganzheitsgesetzen" gegeben, so ist strenge Bestimmtheit und Eindeutigkeit vorhanden. Was immer von „Unbestimmtheit", einzeln für sich

betrachtet, als Willkür oder Laune dünken könnte, mit der die
Natur den Forscher äfft, damit er ihrer selbst nicht ansichtig werde,
das erscheint dann unter neuem ganzheitlichem Gesichtspunkt als
eine *Notwendigkeit* oder als eine *unentbehrliche Voraussetzung dafür,
daß höhere Gesetzmäßigkeiten eintreten und höhere Potenzen ihres Amtes
walten können.* — So wird auch die „Kontingenz der Naturgesetze"
(BOUTROUX) erst recht verständlich, die in Wahrheit nicht ein Aus-
einanderfallen von Kausalismen, sondern eine *„Beherrschung des
Niederen durch das Höhere"* bedeutet (SENNERT um 1620).

Wie auch *auf höheren Stufen* jeweils Freiheiten vorhanden sind,
die ein „Dazwischentreten" oder ein „Von-oben-verfügen" anderer
Faktoren ermöglichen, das wird besonders deutlich in dem Gesamtbereich der *Chemie.* Hier ist es vor allem das *Moment der
Zeitdauer und der zeitlichen Geschwindigkeit chemischer Reaktionen,
in dem sich die Unbestimmtheit gewissermaßen häuft und konzen-
triert.* Mit anderen Worten: als notwendige Bedingung für eine
Einordnung des Chemismus in die Rangordnung der Kausalität
erscheint die Tatsache der sogen. *Reaktionswiderstände* und der
Reaktionsträgheit mit ihren „Hemmungen", die einem momen-
tanen und plötzlichen Ablauf jedes möglichen chemischen Geschehens im Wege stehen, samt der Tatsache, daß diese Widerstände in Stufenfolgen von Teilreaktionen und vor allem durch
geregeltes Eingreifen veranlassender und richtender Stoffe — der
Katalysatoren — mannigfach überwunden werden können. Dem
Chemismus ist nicht das Starre des Mechanismus eigen, er besitzt
vielmehr eine *Beweglichkeit,* die weiten Spielraum für Faktoren
gibt, die „von der Seite kommend", bestimmend, richtend, regu-
lierend und kombinierend eingreifen[73]. Wie sehr dabei die Reaktionsträgheit nicht nur der Ausgangsstoffe, sondern oft auch der
als Zwischenstoffe entstehenden Verbindungen für die Vorbereitung höherer — d. h. hier physiologischer und biologischer Gesetzlichkeit unentbehrliche Voraussetzung ist, zeigt die *Chemie
des Kohlenstoffs* in überwältigender Weise. „Das Energiegesetz
wird nicht angetastet; nur die zeitlichen Momente werden ver-
schoben" (KOTTJE)[74].

Freiheiten und Unbestimmtheiten zugunsten höherer Instanzen
steigern sich noch um das Vielfache auf dem *Gebiete der Kolloidchemie,* zumal wenn man hier die Abzweigung des Organischen
von der gemeinsamen Basis verfolgt[75] (siehe auch S. 58).

Je verwickelter die Verhältnisse werden — und im Kolloidchemismus organischer Verbindungen mit seinen energetischen Kopplungen in bezug auf Oberflächenkräfte und elektrokinetische Erscheinungen ist die Komplikation auf die Spitze getrieben —, desto reichere Möglichkeiten eröffnen sich für einen *Eingriff übergeordneter Faktoren und Potenzen. Auf jeder Stufe wiederholen sich Freiheiten und Unbestimmtheiten*, die im Rahmen nicht nur der allgemeinen Energiegesetze, sondern auch im Rahmen der speziell physikalischen und chemischen Gesetzlichkeiten bleiben und die ihrerseits Entfaltungsmöglichkeiten für neue Ordnungen und Spielregeln (vor allem A.K.-Regeln) der höheren Ebene bieten. Das Obere beherrscht das Niedere, ohne jedoch sich von dessen eigenen Spielregeln freimachen zu können. „Niedere Ganzheiten werden von höheren verwendet.“ „Die Welt ist ein gewaltiger Stufenbau“ oder „eine Hierarchie von Teilganzen“ (O. Spann). „Physikalische Gesetze lassen noch Möglichkeiten offen“ (Burkamp). „Ein diaphysisches Führungsfeld wird in die anderweit bestimmten Felder hineingetragen“ (J. Reinke). Die Natur gehorcht „Führungsfeldern vom Seinsrang der Potentialität; die niederen sind mathematisch formulierbar, die höheren folgen Sinngesetzen“ (A. Wenzl).

37. Wie baut sich die Kausalitäts-Rangordnung der Biologie auf?

Versucht man auf Grund obiger allgemeiner Erörterungen speziell die „biologische Ganzheitskausalität“ einem *Rangordnungssystem* einzuordnen, so wird man bald inne, daß sozusagen die „physikalische Decke“ zu kurz wird, ohne daß bereits eine befriedigendere Decke fertig gewebt wäre. Oder mit einem anderen Bilde: Man fühlt sich in die Lage eines Schriftstellers versetzt, der über ein wohlgeordnetes Heerwesen eines Staates berichten soll, von dem er zwar den unteren Teil der Organisation verhältnismäßig gut kennt und auch den oberen einigermaßen, während er über den dazwischenliegenden mittleren nur sehr unvollkommen orientiert ist. Physik und Chemie einschließlich Biochemie stehen bereits auf hoher Stufe, andererseits sind die physiologisch-biologischen „Koordinationen“ und „Regulationen“ schon gut durchforscht. Dort aber, wo man einen geebneten breiten Weg von der Biochemie und Kolloidchemie zur Physiologie zu finden hofft, klafft ein Abgrund, der kaum anders als mit ersten Notbrücken überwunden werden kann. Eine elementare physiologische Struktur und Funktion wie diejenige einer Muskelfaser oder eines Neurons: welch unausdenkbar komplizierter Knäuel von Organisch-Chemischem, Enzymatischem, Kolloidchemischem und Elektrokinetischem liegt hier vor, so daß es nicht Wunder nimmt, wenn rechts und links von jeder „Kluft" oft ganz verschiedene Sprachen gesprochen werden und die gegenseitige Verständigung mitunter Not leidet[76]. (Auf der einen Seite kommt man z. B. ohne den Zielbegriff aus, auf der anderen ist er unentbehrlich; siehe auch K. RIEZLER: „Divergenz der Begriffsysteme" verschiedener Einzelwissenschaften.)

Hierzu gesellt sich noch eine weitere neue *Schwierigkeit im Organischen*: Bei anorganischen Gebilden — beim Krystall, beim Fels, beim Fixstern — kann man sich noch einigermaßen vorstellen, daß die *Ordnung am Stoff haftet*, d. h. daß beim Zusammenkommen von Teilchen vermöge deren eigenen inneren Fähigkeiten sich das Gebilde gewissermaßen „von selbst" aufbaut. Große Denkschwierigkeiten aber bereitet die gleiche Vorstellung im Reich des Organischen, und zwar nicht nur angesichts der unendlichen Komplikation in dem „vieldimensionalen" Aufbau mit zahlreichen durcheinandergehenden Verbindungsfäden und ganzheitlichen Beziehungen, sondern vor allem darum, weil *jedes Stoffteilchen beim Leben im Grunde nur zu Gaste ist* und von ihm nicht als Erbgut und Eigentum behauptet werden kann; wird doch ein Mensch von 70 Jahren kaum noch ein einziges Atom „besitzen" von denjenigen Myriaden, die ihm als Säugling „zugehört" haben! Ein „Atom" wird in molekularer und aggregativer Form aufgenommen, erlebt seltsam verwickelte Schicksale und wird früher oder später wieder ausgeschieden und ersetzt, selbst aus dem so stabil erscheinenden Knochengerüst und aus dem beherrschenden Hirnsystem; und doch gibt es historischen Zusammenhang und Gedächtnis und Erinnerungsbilder! (siehe auch S. 96 ff.).

Bei dieser Lage der Dinge müssen wir uns auf einige Andeutungen beschränken, wobei wir zur besseren Sinnfälligkeit an ein graphisches Schema (Abb. 9) anknüpfen. (Die rechte Hälfte der Figur bleibt zunächst außer Betracht.) Die Möglichkeit einer Mathematisierung nimmt im allgemeinen von unten nach oben ab.

Die Nebenspitze *E* mit ihren gestrichelten Verbindungslinien nach der Basis soll andeuten, daß *ein großer Teil der Körpervorgänge nicht dem be-*

wußten Willen untertan ist, sondern dem unbestimmten „Es" oder „Ur"
(Entelechie, Physis, Lebenskraft usw.). Im übrigen bedarf das Schema
keiner besonderen Erläuterung.

38. Rangordnung der Kausalismen im einzelnen Organismus, im Erhaltungs- wie im Entstehungszustande.

Hier handelt es sich sowohl um eine regionale Verteilung der
Funktionen und „Pflichten" mit einer gewissen *Selbständigkeit*
der Glieder und Organe, als auch um eine stete *Wechselwirkung*
der über- und untergeordneten Stellen derart, daß in jedem Augenblick „das Ganze überall arbeitet", jeweils mit Bevorzugung bestimmter Reizbahnen und Reizzusammenhänge, und zwar in so überaus komplizierter Weise, daß jedes Modell — etwa Webstuhl, Schaltwerk u. dgl. — weit zurückbleibt und höchstens ein hochentwickelter „Staatsorganismus" mit seinen unzähligen wechselnden Nebenordnungen und

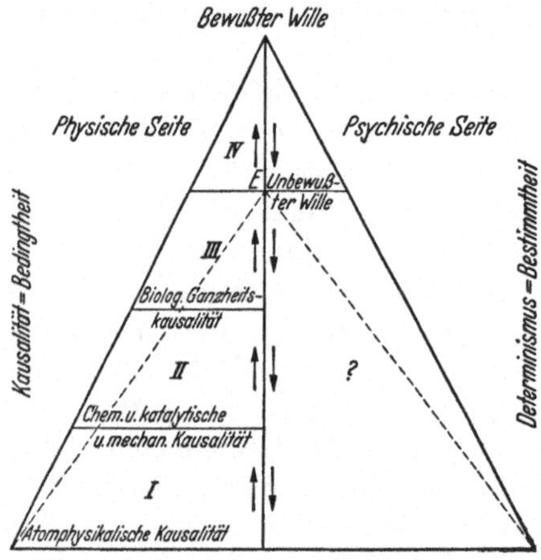

Abb. 9. Biologische Kausalitäts-Rangordnung.

Überordnungen von Tätigkeiten ein einigermaßen „adäquates" Bild
gibt. Dabei ist es in der Natur der G.K. begründet, daß ein bestimmter biologischer Kausalismus jeweils in der Regel nur auf
eine kurze Strecke verfolgt werden kann, da er von unendlich
vielen anderen Kausalismen beeinflußt wird, die den gleichen beschränkten Gesamtraum kreuz und quer durchziehen[77].

Verhältnismäßig einfach sind noch die *Vorgänge des Stoffwechsels* mit seiner Assimilation und Dissimilation; hier vermag
Chemie und Physik so gut wie alles Einzelne „aufzuklären", und
von da hat auch die Vorstellung immer wieder neue Nahrung empfangen, daß Leben in Physik und Chemie restlos aufgehen könne.
Für das pflanzliche Leben insbesondere mit seinem Fehlen geschlossener „Handlung" ist diese Anschauung bis heute noch nicht
vollkommen geschwunden, obwohl bereits hier das koordinierte

Zusammenwirken mit einheitlichem Erfolg auffallen muß. Schon die einfache Einwanderung von Ionen in die Wurzel, die sich mittels selektiver Diffusion und „Filtrierung" gemäß DONNANscher „Membrangleichgewichte" weitgehend erklären läßt, ist von „vitalen Vorgängen überlagert" (NOACK), indem z. B. die Belichtungsverhältnisse und die Atmung der oberirdischen Teile wesentliche Einflüsse ausüben (Photo- und Elektrophysiologie; siehe auch BOAS über das „Wirken" der Pflanze).

Wesentlich komplizierter und auch noch eindrucksvoller werden die kausalen *Rangordnungsverhältnisse in tierischen und menschlichen Wesen* mit ihrer Eigenbetätigung gemäß Aktivität, Impulsität, Spontaneität und Intentionalität (Zone III—IV von Abb. 9, S. 116). Hier ist eine höchste A.K.-Potenz, eine Direktion von oben oft unverkennbar, wobei zunächst unbestimmt bleiben kann, ob diese als ein dem Organismus immanentes „physisches" Führungsfeld (GURWITSCH, P. WEISS, WOLTERECK, BERTALANFFY), oder als ein „vitaler Wille" oder „entelechialer Faktor" mit „seelischer Führung" zu denken ist (SCHOPENHAUER, DRIESCH, E. BECHER u. a.).

In allem organischen Leben wird die A.K. der Veranlassung und Richtunggebung zugleich zu einer Führungs-, Entfaltungs- und Entwicklungs-Kausalität.

Schon auf mittlerer Organisationshöhe wird das deutlich, wenn man etwa einen mit Koordination und Zentrierung der Bewegungen begabten Wurm mit einem Seestern vergleicht, bei dem aus der Konkurrenz der einer Oberleitung entbehrenden, im einzelnen aber durchaus kausal bedingten phototaktischen Bewegungen der einzelnen Füßchen eine Gesamtbewegung als „zufälliges" Resultat hervorgeht (JUST). Wenn also gesagt wird: „Durch statistische Mittelbildung kommt als Gesamtresultat vieler atomarer Einzelvorgänge der kausale Ablauf makroskopischer Vorgänge zustande" (P. JORDAN), so ist dies eine für die *Biologie* auf alle Fälle einseitige Betrachtung, die der Abgrenzung und Staffelung natürlicher Gebilde wie auch der Rangordnung der Kausalität nicht voll gerecht wird.

Im großen und ganzen ist die *Tatsache gestaffelter Kausalismen* — menschlich gesehen — nicht zu bestreiten. So überlagert sich (in Zone II der Abb. 9) die regulierende Wirkung „hormonaler Geheimbünde" den Einzelwirkungen der Enzyme; bei Tieren mit Nervensystem kommen weitere Zusammenfassungen und Beherrschungen neuraler Art hinzu, auf höherer Stufe wieder mit einer Scheidung des untergeordneten vegetativen Systems (Ganglien,

Sympathicus und Vagus) und des Zentralnervensystems mit
,,imperialistischer Tendenz" (Übergänge in Zone III und IV).
Auch im Hirn selbst sind Funktionsstufen vorhanden: das Tiefen-
hirn als Zentrale des Schaltwerkes aller Lebensvorgänge und die
Großhirnrinde als ,,Bewegungs- und Bewußtseinsapparat" (Ziel
und Vollendung des ganzen Gehirnsystems nach Fr. T. Gall),
dem schließlich Myriaden von Nervenfasern des Gesamtkörpers
gestaffelt untertan sind. (J. H. Schultz, Spatz u. a.; siehe auch
H. Bergers ,,Elektrenkephalogramm" der ,,Aktionsströme", das
in seinen Wellenzügen abermals eine Überlagerung, und zwar der
Denkfunktion des Willens erkennen läßt: α-Wellen als Begleiterscheinung der unbewußten physiologischen Tätigkeit und β-Wel-
len der Außenzone als Begleiterscheinung psychophysischer und
geistiger Arbeit.)

Enzymwirkungen und sonstige stoffliche Umsetzungen des Organismus
werden von Hormonen, Vitaminen, Wuchsstoffen usw. gesteuert. Im
höheren Lebewesen ist die Hypophyse als vielvermögende Hormondrüse
,,Mittelpunkt des ganzen innersekretorischen Systems mit seinen Rang-
ordnungen" (Giersberg), dem weiter das Nervensystem mit seiner A.K.
übergelagert ist.

Rein mechanische Kausalität spielt im inneren Leben des Organismus
eine verhältnismäßig untergeordnete Rolle (als Druck und Stoß von Organen z. B. Knochen; Festigkeit und Nachgiebigkeit); um so mehr kommt
,,Mechanismus", als Resultante komplexer Kausalismen, im Verhalten
nach außen zur Geltung.

Allenthalben zeigt sich im Organismus *hierarchisch geordnete
Regulation, Koordination, Impulsgebung* usw., mit einer deutlich
erkennbaren Verringerung der Anzahl ,,führender Potenzen" nach
oben hin bis zur dominierenden Spitze, wobei die untergeordneten
Gebiete mehr und mehr eine Art Verselbständigung und ,,Mechani-
sierung" erfahren; man denke an die relativ selbständigen Ressorts
der Verdauung, der Muskelarbeit, des Blutumlaufes. ,,Untergeord-
nete Leistungen werden auf eine präformierte Gleitbahn geschoben,
so daß die Kräfte des Organismus für höhere Leistungen entlastet
werden" in einer ,,hierarchischen Ordnung stationärer Abläufe".
,,Nicht lokale Reflexe sind das Primäre, sondern sie haben sich aus
ursprünglich diffusen und wandelbaren Gesamtverhaltungsweisen
des Körpers oder größerer Körperpartien herausgebildet" (Bertalanffy). Ohne eingefahrene zusammenfassende Kausalismen
(meist ,,Mechanismen" genannt) könnte insbesondere das höhere

Tier seine Leistungen nicht vollbringen; daher die (phylogenetisch sekundären) mehr oder minder zwangsläufigen Reflexbewegungen, Taxien, „maschinellen Regulationen" (R. HESSE), Trieb- und Instinkthandlungen. Das Gesamtverhalten des Organismus aber bleibt „plastisch" (BETHE, HOLST u. a.). „Unser Organismus ist oligarchisch eingerichtet" (NIETZSCHE).

Nur vermöge einer Rangordnung der biologischen Kausalismen kann es geschehen, daß der Wille unzählige Vorgänge zusammenfassend beherrscht und kommandiert, die er gar nicht kennt. „Ich will — und *es* macht" (DRIESCH).

Am unzugänglichsten erscheinen diejenigen kausalen Ordnungsverhältnisse des Organismus, die nicht regelmäßig wiederkehrende Stoffwechselfunktionen sind (wie Assimilation, Atmung und Blutzirkulation bzw. Saftströmung) und die auch nicht aus einer dauernd variablen Zusammenfügung an sich gleicher Reaktionen und Funktionen hervorgehen (Körperbewegungen und Handlungen), sondern die *als ausgesprochen irreversibel sich durchziehendes „Einmaliges" die große Linie der Biohistorik der individuellen „Entwicklung" wie auch schließlich der phylogenetischen „Abstammung"* bilden: *Vererbung, Formbildung und Formerneuerung samt Formweitergabe* (Fortpflanzung). „Im Keime stecken die Engramme der Entwicklung und der späteren Funktion" (BLEULER). „Die Bestimmung einer Zellgruppe des Keimes zu ihrem späteren Schicksal wird im Zusammenhang mit dem Ganzen, mit Rücksicht auf dieses Ganze getroffen". (SPEMANN u. a.: „Prinzip fortschreitender Organisation" und Differenzierung gemäß einem vorhandenen „dynamischen Gefälle" im vieldimensionalen Biofeld.)

Organische Entwicklung ist Mannigfaltigkeitserhöhung mit „Selbstlohnung" (ROUX). An sich ist eine *Mannigfaltigkeitserhöhung eines in Wechselwirkung mit der Umgebung stehenden Gebildes* noch kein Beweis für „höhere Führung". Dem katalytischen Chemiker ist es ein Leichtes, die Reaktion $CO + H_2 + Ka$-talysator so vorzubereiten, daß in verzweigter Reaktionsfolge „ganz von selbst" in einem Arbeitsgange Dutzende und mehr verschiedenartiger Verbindungen aus dem einfachen Gasgemisch entstehen. Was aber Physik und Chemie anscheinend übersteigt, ist die *auf einheitliche Leistung gerichtete Vermannigfaltigung mit bestimmten räumlichen und zeitlichen Gruppierungen, eine Selbstdifferenzierung mit Plan und Sinn.* So ist, chemisch betrachtet, jedes Entwicklungsgeschehen jedes Organismus eine solch ungeheuerliche Verzargung, Verfilzung und Verknäuelung verschiedenartigster Teilvorgänge, daß auch die verwickeltsten Reaktionsverzweigungen des experimentellen Chemikers weit zurück bleiben.

Die *Erhöhung stofflicher Mannigfaltigkeit* im kleinen und großen (auch unter Zunahme der Gesamtmasse bei immer neuer Stoffzuführung), die dem Chemiker experimentell namentlich mit Hilfe der Katalyse möglich ist, unterscheidet sich von der fortschreitenden stofflichen Differenzierung der Keimentwicklung mit bestimmten Arbeitsrhythmus, Gefälle und Eigenplan rein äußerlich schon dadurch, daß im chemischen Operieren eine homogene oder höchstens in einfachen Phasen gegliederte Mischung entsteht (z. B. Sonderung in gasförmige, flüssige und feste „Schicht", mit einfacher Gasphase $CO + H_2$ als Ausgang), während die *biologische Reaktionsverzweigung mit einer selektiv geordneten Platzzuweisung für jedes der verschiedenen Stoffteilchen verbunden ist.* Diese folgt bestimmten Regeln und mag aus der Kopplung des Chemischen mit Kolloidvorgängen und Elektrokinetik notwendig hervorgehen; sie zeigt dabei aber eine Verstrickung — zusätzlich erhöht noch durch die geordneten Abbauprozesse, die das thermodynamische „Gefälle" im ganzen aufrechterhalten, ja steigern — und eine von Fall zu Fall wechselnde Spezifität, daß für ihre Bewältigung wohl eine „Meta- oder Diachemie" erforderlich wäre (entsprechend REINKES „diaphysischen Kräften").

Damit wird die *Forschung zwangsläufig zur Annahme höherer Zusammenfassungen und Führungen gebracht,* wobei nur vorerst unbestimmt bleibt, ob die vorgenommene Setzung und Staffelung in Begriffen unmittelbar realen Verhältnissen entspricht, oder ob es sich lediglich um anthropistisch-fiktive — dabei aber vielleicht denknotwendige — Zeichen für das wirkliche Geschehen handelt. „Das Material wird von einem übergeordneten Etwas in bestimmte einheitliche Richtung gelenkt." „Dem Organismus als Ganzem, als geformtem System, ist ein Gestaltungsprinzip immanent" (BERTALANFFY). Ein angenommenes stofffreies „energetisches Führungsfeld" wie ein „psychisches Führungsfeld" müssen jedoch gleich unbestimmt bleiben, da ja *nur die stofflichen Führungsresultate zur Beobachtung gelangen,* Energie und Psyche selber aber für die Sinne unzugänglich sind (vgl. auch die problematische „metaphysische" Verbindungslinie Abb. 3 S. 43, zusammen mit dem Ausspruch von GOETHE: „Das Wesen der das Auge gestaltenden und dann durchdringenden Sehkraft ist dasselbe wie die metaphysische Wesenheit des Lichtes").

Im ganzen ist zur Pyramide biologischer Rangordnung noch zu bemerken, daß die Vorstellung eines „Zusammengesetztseins" oder „Aufgebautseins“ eines höheren Gebildes aus niederen keineswegs weniger anthropistisch-fiktiv — oder, wenn man will, „metaphysisch“ — ist als die dazu „komplementäre“ Vorstellung der aktiven „Ausgliederung“ eines Ganzen und der „Beherrschung von Niederem durch Höheres“. Die eine Weise des Aufplanens verlangt die andere Weise des Abplanens als methodische Ergänzung. (*Lebendes* nur ist so zweiseitig bedingt.)

39. Chemie und Physiologie; „Verstärkerwirkung“.

Mit obigem ist schon angedeutet, wie sich Physiologie und Biologie mit den komplizierten organismischen Kausalismen und deren Rangordnung abzufinden hat; Physik und Chemie sind so weit zu treiben, als es irgend geht; andererseits aber werden *eigene Begriffe einer Obergesetzlichkeit des Lebens geschaffen*, so wie schon z. B. Mineralogie und Geologie auf anorganischem Gebiet ihre „eigenen“ Begriffe ausbilden.

Jedes Einzelne im Organismus ist vielleicht physikalisch und chemisch „erklärbar“, nicht aber, wie es scheint, „Insertion“ und „Koordination“, Schaltung und Zielsetzung. „Allerdings wirken im tierischen Organismus physikalische und chemische Kräfte“ (SCHOPENHAUER). So ist z. B. für das Verständnis der biologischen Wirkung des Vitamins B_2 (nach EU. MÜLLER) „die Möglichkeit einer vierstufigen Hydrierung sowie das Auftreten radikalischer Zwischenstufen von besonderer Bedeutung“. Die räumliche Gestalt organischer Molekeln, insbesondere Makromolekeln (Sphärokolloide wie Glykogen, Linearkolloide wie Cellulose, „mittlere“ Kolloide wie Stärke), kann über die Art ihrer „biologischen Verwertbarkeit“ entscheiden (STAUDINGER). M. HARTMANN hält „eine kolloidchemische Theorie der Entwicklung für durchaus denkbar und möglich“. „Es geht physikalisch in der Welt zu, aber nicht mechanistisch“ (SCHLICK). (Vgl. auch S. 146.)

Der alte Streit, *ob die Organismen „physikalisch-chemische Systeme“ sind oder nicht*, dürfte endgültig dahin zu erledigen sein: Ja, sie sind es, aber sie sind mehr als das — wenigstens solange, als noch in keinem Lehrbuch der Physik oder Chemie die biologischen Funktions-, Korrelations- und Einordnungsregeln zwingend aus Tatsachen der Chemie und Physik abgeleitet, d. h. als nicht anders sein könnend nachgewiesen werden. Wenn also v. MISES sagt: „Das Kausalprinzip ist wandelbar und wird sich dem unterordnen, was die Physik verlangt“, so ist die erste Hälfte des Satzes gewiß einwandfrei, die zweite aber zeigt eine Überheblichkeit, gegen die das Wort von HEISENBERG wohltuend absticht: „Die Physik ist eine in sich abgeschlossene Welt für sich und kann nicht auf andere Erfahrungsbereiche übertragen werden.“ Oder an anderer Stelle: „Die Hoffnung, alle Bereiche des geistigen Lebens von den Prinzipien der klassischen Physik her verstehen zu wollen, ist wohl um nichts mehr gerechtfertigt, als die Hoffnung des Wanderers, der alle Rätsel lösen zu können glaubt, wenn er bis ans Ende der Welt reist. Ein neuer Erfahrungsbereich führt zu einem neuen System wissenschaftlicher Begriffe." Weiterhin lesen wir: „Es herrscht eine hierarchische Ordnung über dem chemischen Niveau" (WOODGER). „Das Wesen des Lebens ist mit Mathematik und Physik nicht faßbar" (K. E. RANKE). „Gesetzmäßigkeiten der Physik und Chemie sind *auch* bestimmend für lebende Wesen, wobei aber Chemie und Physik zu keinem befriedigenderen Verständnis führen wird als das mechanische Modell" (N. BOHR). „Das Leben fängt wohl da an, wo die chemische Definiertheit aufhört" (BAVINK).

Nach BERTALANFFY, BAVINK u. a. gibt es im Organismus kaum „Molekeln" in statischem Sinne, sondern nur komplexe dynamische Strukturen (offene Systeme im dynamischen Gleichgewicht). Die Kräfte makromolekularer und übermicellarer Anordnungen sind „eine harte Nuß"! Wie kann aus dem nahezu homogenen Plasmatröpfchen des Eies auf dem Wege von Zellteilung und spezifischer Formbildung die komplizierte Struktur des Organismus werden? „Gerade das wichtigste Problem des Zellgeschehens, die ganzheitlich waltende Ordnung einer Unzahl von Vorgängen in der Zelle ist heute einer exakten physikalischen Behandlung noch völlig unzugänglich" (BERTALANFFY)[78]. Durchblättert ein Chemiker Aufsätze und Werke über Vererbungs- und Entwicklungsbiologie, etwa von DRIESCH, SPEMANN, DÜRKEN, STOLTE, A. KÜHN, R. GOLDSCHMIDT, OEHLKERS u. a., so wird er gern anerkennen, daß z. B. die mannigfachen Figuren, die von der Struktur der Keimzelle durch Furchung und Formwandel in assimilativer Selbstdifferenzierung und Selbststeuerung zur Blastula, Morula, Gastrula mit Keimblättern usw. führen, eine Art „Überchemie" anzeigen, die neuen Kausal- und Ganzheitsregeln, und zwar Regeln des Lebens folgt.

Vom Stufenbau- und Rangordnungsbegriff der A.K. und G.K. fällt auch Licht auf die vielbesprochene *biologische Verstärkertheorie*, die davon ausgeht, daß gerade das Biologische ausgesprochen mikrophysikalisch fundiert, der Organismus also ein wahrhaft „mikrophysikalisches System" sei. Organische Strukturen „sind in hohem Maße nach der Art der Verstärkerröhren angelegt. Gerade die zentralen Lebensvorgänge sind steuernder Art, und die letzten Endes steuernden Reaktionen sind durchweg von atomarer Feinheit" (P. JORDAN). (Dürften nicht die „letzten Endes steuernden Reaktionen" ganzheitlich psychischer Art sein?) „Niemand wird vermuten wollen, daß ausgerechnet im Organischen die

Quantenmechanik zugunsten der klassischen Mechanik außer Kraft gesetzt sei" (P. JORDAN). Davon kann sicherlich ebensowenig die Rede sein, als daß etwa im Biologischen die *Katalyse* „außer Kraft gesetzt" wäre. Anders aber verhält es sich mit der Frage, ob in der Stufenfolge der Kausalitätsformen Katalyse bzw. Quantenmechanik *völlig bestimmend* sind, oder ob sie ihrerseits durch Wahrscheinlichkeits- oder sonstige Gesetze höherer Art (z. B. MENDEL-Gesetze) modifiziert und dirigiert werden. Dies ist so gut wie durchgängig die Meinung *biologischer Forscher*, die darauf hinweisen, daß noch nie ein unbestimmt „akausales" Verhalten in Physiologie und Biologie beobachtet worden ist (siehe auch S. 54 ZIMMERMANN).

An sich mag die *Existenz von „Verstärkerwirkung" im Organismus, ganz ebenso wie von Katalyse, unzählige Male Tatsache sein.* Was kann nicht auch sonst durch Drücken auf einen Knopf — wörtlich oder bildlich — alles erreicht werden! Nach der „physikalisch-chemischen Theorie" von TIMOFÉEFF, K. G. ZIMMER und M. DELBRÜCK genügt *ein* „Treffer", um Mutation auszulösen durch „Bildung oder Anregung eines Ionenpaares", mit entsprechender Umlagerung von Atomen in einem Radikal einer Makromolekel (nach KOLTZOFF; siehe auch STUBBE über Strahlengenetik). Vor allem wird Verstärkung als eine Form der A.K. es (ähnlich wie in der Elektrotechnik) möglich machen, daß Veranlassungen, Führungen und Steuerungen „mit ganz geringen Energieumsetzungen" stattfinden (P. JORDAN), wenn auch „die auslösende Energie immer den Betrag Null übersteigen muß" (W. OSTWALD). In dieser Beziehung aber wird die Verstärkerwirkung noch *übertrumpft durch die Katalyse, die notorisch selbst bei monatelangem Gange keine eigene Arbeit leistet,* sondern die erforderliche „freie Energie" dem umzusetzenden System selbst schlankweg entwendet, d. h. leihweise entnimmt mit dauernder Rückgabe, gleichsam in der Weise eines Perpetuum mobile. Wenn es nun unzulässig wäre, auf die Katalyse allein eine Theorie des Lebens gründen zu wollen, so wird es erst recht Bedenken erwecken, wenn von atomphysikalischer Basis aus die Zwischenstockwerke übersprungen werden sollen, um recht rasch etwa beim „freien Willen" an der Spitze der Pyramide anlangen zu können!

Richtig ist, daß in zahlreichen Fällen auch *atomphysikalische Einzelbetrachtung in der Physiologie nützliche Dienste leisten kann.* So ist z. B. berechnet worden, daß bei der gebotenen und tatsächlich erfüllten Sparsamkeit in der Ausnützung kleinster biologischer Räume wohl schon *ein einziges Lichtquant* ein Stäbchen der Netzhaut in gleicher Weise erregen kann wie ein chemisches Elementargebilde der photographischen Platte, ohne daß jedoch allgemein von „Kippvorgängen" gesprochen werden muß. Auch kann Mutation eines Gens sehr wohl etwa durch ein einzelnes Photon oder Elektron oder Proton usw. veranlaßt sein, aber immer nur im Rahmen übergeordneter Kausalität[79].

40. Kausalitäts-Rangordnung und Pathologie.

Wie für normales biologisches Geschehen, so ist auch für das durch subordinationswidrige Emanzipationsversuche von Teilorganen bedingte *pathologische Geschehen* eine „Rangordnungsbetrachtung" angemessen, wie sie in gewissem Maße schon HIPPOKRATES und PARACELSUS geübt haben. Die Medizin strebt dahin, immer mehr zu einer ganzheitlich vorgehenden *Rangordnungsmedizin* zu werden und *Rangordnungstherapie* zu treiben. Wo eine rein „mechanistische" oder auch eine rein „physikalisch-chemische" Medizin angesichts der ganz abenteuerlichen und unaufhörlichen Wandlung in der Gestaltung und Verknüpfung der elementaren „Bausteine" eines Organismus an der Erfüllung der ihr gestellten Aufgaben verzweifeln müßte, da gibt die Tatsache einer hierarchischen Rangordnung im Organismus dem Arzt die Möglichkeit, statt einer symptomatischen Behandlung den Hebel an derjenigen Stelle einzusetzen, wo ein „Anstoß" (einmalig oder wiederholt bzw. dauernd) an einer „Gliedeinheit" bestimmter Stufenhöhe die besten Aussichten für eine günstige Beeinflussung des Ganzen eröffnet. Daß hierbei auch die *Katalyse* nützliche Dienste leisten kann, steht fest; sei es, daß in allgemeiner und spezifischer, medikamentöser oder sonstiger *Reiztherapie* irgendwelcher Art katalytische Einflüsse von außen zur Geltung gelangen, sei es, daß zieldienliche Eigenkatalysatoren des Organismus zu neuer kräftigerer Wirkung ganzheitlicher Art angeregt werden.

Zu „Katalyse und Therapie" siehe K. SCHADE, BECHHOLD, EICHHOLTZ u. a. m.; über die Heilkraft der „Physis" A. BIER, KREHL u. a. Nach KREHL ist „Physis eine Eigenschaft oder Fähigkeit des Organismus, funktionelle Unordnung seiner Organe wieder in Ordnung zu bringen". Zur Pathologie der Pflanzenzelle s. E. KÜSTER u. a.

Unter dem Gesichtspunkt einer Rangordnung biologischer Kausalismen im Menschen ist auch die *Psychotherapie* zu werten, mit ihrem Streben, Körperfunktionen vom Psychischen her zu steuern und neu zu ordnen. Sie erscheint dann nicht als eine Abseitigkeit und Absonderlichkeit, vielmehr als ein notwendiger Bestandteil des Systems der Medizin, in gewisser Beziehung vielleicht als Krönung des Ganzen.

41. Das Psychische in der Rangordnung der Kausalität.

Daß auch *das Psychische in der Abfolge und Rangordnung der
A.K.* nicht fehlen darf, versteht sich ganz von selbst. Wenn die
Möglichkeit und Notwendigkeit eines Bestehens von S.K. in geschlossener N.K. früher oft, z. B. auch von KANT, verneint wurde,
so erklärt sich das aus der Herrschaft der rein mechanistischen
Denkweise, die nur einen „ersten Anstoß" brauchen kann und in
der tatsächlich kein Raum für Psychisches ist. Für eine *dynamische Naturauffassung* indes, die unzählige Möglichkeiten dauernden Wirkens innerhalb des gegebenen Rahmens der Rangordnung
kausaler Bestimmung anerkennt und die auch mit der Tatsache
energiefreier Impulse, d. h. bilanzfreier A.K. rechnet, verhält es
sich anders. Je höher man im chemisch-physiologischen Geschehen emporsteigt, um so geringfügiger werden die Energieumsetzungen, die sich an die notwendigen Regulierungen und
„Entschließungen" knüpfen; und im Katalysator hat man sogar
ein Modell für ein „Lenken" und „Richten", das vollständig auf
den Vorrat an freier Energie angewiesen ist, der dem zu beein-
flussenden System eignet. Freilich: *nur die einzelnen psychischen
Kausalismen sind unmittelbare Tatsache,* psychische „Faktoren
und Potenzen" jedoch abgeleitete Begriffe und insofern — streng
genommen „Fiktionen", wenngleich nützliche und vielleicht unentbehrliche, gleichwie die Kräfte und Faktoren der Physik und
Chemie[80].

Während der Begriff der A.K. die Möglichkeit gibt, Seelisches
als Naturfaktor zuzulassen, vermag andererseits der Begriff
der Rangordnung diesem eine *feste Stellung in der geschlossenen
N.K.* zu geben. Diese Stellung aber kann, wie schon nach Teil IV
(S. 96) klar ist, *nur in den höchsten Bezirken der Rangordnungspyramide einigermaßen „sichtbar"* werden; in den unteren bleibt
das Psychische unbestimmt. Daß mit der Annahme psychischer
A.K. den Energiegesetzen keineswegs Gewalt angetan wird, zeigt
immer wieder ein Hinblick auf die Katalyse, die gleichfalls bestimmt und richtet, ohne in physikalisch-chemischem Sinne Arbeit
zu leisten; an diese Analogie wird man sich zu halten haben, wenn
gefragt wird, wie eine führende Potenz psychischer Art ohne Ener-
gieaufwand dirigieren und kombinieren kann[81]. Dabei bleibt es
dem Forscher unbenommen, sich methodologisch die psychische

Ganzheit des Organismus „stofflich inkarniert“, etwa im Gesamtplasma verankert zu denken (DÜRKEN u. a.), so daß schließlich doch wieder Physisches auf Physisches wirkt („Biofeld“ = elektromagnetisches Strahlungsfeld?). Ist ja doch die Anzahl der aus Aminosäuren (zumal unter Beteiligung andersartiger nieder- oder höhermolekularer Verbindungen) aufzubauenden Eiweißkörper verschiedener Grade und mit mehr oder minder ungleicher Wirkungsbestimmtheit, mithin also auch die Differenzierungs- und Arbeitsmöglichkeit des Protoplasmas unendlich groß. „Das vitale Agens kann, ohne den Satz von der Erhaltung zu verletzen, lenkend in das materielle Getriebe eingreifen“ (DRIESCH).

Auch in der zunehmenden *Differenzierung und Erhöhung des psychischen Lebens mit fortschreitender phylogenetischer und individueller Entwicklung* spricht sich deutlich eine Rangordnung aus. Ein Virusgebilde (als belebte Ganzheit aus etwa 100 Eiweißmolekeln nebst Elektrolyt- und Enzymzubehör gedacht) wird vielleicht schon die molekularen Umsetzungen seiner primitiven enzymatischen Assimilation und autokatalytischen Vermehrung als „dumpfes Behagen“ empfinden, und ähnlich mag es bei Spaltpilzen und Protozoen verschiedener Art sein. Bei den Metazoen wird sich die Psyche von der chemischen Reaktion zunehmend auf die „Funktion“ und weiter auf bestimmte Funktionszusammenhänge zurückziehen, während das übrige im Meer des Unbewußten versinkt. Im höheren Organismus fließen unter dem Einfluß des Nervensystems, insbesondere des Hirn-Rückenmark-Stammes, die einzelnen Organ- und Körperempfindungen mehr und mehr zu einer *Gesamtstimmung* zusammen, mit einer psychischen Haltung, die nur bei besonderer Steigerung oder besonderem Aufmerksamkeitszustand bestimmte Teilempfindungen (z. B. des Herzschlages) zur vereinzelten „Apperzeption“ gelangen läßt oder sie aber, zum Schmerzgefühl verstärkt, bei krankhaften Zuständen als Anzeiger und Warner (mitunter auch unliebsam „zwecklos“) aus dem allgemeinen Körpergefühl aussondert. Schließlich gewinnen die Sinnesreize von Auge und Ohr durchaus auch psychisch die Oberhand, indem sie zur Grundlage für höheres intellektuelles und emotionales Leben werden [82]. Immer indes ist „der Bewußtseinsraum eines Individuums nur als schmales Grenzgebiet am Unbewußten dieses Individuums anzusehen“ (P. JORDAN).

Die *Pflanze* aber: Darf man annehmen, daß sie ihr eigenes Wachsen und Gedeihen, ihre Blätter- und Blütenpracht mit Farben und Formen urtümlich glückhaft empfindet?

Metaphysisch kann man die *psychische* A.K. mit ihrer eigenen Rangordnung, die schließlich wohl in das Überindividuelle weist, durch das gesamte biologische Geschehen, ja durch die ganze Natur hindurchlaufen lassen (siehe die rechte Hälfte der Pyramide Abb. 9); es wären darnach anzunehmen a) „Strebungen“ in der anorganischen Natur, b) „unbewußtes" Schaffen in der organischen Natur, c) mehr oder minder bewußter individueller Trieb und Wille, d) geistgeformter Wille in der Menschheitsentwicklung (als ein tastender und bisher nur vereinzelt gelungener Versuch zur Realisierung des „Geistes" mit seinen Ideen des Wahren, Guten und Schönen). Die Natur wird dann zu „einer Welt von Elementargeistern", die in ihren Beziehungen und Ganzheitsbildungen an gewisse teilweise mathematisch faßbare Regeln des Geisterreiches gebunden sind (A. WENZL). „Kraft" bedeutet, so betrachtet, ein innerliches Streben, und „Motivation" ist Kausalität von innen gesehen. (Man kann hier an die Platonischen Ideen denken; dazu auch: „Dämonisch ist, nicht göttlich die Natur": ARISTOTELES.)

Die ganze Welt erscheint als ein „Stufenreich seelischer Wesen" mit einer „Führerrolle des Seelischen" (E. Becher) und mit „Bewußtsein als der höchsten biologischen Funktion schon im einfachsten Organismus", der ein „System von Entelechien und Entelechiegruppen" bildet (K. SAPPER). „Jedes Wesen ist unentbehrlich im Ganzen, das nicht eine Summe von Stufen, sondern ein in sich bezogener Gliederbau der Seinsweisen ist. Die höheren Stufen sind die im Dasein schwächeren, beweglicheren, gefährdeteren, vergänglicheren" (JASPERS).

42. Zur Teleologie: Determinismus, Plan und Ziel.

Die Vorstellung einer Rangordnung, wenn sie mehr als eine bloße „Metapher" sein soll, eröffnet den Zugang zu Plan und Ziel und zu der daraus folgenden *Idee des Determinismus*, auf die unsere gesamten Ausführungen hinstreben. In den gleichen Begriff von Plan und Ziel münden auch die Kategorien der Ursache und der Ganzheit aus, die, wenn sie zu Ende gedacht werden, von der Bedingtheit zur Bestimmtheit führen[83].

Für die *Forschung* scheidet aus das Operieren mit dem metaphysischen Gedanken, daß ein *voraussehender und nach Plänen vorausbestimmender universeller Intellekt* als prima causa alles Geschehens den Erfolg dieses Geschehens im Denken vorwegnimmt. Wenn wissenschaftlich von „Determinismus" geredet wird, so handelt es sich zunächst um einen *Plan und ein Ziel, das „dem Weltlauf immanent" ist.* Es genügt also für die Wissenschaft durchaus, Telie als regulatives oder heuristisches Prinzip zu behandeln (KANT), oder als eine denknotwendige und unentbehrliche Fiktion (VAIHINGER): „als ob" notwendiges Geschehen im einzelnen und im gesamten zugleich nach einem bestimmten Ordnungs- und Zielwillen vor sich ginge[84].

Speziell im Biologischen besteht dauernd der Eindruck, wie wenn dasjenige, was im einzelnen wohl physikalisch und chemisch erklärt werden kann, in seiner Ganzheitsbezogenheit ein Wählen, Richten, Kombinieren und Regulieren innerhalb der Möglichkeiten gesetzmäßiger kausaler Verkettung anzeigte, das als Äußerung irgendeiner Form von *Vernunft und Wille* erscheint. So *kann vor allem Biologie gar nicht anders als anthropistisch telistisch betrieben werden*, und auch die „mechanistische“ Biologie gebraucht dauernd teleologische Begriffe wie Selbstdifferenzierung, Selbststeuerung, Anpassung und Entwicklung. Aus menschlichem Sein und Tun heraus, menschlichem Maß entsprechend, wird gefühlsmäßig das Ganze höher bewertet als ein einzelnes Glied, das Umfassende höher als das Umfaßte, das Beständige höher als das Vergängliche, die Folge höher als die Ursache: daher der Begriff von „Ziel und Zweck“ als ein Begriff, der seinen „menschlichen“ Ursprung nie verleugnen kann. „Wir brauchen uns nicht zu scheuen, die Umwelt in anthropomorphem Licht zu schauen. Unwahr und falsch wird das Weltbild erst, wenn wir ihm objektive Gültigkeit beimessen wollen“ (STEINMANN).

„Ziel“ und „Zweck“ der Biologie bezieht sich teils auf „Selbstdienlichkeit“, teils auf „Artdienlichkeit“ (PETER), mit gewissen Einschränkungen auch auf „Fremddienlichkeit“; als „Hauptziel“ erscheint die Erhaltung (und Steigerung?) der Art. Für eine einseitig auf den Menschen bezogene „Fürsorgezweckmäßigkeit“ ist in der Wissenschaft heute kein Platz mehr.

Telisches, d. h. auf Plan und Ziel gerichtetes Denken durchläuft mehrere *Stufen der Zielbetonung*. Zunächst kann rein formal das rückschauende ursächliche Denken mit der Frage „Warum?“ oder „Was vorher?“ sich zu einem vorschauenden Denken mit der Frage: „Was folgt?“ und mit einem aus Wissen geborenem Vermuten des Künftigen wandeln. Auch scheint es, wie wenn hier und da schon im „Anorganischen“, speziell in der Quanten- und Atomphysik der „Endzustand als bestimmendes Moment“ mit in Rechnung gezogen werden müßte (SOMMERFELD, siehe auch H. H. MEYER).

Gewiß wird man aufhorchen, wenn es bei SOMMERFELD heißt, daß die „Ausstrahlung“ aus einer Formel zu berechnen ist, „in die Anfangs- und Endzustand des Atoms gleichberechtigt und symmetrisch eingeht“, oder, in psychistisch-fiktiver Ausdrucksweise: derart daß „bei der Ausstrahlung eine Voraussicht des Endzustandes zusammen mit einer Rückerinnerung an den Anfangszustand als mathematisches Faktum vorhanden ist".

Hiermit könnte es sein Bewenden haben, wenn der Mensch ein lediglich vorstellendes und denkendes Wesen wäre. So aber *mischt sich unverzüglich das Gefühl nebst Wunsch und Willen ein* mit einer deutlichen *Gefühlsbetonung des zeitlich Späteren* nach dem Grundsatz: das Folgende *sollte* das Beglückendere sein! *Eine Bewertung nach Lust und Unlust, Glück oder Unglück aber ist der Ausgangspunkt jeder Plan- und Zielaussage,* wobei schon sprachlich sich in folgenden Begriffspaaren eine immer schärfere Hervorhebung des „lustbetonten" Späteren andeutet; von der Folge zum Erfolg, von der Wirkung zur Leistung, von der Ursache zum Mittel, von Erfolg und Leistung aber zu (geplantem) Ziel und Zweck. Demgemäß können die teleologischen Begriffe auch in der Wissenschaft verschieden gehandhabt werden, entweder rein formal und fiktiv, oder als gedachter Ausdruck wirklichen Verhaltens. „*Werte* sind nur für den Fühlenden" (LOTZE).

43. Rein formaler Telismus.

Zu unterst erscheint das Wort „Ziel" oder „Determinismus" als Bezeichnung für das „Gerichtetsein" eines Vorganges auf *die Folge als Erfolg und Leistung, ohne hinzukommende Vorstellung einer determinierenden Potenz oder eines planenden und zielsetzenden Willens.* Es wird einfach das Kausalpostulat zeitrückschauender Art, daß (nach dem Satz vom Grunde) jedes Erlebnis oder Ereignis etwas hat, worauf es nach einem Kanon, einer Regel folgt, umgeformt zu der zeitvorschauenden Vorstellung, daß sich an jedes Ereignis oder Erlebnis in der Zukunft etwas anschließt, das nach gegebenen Regeln sich mit größerer oder geringerer Wahrscheinlichkeit vom Intellekt voraussagen läßt (retrospektives und prospektives Schauen, nach STEINMANN: Teleokausalität.)

In diesem formalen Sinne kann man z. B. schon einen Katalysator, ein Enzym telisch, d. h. als ein bestimmendes und richtendes Mittel zur Erreichung eines chemischen Erfolges betrachten und würdigen (siehe „Katalytische Verursachung" S. 60). Auch im übrigen sind bereits *Physik und Chemie* reich an teleologisch anmutenden Ausdrücken wie richten und lenken, wählen, bestimmen, anregen, hemmen, verhindern, behüten, verbieten; Affinitäten, Freiheiten, Zwang, Entscheidungen. Im freien Fall „sucht der Körper seinen Ort" (ARISTOTELES); oft gelten Minimumgesetze, so FERMATS Satz der kürzesten Lichtzeit und LEIBNIZ-MAUPERTUIS Satz vom kleinsten Aufwand; die Welt der Stoffe zeigt „Wahlverwandtschaft" usw.

Dabei kann man dem Zusammenhange leicht entnehmen, daß es zumeist „nicht so ernst gemeint" ist, sondern daß die „telischen" Worte nur metaphorisch und gleichnishaft dastehen. Auch wenn in die Terme der Quanten-Strahlungstheorie neben dem Anfangszustand der Endzustand „gleichberechtigt und symmetrisch" als Bestimmungsgrund eingeht, so ist biologische Zielstrebigkeit doch noch etwas ganz anderes.

Um formale Telie handelt es sich zunächst auch in der *Physiologie* und Biologie mit ihren auf Erfolg und Ziel weisenden Ausdrücken Funktion, Adaptation, Restitution, Regulation, Entwicklung, Selbsterhaltung, Fortpflanzung usw. „Die Funktion nützt dem Ganzen" (ROUX). So ist z. B. keineswegs an eine objektive oder transzendente Zielsetzung gedacht, wenn es W. OSTWALD als Sinn phylogenetischer Entwicklung bezeichnet, das Güteverhältnis der Energietransformation zu verbessern und die Dissipation (den Übergang zu größerer Gleichförmigkeit) immer mehr zu verlangsamen (siehe auch SPENCERS „Dissipation und Integration"). Ähnlich liegt der Fall, wenn es heißt, daß man der *optischen Aktivität* physiologischer Kohlenstoffverbindungen „eine funktionell teleologische Bedeutung im biologischen Geschehen zuschreiben kann; auf ihr beruht ein wesentlicher Abwehrmechanismus des tierischen Organismus gegen parenteral eingeführtes körperfremdes Eiweiß, sie ist eine notwendige Voraussetzung für die Entfaltung der katalytischen Wirkung von Enzymen und beeinflußt in spezifischer Weise die physiologische Wirkung" (LETTRÉ): biologisch-asymmetrische Synthese als „Wahrzeichen der belebten Natur" (NEUBERG).

44. Ziel und Zweck in bewußter Willenshandlung.

Wie ganz anders auf dem *Gebiet bewußter Willensbetätigung*, auf dem auch der extremste Mechanist nicht das Bestehen objektiver Ziele und Zwecke leugnet, sondern die Tatsache einer Vorwegnahme des Erfolges in Gedanken und entsprechend geordnete Muskelbewegungen als Folge der psychischen Absicht und insofern zeitlich und ursächlich als „Mittel" nach dem schließlich Erreichten hin gelten läßt (siehe S. 96)[85]. Dabei bleibt unbestimmt, wie weit hinab derartige *psychische „Motive"* in der Tierreihe als „real" zu gelten haben, d. h. ob schon für die niedere Tierwelt „Begehrwünsche" (TOLMAN) in bezug auf Nahrung, Wasser, Geschlecht, Nest, Kind, Ruhe und Schlaf tatsächlich existieren, und ob solche psychische Regungen in einer stetigen Reihe bis zu der Betätigung von Eindrucks-, Erinnerungs- und Vorstellungsmotiven des Menschen führen. „Ein gewollter Zweck setzt sachliche Nutzhaftigkeit und persönliche Absicht voraus" (P. H. SCHMIDT).

So zeigt sich hinsichtlich *tierischer Organismen* eine deutliche Scheidung „behavioristische" Auffassung, die auf Aussagen über tatsächliches Seelenleben von Tieren verzichtet, und einer „realistischen" Richtung, der das gesamte tierische (und schließlich auch das pflanzliche) Gebaren sinnlos erscheint, wenn es nicht Ausdruck wirklichen psychischen Lebens ist. „Man kann von der Empfindungsweise der Insekten als sinnvoll reden, obwohl *wir* sie niemals erfahren können" (STACE, zitiert von BLASCHKE, Bl. f. deutsche Phil. 1937, H. 1). „Das Wesen des Geistigen ist Ziel und Zweck" (O. LODGE). (Siehe auch McDOUGALL über „Aufbaukräfte der Seele".)

45. Zielstrebigkeit und Naturzweck in der Biologie: Teleokausalität und Finalität.

Umstritten ist in der Naturwissenschaft vor allem das große *Gebiet der biologischen Formbildungen und Organfunktionen,* bei denen, ohne daß bewußte psychische A.K. gegeben wäre, die zeiträumliche Wohlordnung in der Schaltung und Insertion des Einzelnen (als Rhythmik, Periodik und Typik) den Eindruck erweckt, „wie wenn ein Baugedanke den ganzen Aufbau einheitlich und zielstrebig leitete" (E. BECHER). Für dieses auch im übrigen noch sehr dunkle Gebiet (siehe S. 98) zusammen mit der rechten Hälfte der Zonen II und III der Rangordnungspyramide) erhebt sich die *wichtige Frage, ob es mit der Fiktion sein Bewenden haben könne, oder ob das Denken sich zu der Behauptung vorwagen dürfe, daß wirklich und tatsächlich „höhere Faktoren und Potenzen dahinterstehen",* die psychoider Art sind („Entelechie", „Horme", „Mneme" usw.) und die aus einem sich mannigfach und immer wechselnd spaltenden „Urwillen" hervorgehen.

Genau gesehen, spitzt sich die Frage, ob biologische Zielstrebigkeit nur „Fiktion" ist oder ob ihr eine Realität entspricht, auf die Überlegung zu, *ob in der Natur dem Organismus unbewußtes — oder unterbewußtes — „Psychisches" als Anstoß und Anlaß höherer und höchster Ordnung postuliert werden muß.* Daß in solcher Annahme individueller oder auch überindividueller psychoider Agenzien, als eines *„Diapsychikums"* (BUTTERSACK) mit Betätigung von Verbindungs- und Richtkräften, kein Widerspruch mit anderer Kausalität liegt, wurde schon in Kapitel IV gezeigt; vermöge der „Rangordnung" der Kausalität kann ferner der S.K. ihr Platz im Begriffsgerüst zugewiesen werden. So bleibt übrig die *Frage, ob psychische A.K. als S.K. in der Naturwissenschaft notwendig mit angenommen werden muß,* oder ob eine sparsame Begriffswirtschaft auch ohne sie auskommt.

Im allgemeinen dürfte es tatsächlich genügen, wenn der *Begriff einer objektiven Ziel- und Zwecksetzung im Lebensgeschehen nur als fiktiver Grenzbegriff denknotwendiger Art, jedoch ohne eigent-*

lichen Erklärungswert angesehen wird; bedeutet ja „Erklärung" Zurückführung auf Bekanntes und Einordnung in schon Geordnetes, während hier „das große Unbekannte" am fernen Horizont erscheint. Bei den in der Praxis unscharfen Grenzen von Physik und Metaphysik, Ordnungslehre und Wirklichkeitslehre, und zumal bei der verschiedenen Artung des denkenden Forschers werden aber hier dauernd gewisse „Unbestimmtheiten" bleiben. Im großen und ganzen wird der Forscher gut tun, *Ziel und Zweck als den Dingen immanent* anzusehen, wobei anzunehmen ist, daß eine vollkommene kausale Erkenntnis aller Zusammenhänge (die psychischen nicht zu vergessen!) eine *Harmonie des Ursach- und des Zielbegriffes* ergeben würde (siehe auch S. 137). „Regulärer Form ist Zweckmäßigkeit immanent" (FRIEDMAN). Wissenschaftlicher teleologischer Betrachtung bleibt immer ein leichtes „Als—Ob" anhaften, das erst metaphysisch abgestreift werden kann. „Die Arbeit sieht aus, wie von einem Wollenden gemacht" (DRIESCH).

46. Quellen einer dynamischen Biotelie.

Im folgenden soll kurz erörtert werden, wie von verschiedenen Begriffen und verschiedenen Denkweisen her der Plan- und Zielgedanke immer wieder von neuem hervortritt, der sich dann vor allem für *die biologische Fragestellung so außerordentlich fruchtbar* erweist. Zielstrebigkeit und G.K. sind dabei immer untrennbar verbunden, Zweckmäßigkeit = Ganzheitsbezogenheit (DRIESCH).

Ein erster Hinweis auf irgendeine Art Finalität und Planmäßigkeit ist die *unendliche Mannigfaltigkeit und Vielgestaltigkeit* der Daseins- speziell der Lebensformen und Gestalten. Vorübergehend durch Wahrscheinlichkeitsbetrachtungen in seiner Bedeutung erschüttert, hat dieses Moment doch aus dem Wahrscheinlichkeitslager selber neue Stützung gefunden, indem gezeigt (teilweise sogar überschlagend berechnet) wurde, wie sehr in der organischen Natur *das Unwahrscheinliche gehäuft und auf die Spitze getrieben* worden ist: es sei nur auf das Falkenauge, die Farbenpracht von Blumen, den tierischen Nerv und das menschliche Hirn verwiesen sowie auf den Gesang der Nachtigall und das Walten und Wirken des Genies[86]. So finden sich Unwahrscheinlichkeiten niederer, höherer und höchster Art in den verschiedensten räumlichen Anordnungen der Stoffteilchen und der zeitlichen Einordnungen von Stoffumsetzungen, in Rhythmik, Periodik und Typik des

Lebensgeschehens und in dem ganzen erhaltungsgemäßen und lebenssteigernden Gebaren des Organismus, derart, daß man sich versucht fühlt, die Biologie (von der Morphologie ab durch Physiologie und Genetik) geradezu als eine „Wissenschaft des Unwahrscheinlichen" zu bezeichnen. „Die Insertion ist *das* biologische Problem" (DRIESCH), und Insertion ist wahlhaft und unberechenbar. „Organisierung und Form ist geordnete Ungleichheit" (WOLTERECK; siehe auch UNGERER, FRIEDMANN u. a.). Es erscheint aber als ein Vorrecht des zielsetzenden Willens, zumal des schöpferischen Willens, das Unwahrscheinliche ebenso leicht zu tun und zu veranlassen wie das Wahrscheinliche und Naheliegende.

Bei *Telie oder Zielstrebigkeit* handelt es sich um eine *regelmäßige Wiederkehr unwahrscheinlicher Zuordnungen* und *„Verpflichtungen" im Nebeneinander oder im Nacheinander* (zumeist in beiden zugleich) mit einem für das Ganze wert- und sinnvollen Einsatz und Erfolg. „Zum Energieprinzip kommt ein Richtungs- und ein Ordnungsprinzip hinzu: nichtenergetische Richtkräfte, diaphysische Kräfte" (REINKE). Schon auf rein physiologischer Ebene der *Lebenserhaltung* zeigen sich mannigfachste „zweckdienliche Handlungen der Physis", wie selbsttätige Stillung von Blutungen, Wundheilung und Vernarbung; ferner funktionelle Koordination und Regulation in Verdauung, Blutumlauf, Atmung, Gewebe-Entgiftung usw.

GOEBEL: „Die Mannigfaltigkeit der Pflanzenformen ist größer als die Mannigfaltigkeit der Lebensbedingungen"; viele Organbildungen sind „nur als Ausdruck innerer Formgesetze verständlich". BURKAMP: „Das physikalisch-chemisch Unwahrscheinliche ist in verschwenderischer Mannigfaltigkeit ausgestreut." Hinsichtlich der Unzulänglichkeit rein „statistischer" Betrachtung s. auch A. WENZL: „Felsen wittern nicht zu Domen aus." Schließlich v. UEXKÜLL: „Es kann wohl vorkommen, daß sich in einem Teller Suppe Salzkrystalle bilden, aber ein Löffel?" (Vgl. auch v. KRIES über die Grenzen, die praktischer Anwendung der Wahrscheinlichkeitsrechnung gesetzt sind.)

„Die finale Betrachtungsweise ist ein unentbehrliches Element biologischer Begriffsbildung." „Wie aber kann Teleologie mathematisch erfaßt werden?" Mit Variationsrechnung, Integralgleichungen usw. (P. JORDAN). *Eindrucksvolle Beispiele biologischer Unwahrscheinlichkeiten* bieten sich dem Beobachter in Fülle auf allen Gebieten: in Organbildung und Organgebrauch, in Instinkt und

Triebhandlungen, in Vermehrung und Vererbung. Zumal Befruchtung und geschlechtliche Vermehrung mit ihren unerschöpflichen „Erfindungen und Kniffen" (etwa in dem Chromosomenverhalten bei der Reifeteilung) geben den Eindruck eines „Zellgeistes" mit ausklügelndem Verstande und schrankenloser Phantasie; und es scheint, als ob derartige Kausalismen noch langehin einer zwingenden kolloidchemisch-elektrokinetischen Ableitung spotten würden. Unwahrscheinliches kann nur verwirklicht werden in einer *Rangordnung* von Kausalismen, und es wird dem Forscher angesichts der Zielstrebigkeit und Zweckmäßigkeit auch der dem bewußten Willen entrückten Körperbezirke kaum erspart werden, die letzten Folgerungen einer solchen Rangordnung zu ziehen, indem er unbekannte „psychische" A.K. als wirkende Instanz zum mindesten fiktiv zuläßt.

Auch *Anpassung* ist verbunden mit aktiver Zielstrebigkeit: als ein Streben zur Ganzheit, oftmals zu neuer Ganzheit mit besserer Harmonie gegenüber veränderter Umwelt.

Im folgenden seien noch einige Äußerungen gegeben, die *Ursprung und Art des biologischen Zweckdenkens* verschieden beleuchten! KANT: „Die Lebensvorgänge sind begrifflich so zu fassen, als ob ein auf Zwecke zielender Intellekt sie hervorgebracht hätte." „Ein Ding erscheint als Naturzweck, wenn es von sich selber Ursache und Wirkung ist", oder wenn „die Teile (ihrem Dasein und der Form nach) nur durch die Beziehung auf das Ganze möglich sind". Des weiteren s. WILHELM OSTWALD: „Das anorganische Geschehen wird nur durch die Vergangenheit, das organische, und zwar schon in niederster Form, auch durch die Zukunft bestimmt". „Wie kommt der Organismus dazu, die Weichen zweckmäßig zu stellen?" (Zweck = „ein auf die Zukunft projizierter Wert"; vgl. auch PFLÜGERS „Prinzip der zweckmäßigen Sicherung der Existenz" als „Gesetz teleologischer Mechanik": „Die Ursache jeden Bedürfnisses eines lebenden Wesens ist zugleich die Ursache der Befriedigung des Bedürfnisses".)

J. REINKE: „Der Organismus ist final und ganzheitlich eingestellt." BERTALANFFY: Organische Zweckmäßigkeit ist „Geordnetheit auf ein Ziel: Formbildung und Formerhaltung". SCHMALFUSS: „Leben ist das Vermögen, Eigenplan und Eigengesetzlichkeit (Bau- und Wirkplan) in geeigneter Umwelt selbständig zu erhalten". „Ein höherer Plan nimmt niedere auf und stimmt sie ab." BURKAMP: „Das künftige Dasein des Ganzen und aller Teile wird zum Bestimmungsgrund des Daseins und der Struktur aller einzelner Teile." Nach WOLTERECK stellt der Organismus ein Gesamtgefüge dar mit Rezeption, Produktion, Selbsterregung, Selbststeuerung, Selbsterneuerung und Vermannigfaltigung. K. E. RANKE: „Lebendige Form ist Zweckform mit vorschauender Verknüpfung der Vorrichtungen und Werkzeuge im Hinblick auf das Ganze, ohne daß die Gesetze der Ursachenwelt überwältigt oder vernachlässigt werden. Alles Lebendige muß in die Zukunft weisen." Nach GOLDSTEIN ist Ziel: „Zentrierung, Kapazität und Fülle", nach FRANZ „Vervollkommnung" als Synthese von Differenzierung und Zentralisation nebst Entfaltungszunahme. DÜRKEN: „Primäre Ganzheit ist die Grundlage aller Planmäßigkeit, die eine Erhaltungsgemäßheit ist." BERTALANFFY: „Dem Organismus als Ganzem, als geformtem System, ist ein Gestaltungsprinzip immanent." MÜLLER-FREIENFELS: „Der Organismus ist eine im Dienst eines übergeordneten Zweckes stehende Ganzheit." HENNING: „Die Pflanze schaukelt sich gleichsam innerhalb einer polaren Spannung hoch."

Schließlich FRIEDMANN: „Der Naturforscher kann die Finalität mit Nutzen nur als heuristisches Prinzip anerkennen, kaum als verbindliche Kategorie wie die Kausalität" (als „regulatives Prinzip" zur Aufweisung unaufgeklärter Beziehungen). Teleologie ist nicht normativ und nicht imperativ. „Das braucht den Glauben an allgemeine metaphysische Finalität nicht auszuschließen." (Zu einer universellen Telie s. auch NIETZSCHE: „Hätte die Welt ein Ziel, es müßte erreicht sein!")

47. Schranken und Lücken der Biotelie.

Es ist heute allgemein anerkannt, daß eine rein auf menschliche Bedürfnisse und Wünsche zugeschnittene Teleologie früherer Zeiten ein Irrweg war, und daß Zweck und Ziel einwandfrei nur im Leben und Leisten des einzelnen Organismus und in der Erhaltung seiner Art gelegen sein kann; und auch die „fremddienliche Zweckmäßigkeit", die E. BECHER in dem Verhältnis von Eichgallen u. dgl. zu ihrer Wirtspflanze fand, wird wohl zunächst fiktiv zu nehmen sein. Daß aber auch für das Individuum selbst nicht jede nützliche Einrichtung als „elektiver" Erfolg zu werten ist, scheint daraus hervorzugehen, daß die gleiche Einrichtung oft auch bei anderen Organismen vorhanden ist, die ihrer nicht bedürfen.

Dies wird für Fälle der „Schutzfärbung" und „Schutzformung" öfters zutreffen und ferner z. B. für die so „zweckmäßig erdachte Anpassung" des Auges von Wirbeltieren an kurzwelliges Licht durch Wegfangen der Dornostrahlung in der Augenlinse. Wohl wird auf diese Weise bei Landtieren jene schädliche Strahlung von der Retina ferngehalten, doch ist eine gleich vollkommene Einrichtung auch beim Auge von Schleie und Karpfen vorhanden, die, im stark strahlungsabsorbierenden Wasser lebend, ihrer gar nicht bedürfen, während die in der Laichzeit im grellen Sonnenlicht liegende Kröte weniger geschützt ist (E. MERKER).

Andererseits sind Zuordnungen und Verhaltungsweisen der Organismen so beschaffen, daß im allgemeinen nur von einer *Zielstrebigkeit* gesprochen werden kann, der nicht immer und durchweg eine *Zielerreichung* entsprechen muß. „Zum Ziele streben, nicht das Ziel erreichen, ist wesentlich" (G. WOLFF; siehe auch WIESNER u. a.). Angesichts der unendlichen Zahl neben- und übergeordneter Ganzheiten mit Behauptungstendenz kann es nicht an Widerstreit und an Kampf des einen mit dem anderen fehlen; auch folgt aus dem „labilen Gleichgewicht", das für ein Glied im Verhältnis zu dem umfassenden Ganzen in der bestehenden Rangordnung besteht, daß *Dysteleologien und Zweckwidrigkeiten in Fülle auftreten* können, ja müssen. So ist schon der Begriff eines sich dauernd durchaus „gesund" erhaltenden höheren Organismus nur ein idealer Grenzfall, und der Betätigung der „Physis" als der „Lebenskraft" samt ihren zugehörigen „Abwehrkräften" und „Heilkräften" sind Grenzen gesetzt.

Aus der doppelseitig (von oben und unten gemäß Abb. 9) bedingten Gestaltung des Organismus folgt, daß *die „übergeordneten Kräfte und Faktoren" keineswegs eine unbeschränkte Herrschaft ausüben* — wie sich z. B. bei Erkrankungen recht unliebsam deutlich zeigen kann. Die geistige Tätigkeit ist „geradezu sklavisch abhängig von einer ausreichenden Sauerstoffzufuhr namentlich zu der inneren Zone der Großhirnrinde mit ihrer außerordentlich lebhaften Stoffwechseltätigkeit", die wahrscheinlich vom „Sehhügel" gesteuert wird (H. BERGER). Auch Formbildung, Restitution und Adaptation sind an die durchweg geltenden (wenn auch untergeordneten) „Spielregeln" bis auf wenige offen gelassene „Freiheiten" eng gebunden, und dazu kommen noch die Gesetzlichkeiten, die aus der Reiz-Wechselwirkung mit der Umgebung folgen. „Zufällige", aber in ihrer Art jeweils als Randbedingungen maßgebende „Milieuverhältnisse" helfen so mitunter biologische Strukturen und Gebarensweisen hervorbringen, die, mit menschlichem Maß gemessen, bald als Dysteleologien, bald als belanglose Spielereien oder auch als seltsame Umwege und bizarre Umständlichkeiten, ja als läppische Geschmacklosigkeiten erscheinen (siehe G. VON FRANKENBERG). Faktoren und Potenzen sind oft „nur mäßig begabt" (MAETERLINKC), und die Entelechie ist nicht allmächtig, vermag sie ja auch nicht den Blinden sehend zu machen. BLEULER spricht von „Dysteleologien und halben Erfolgen", von „Fehlreaktionen und Übertreibungen"; nach DRIESCH kann die Entelechie auch einmal „dumm und vergebens arbeiten": „trial and error" nach JENNINGS. „Ein wundertätiges Prinzip fehlt, und das gerade läßt das trotzdem Erreichte so groß erscheinen" (v. FRANKENBERG). „Mit einem Minimum an Finalität wird ein Maximum an Zweckmäßigkeit erreicht" (WUNDT)[87].

48. Höhere Harmonie von Kausalität und Telie.

Wenn die Vernunft schließlich eine „Harmonie von Denken und Sein" (HILBERT) oder „zwischen der Außenwelt und dem menschlichen Geiste" (PLANCK) postulieren darf, so kann angenommen werden, daß trotz aller Disharmonien und Dysteleologien im einzelnen (menschlich gemessen) doch der Ziel- und Zweckgedanke der Naturwissenschaft nicht bloße nützliche Fiktion oder gar eine leere „Illusion" bedeutet, sondern daß Ziel, Wert und Norm irgendwie auch objektiv in der Natur gelten[88].

Koordination, Regulation, Enkapsis und Syntonie, Holismus, Organizismus: alles sehr nützliche, ansehnliche und hochachtbare Begriffe: aber Abstrakta, mit denen sich die Vernunft letzthin nicht begnügen mag. Ist es ihr dann zu verargen, wenn sie — in metaphysischem Erweiterungsdeuten — sich an den einzigen festen Punkt hält, den es auf dem Gebiet nichtstofflicher und nichträumlicher kausaler Bestimmung gibt: an den *bewußten Willen höherer Organismen?* Und wenn demgemäß in einer Art „Extrapolierung nach Analogie" angenommen wird, daß überall da, wo unwahrscheinliche und unwahrscheinlichste Vorgänge in den Organismen nur durch die Annahme auswählender, zusammenfassender und zielstrebiger „Faktoren" und „Potenzen" menschlich verständlich werden, wirklich und tatsächlich etwas am Werke ist, das wir einen (uns) *unbewußten und unbekannten Willen* oder eine schöpferische Intelligenz nennen können, und das allein imstande ist, lebendige Form und lebendige Entwicklung aus gegebenen Anfängen unter Erhöhung der Mannigfaltigkeit nach höherem Plan zu erzeugen? Daß es sich dabei keineswegs um eine „Verletzung von Naturgesetzen" handelt, sondern nur um ein *Geben und Setzen von Bestimmungen im relativ Unbestimmten,* braucht kaum nochmals betont zu werden. „Kausale Bestimmtheit und Zweckschaffen sind durchaus miteinander vereinbar" (E. BECHER).

J. SCHULTZ: Die ganze Welt erscheint als „sinnvolle Struktur", als „sinnvolles mechanisches (!) Getriebe". GOETHE: „Der künstlerisch ge-

10*

staltende Mensch und die Natur sind der „Funktion nach gleich". (Siehe auch sein „Fragment" 1882 über „die Natur".) UEXKÜLL: „Alle Pläne gehören einer überwältigend großen Planmäßigkeit an, die man bisher ab- zuleugnen bestrebt war; das war sehr bequem, ist aber heute nicht mehr zulässig." „Regel des Lebens ist eine nichtstoffliche Ordnung, die dem Stoff das Gefüge gibt." „Der Kausalitätsregel koordiniert ist eine Planmäßig- keitsregel. Der Plan liegt sinngebend über einem Gefüge, das mechanisch" (d. h. kausal) „begriffen werden kann und soll". Dabei gilt freilich, nach BROCK: „Wie weit sind wir entfernt, den Plan irgendeines biologischen Feldes in seiner Geschlossenheit zu übersehen!" Nach BERTALANFFY schaf- fen Zielgerichtetheit und Schöpfertum den Formenreichtum des Lebens. SAPPER: „Finalität ist eine bestimmte Art der Determination des Geschehens, also eine Art des kausalen Geschehens", insbesondere des Lebensgeschehens. „Naturkraft" ist schließlich als Willensentelechie zu fassen. DRIESCH: „Ein vitalistisch prospektiver Faktor determiniert den Verlauf des Lebensprozes- ses, ohne selbst durch die gegenwärtige Konstellation der Teile determiniert zu sein." „Was wir von der Aktion der Entelechie immerhin positiv doch wohl wissen, ist dieses, sie bewegt sich stets im Rahmen der Ganzheit, sie empfängt zusammengesetzte Reize als Ganzes und antwortet mit ganzen Reaktionen; sie ist ganzmachend." „Entelechie darf seelenartig genannt werden im Hinblick auf die Insertion (das ‚In-Eins-Fassen'), die in gleicher Weise in der Willenshandlung zu finden ist." „Jede Zelle weiß gewisser- maßen, was vom Ganzen actu da ist und was noch da sein soll."

CARL FRIES: „Der Urwille gibt seinen Befehl an nachgeordnete Instanzen, diese geben ihn weiter" (Exekutive des Willens). C. G. CARUS redet von „unbewußten Bildnern des Lebens", E. v. HARTMANN von „dem zieltätig schaffenden Unbewußten", NIETZSCHE von „vitalen Kräften des Unbe- wußten" und vom „Willen zur Macht" usw. Immer aber wird für die *Wissenschaft* hinsichtlich einer Weltteleologie gelten: „Es bleibt bei dem vorsichtigen ‚Als ob'-Standpunkt KANTS" (SPRANGER).

Daß metaphysisch schließlich *telische und kausale Betrach- tung in einer höheren Harmonie stehen müssen*, ist seit KANT mehr- fach ausgesprochen worden. v. BAER: „Man muß die Zwecke der Natur nicht durch Klugheit erreicht denken, sondern durch Not- wendigkeiten." Nach WUNDT ist ein und derselbe Lebensprozeß gemäß einer immanenten Teleologie „zugleich kausal bedingt und zweckvoll". Gemäß SCHOPENHAUER handelt es sich immer um den *einen* Willen in der Natur, der *mittels strenger Naturgesetze* auf seine Zwecke hinarbeitet, so daß das viele Gleichzeitige und gewissermaßen nur zufällig Verbundene doch in den Wurzeln notwendig zusammen- hängt und eine Vereinigung der scheinbar gegensätzlichen kausalen und teleologischen Betrachtungsweise — des nexus effectivus und des nexus finalis — metaphysisch möglich wird. „Die Teilchen tanzen kausal, aber sie tanzen zugleich logisch" (H. J. JORDAN).

Von der begrifflichen Anerkennung des Satzes, daß im „unabsehbaren Reihentanz der Wirkungen" (KLOPSTOCK) letzthin Kausalität (von unten) und Finalität (von oben) in Harmonie stehen müssen, bis zu der Möglichkeit einer anschaulichen Vorstellung im Einzelfalle ist jedoch ein weiter und mühsamer Weg. Es wiederholt und steigert sich hier die Schwierigkeit, die uns bereits hinsichtlich der Rangordnungspyramide biologischer Kausalität begegnet ist; und kein Versteckspiel hilft darüber hinweg, daß im einzelnen kaum vorstellbar ist, wie vollkommene Bedingtheit durch die Gesetze der Physik und Chemie einerseits und weitgehende Freiheit der Verfügung über jene Kausalismen andererseits zusammenstimmen, und wie „Aufplanen" und „Abplanen" schließlich zum gleichen Ende kommen können. Für die menschliche Vernunft bleibt auch hier ein unauflösbarer Rest.

In Physik und Chemie herrscht durchweg — und mit Recht — eine *Kausalbetrachtung von unten her* vor. Elektronen und Protonen und Neutronen „produzieren" ein Atom- und Molekulargeschehen; Atombewegungen führen zu chemischen Umsetzungen; eine valenzbegründete gittermäßige Anordnung und Orientierung von Molekeln mit „statistisch verteilten Fehlstellen" führt zu Makromolekeln, Krystallen und Micellen und deren Verwachsungen; außerordentlich verwickelte chemische Umwandlungen im komplex-kolloiden System mit ihren „elektrischen" Folgen „setzen sich zusammen" zu Funktionen wie Muskelkontraktion (siehe v. MURALT, H. J. JORDAN u. a.) und Nervenreizung; bestimmte Chemismen können das Mendeln beim Kreuzen etwa dunkler und heller Insektenabarten hervorrufen (SCHMALFUSS u. a. m.). So überwiegt hier durchaus eine Behandlung unter dem Gesichtspunkt einer „Zusammensetzung" und Zusammenordnung der Vorgänge in der Richtung nach oben. An einer Stelle allerdings setzt deutlich ein Hebel *seitwärts* an: in der Erscheinung der Katalyse als einer typischen A.K.-Form, die die chemische E.K. bestimmend angreift; ein Anstoß aber oder eine Führung *von oben* ist in Physik und Chemie, ja auch noch in weiten Provinzen der Physiologie ein Fremdling.

Jetzt aber betrachten wir etwa den Fall der *hypnotisch-suggestiven Erzeugung* von Brandblasen und Hautflecken oder von Tanzbewegungen usw. durch persönliche Übertragung von — akustisch übermittelten — Impulsen, die an sich mit dem darauf

zeitlich folgenden komplexen Chemismus samt seinen Wirkungen
nichts zu tun haben, aber einen deutlichen „Anstoß von oben"
bedeuten, der jenen Chemismus in gerichtete Bewegung setzt.
Auch an die physiologischen Auswirkungen von Affekten, wie
Zorn, Schreck, Kummer usw., ist zu erinnern. Auf welcher Ebene
und in welcher Weise treffen die anstoßende „psychische" A.K.
von oben und die „sich entladende" Kausalität „latenter" oder
potentieller chemischer Energien von unten (etwa nach dem Bilde
eines geordneten Systems geladener Leydener Flaschen zu denken) einträchtig zusammen ?

Etwas Ähnliches liegt auch im normalen psychophysischen Geschehen
dauernd vor. Ein Mensch kann den Nachmittag müßig verbringen; Muskulatur und Stoffwechsel werden sich darauf einstellen. Er kann die gleiche
Zeit Sport treiben, bei „Alkalose" mehr leistend als in „Acidose", oder sich
mit Violinspiel beschäftigen, oder am Schreibtisch angestrengt denken und
schreiben. Auf den Willensimpuls von oben her kommt die Kausalität
von unten in ganz bestimmten Gang, mit jeweils unendlich differenziertem,
gerichtetem und gestaffeltem Geschehen, das in den Möglichkeiten des
Chemismus und Kolloidchemismus schließlich energetisch seine Grenzen
findet, innerhalb jener Grenzen aber außerordentlich zahlreiche Freiheiten
quantitativer und qualitativer Art genießt.

Um das Problem recht scharf zu fixieren, sei ein grober Vergleich gegeben: Man denke sich eine gut funktionierende automatische Letterngieß-
und -setzmaschine, die lange Zeit hindurch kontinuierlich arbeiten kann,
weil ihr dauernd sowohl Betriebsenergie wie frische Metallegierung zugeführt
wird. Die Maschine gibt *einen* fertigen Buchstaben nach dem andern von
sich; bei genauem Zusehen aber soll sich zeigen, daß die Lettern in ihrer
zeitlichen Folge sinnvolle Worte und Sätze, ja schließlich einen zusammen-
hängenden Lebensroman ergeben, der zwar Anklänge an schon Vorhandenes
zeigt, genau in gleicher Weise aber weder vorher je geschrieben worden ist
noch je später geschrieben werden wird. Woher kommt der Sinn in das
„Mechanische", und wie erklärt sich das Zusammensein von Wiederkehren-
dem im Einzelnen und von Einmaligem im Ganzen ?

Es erscheint gegenwärtig ausgeschlossen, den „Aspekt von
oben" und den „Aspekt von unten" im einzelnen völlig in Einklang
und Zusammenhang zu bringen. *Eine Anerkennung der Tatsache
des Zusammenstimmens von Kausalität und Finalität bedeutet noch
nicht eine Einsicht in die Art, wie jener Einklang zustande kommt.*
Der Satz von OLDEKOP: „Die Form ist emergent" (d. h. von oben
her mit Notwendigkeit folgend) „und resultant zugleich" (von
unten her notwendig bedingt) gibt dem Sachverhalt einen prä-
zisen Ausdruck, birgt aber dennoch ein Mysterium, hinweisend
auf eine geheimnisvolle „prästabilisierte Harmonie", die wohl

menschliches Fassungsvermögen übersteigt. „Es ist fraglich, ob der Mensch imstande ist, die Naturprozesse bis in die letzten Einzelheiten zu durchschauen" (NERNST). Wird indes das Vorhandensein einer höheren führenden Kausalität „seelischer" Art in der Natur anerkannt, so bleibt wohl die Biotelie in ihren Einzelgestaltungen immer noch unbegreiflich; ihr *Dasein* aber verliert das Widerspruchsvolle, das ihr bei einer verwaschen „statistischen" Betrachtung der Welt anhaftet.

„Wir haben unser Willensgefühl, unser Verantwortungsgefühl und unsere Absicht zu einem Tun in den Begriff „Ursache" zusammengefaßt: causa efficiens und causa finalis ist in der Grundkonzeption Eins". — Das bedeutet „die Unvorstellbarkeit eines Geschehens ohne Absichten" oder „die Unfähigkeit, ein Geschehen anders zu interpretieren denn als ein Geschehen aus Absichten." — „*Zweckmäßigkeit*" ist „ein Ausdruck für eine Ordnung von Machtsphären" (NIETZSCHE).

Wenn mithin die Forschung immer wieder den oder jenen Telismus als Kausalismus „entlarvt", so ist weder „schadenfrohes Schmunzeln" (nach NIETZSCHE) noch mitfühlendes Bedauern (oder auch stolze Ablehnung) am Platze. Bleibt doch immer noch das *Zusammenstimmen von Ursächlichkeit und Zielstrebigkeit* in der „Individuation" mit ihren unerschöpflichen Formen unseren Blicken verborgen. — **Die universelle Harmonie einer ermöglichenden A.K. von unten (chemische und physikalische Kausalität) und führender und planender Kausalität von oben (R.K., S.K. und M.K.) in einer wahren G.K. ist letzthin ein Geheimnis.**

49. Allgemeine Übersicht.

Zusammenfassend seien einige *Schemata zur Rangordnung der Kausalität in ihrer Beziehung zur Determination und zur Ganzheit* gegeben (übernommen aus „Katalytische Verursachung im biologischen Geschehen"). Das Ganze steht unter dem Kanon:

Das Kausalitätsbeginnen des ordnenden Subjekts gewinnt Sinn und Bedeutung erst durch die Überzeugung, daß in der Wirklichkeit der Natur selbst eine Ordnung objektiver Art vorhanden ist, die sich äußert als räumlich-zeitliche Anordnung, korrelative Zuordnung, ganzheitliche Einordnung, teleologische Zielordnung, hierarchische Rangordnung und kosmische Wohlordnung, zurückzuführen auf eine „aus dem Inneren" oder „von oben" kommende „Verordnung"?

Ordnungsgefüge inbezug auf Naturmannigfaltigkeiten.

(Die unterstrichenen Worte kennzeichnen die streng und unmittelbar nur
im Organismischen triftigen Begriffe.)

Grundbeziehungen

A) Im Aufeinanderfolgenden   B) Im Gleichzeitigen
  (Zeitliche Abhängigkeiten)   (Räumliche Beziehungen, „Wech-
                         selwirkung“, „Spannung“)

I. Mit dem Verstande „erfaßt“:

Geltungsgefüge (Kategorien)
(Wahrheit = Richtigkeit)

Kausalität als Vergangenheitsbezo-   Ganzheit oder Gliedhaftigkeit (statt
genheit oder Folgeverknüpfung: bloßer Summe oder Häufung von
Ursache—Wirkung   „Teilen“):
(„weil—darum“, „wenn—dann“)   Relationen zwischen „Gliedern“

Ganzheitskausalität

II. Dazu mit dem Gefühl „empfunden“:

Wertgefüge (Wertung)

Zielstrebigkeit, Finalität oder Teleo-   Harmonie oder Disharmonie:
kausalität als Zukunftsbezogenheit: Gestaltung; Form- und Kompo-
Weg—Ziel („so daß“)   sitionsharmonie

Teleoharmonie

III. Außerdem mit dem Willen „erlebt“:

Sinngefüge (Sinngebung)

Zweckhaftigkeit (Teleologie als   Korrelation und Hierarchie der
Ganzheitsbezogenheit):   Funktionen:
Mittel—Zweck („damit“)   Funktionssysteme mit Funktions-
                             harmonie; Synergie und Syntonie

Organisation als Sinnhaftigkeit
eines Totalitätsgeschehens (Organismus)

IV. In das Universale „erweitert“ und „gedeutet“:

Kosmos

Einfügung des Zufallbegriffes in das Ordnungsgefüge
der Kausalität, des Zieles oder Zweckes und der Ganzheit.

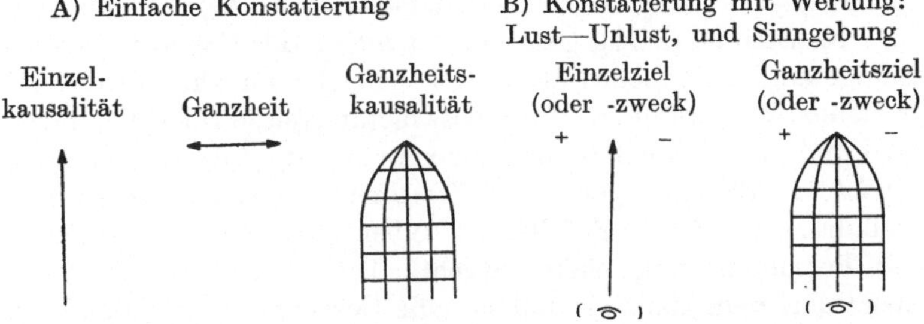

Der „Zufallsschatten": Mangelnde Einsicht oder mangelnde Postulierung solcher Ordnung:

C) Kausaler Zufall (indifferent)   D) Finaler Zufall (Glück und Unglück, Nutzen und Schaden)

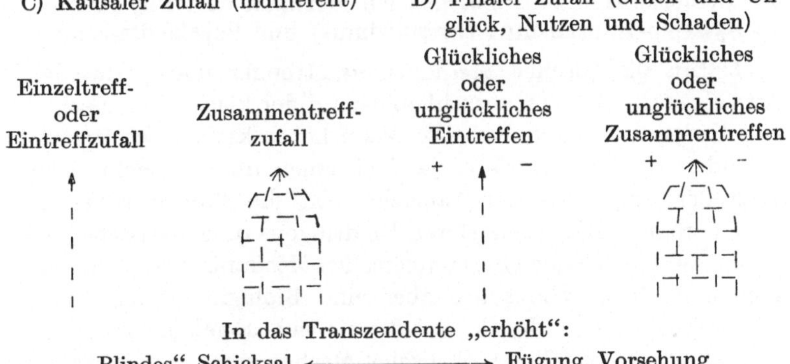

In das Transzendente „erhöht":

„Blindes" Schicksal ⟵————————⟶ Fügung, Vorsehung

Abb. 10.

Die *Querlinien* in den Schemen der Ganzheiten zeigen durchweg die (mehr oder weniger eingesehenen oder postulierten) Ganzheitsbeziehungen (Korrelationen) an, die Zeichen + und — die Gefühlsbetonung, das angedeutete „Auge" die im Zweckbegriff vorhandene Fiktion einer „Absicht", eines „Wollens". Immer und durchweg handelt es sich nicht um die Dinge selbst, sondern um mehr oder minder vorhandene Einsicht in den Zusammenhang der Dinge, sowie gegebenenfalls auch um deren Wertung und „Sinngebung".

Über den „Zufall" in der Natur siehe auch Schopenhauer, Lotze, Windelband, Bauch, G. Just u. a. v. Baer: „Zufall ist ein Geschehen, welches mit einem anderen Geschehen zusammentrifft, mit dem es nicht in ursächlichem Zusammenhang steht." Bertalanffy: „Zufall wird konstatiert, wenn zwischen den Endpunkten zweier Kausalreihen kein innerer Zusammenhang besteht." *Zufall ist Gleichzeitigkeit ohne Ganzheit,* d. h. ohne innere Verbundenheit; s. hierzu auch Schopenhauer: „Über die anscheinende Absichtlichkeit im Schicksale des Einzelnen".

Werden Kausalbegriff- und Ganzheitsbegriff zu Ende gedacht, so gelangt man zu einer untrennbaren *Einheit von Notwendigkeit und Freiheit, Bedingtheit und Zielstrebigkeit, von Zufall und Schicksal.* Kausalität, richtig gesehen, hat nichts der Ganzheit und der Sinngebung Feindliches, sie steht vielmehr im Dienste der allgemeinen Weltordnung. Wird diese metaphysisch zur vollen Realität erhoben, so kann dies ausmünden in der *Idee eines bestimmenden Schicksals oder einer planenden Vorsehung* — bei skeptischer Einstellung: des blinden Zufalls, der selber wiederum dem Schicksal der Personifizierung nicht entgeht. Die Geschichte der Natur aber: darf man glauben, daß sie „die Geschichte fortschreitender Siege des Geistes über den Stoff ist?" (E. v. BAER.)

50. Bemerkungen zum biologischen Mechanismus, Physikalismus, Dynamo-Kausalismus (Organizimus) und Psychovitalismus.

1. Ein biologischer *Mechanismus* strenger und „armseliger" Art (KOTTJE), der sich ausschließlich auf der klassischen Mechanik von Körpern aufbauen möchte, kann heute kaum noch irgendwo gefunden werden; würde er ja doch einen üblen Anachronismus darstellen angesichts der Tatsache, daß die Physik selber (insbesondere im Verlauf schärferen Eindringens in „elektrische" Vorgänge) die Eierschalen eines universellen Mechanismus schon längst abgestreift hat. Wie sollte aber eine Biologie mechanistischer sein wollen als die Physik, auf die sie sich angeblich gründet?[89]

So fristet tatsächlich biologischer Mechanismus in dem strengen Sinne von DESCARTES und HOBBES, d. h. die *Auffassung der Lebenserscheinungen als auf Grund von Bewegungsgesetzen beschreibbar,* nur noch ein papiernes Dasein; was sonst davon zurückgeblieben ist, ist im wesentlichen Fiktion und metaphorischer Sprachgebrauch (siehe S. 64 und 156). Hat doch schon KANT betont, daß „mechanische Erklärungsart für Dinge, die wir einmal als Naturzweck anerkennen, unzureichend sein müsse". „Mechanismen und Formalismen geben nur Modelle der wirklichen Mannigfaltigkeit des Naturgeschehens" (MADELUNG), und *Leben* vor allem erscheint zwar in der Weise der Bewegung — ist aber seinem *Wesen* nach nicht Bewegung.

Es wird nicht ganz unnötig sein, wenn bemerkt wird, daß mit der Ablehnung zu weitgehender Ansprüche der klassischen Körpermechanik kein Werturteil über das Mechanische ausgesprochen ist. Dazu können die sogen. „höheren Mechanismen", wie sie in organismischen Bewegungen und Handlungen zutage treten, an Ansehen nur gewinnen, wenn sich zeigt, daß sie nicht durch bloße multiplikative „Rechenoperationen" aus elementaren mechanischen Kausalismen hervorgehen, sondern aus einem grandiosen kausalen Stufenbau der Ur-Energie und ihres „Stoffes".

Es mag paradox klingen: *„Den schärfsten Beweis gegen den Mechanismus" als Alleinherrscher im Biologischen liefern die Bewegungen selbst*, die im Organismus und an ihm und von ihm in guter Ordnung und Zuordnung vollzogen werden, und die aus dem Chemismus und Kolloidchemismus mit enzymatischer, oberflächenenergetischer und elektrokinetischer Hilfe in noch wenig geklärter hochkomplizierter Weise herauswachsen. Auch Formbildung — innere und äußere — geht in geordneter und „unwahrscheinlichster" *Bewegung* von Teilchen und ebenso unwahrscheinlicher Festsetzung an bestimmtem Orte vor sich. Man versuche doch einmal, sich die verschlungenen Pfade vorzustellen, die etwa 1000 molekulare Teilchen eingeatmeten Sauerstoffs oder 1000 Teilchen eingenommener Nahrungsstoffe in diesem Ordnungszusammenhange zurücklegen, ganz gegen die Gesetze der Gravitation und Diffusion und einer Billardkugelmechanik: wer kann dann noch meinen, daß das alles wiederum nur aus „Wahrscheinlichkeitsgesetzen" universeller Teilchenbewegung resultiert! Derartig geordnete und zugeordnete Bewegungen mögen (im einzelnen) einigermaßen aus Physik und Chemie ableitbar sein, aus Mechanik allein niemals[90]. Und wenn einst gesagt wurde: „Nur eine Maschinentheorie des Lebens ist möglich" (J. SCHULTZ), so ist von der gleichen Stelle auch eine Berichtigung gekommen: „Leben ist Streben zur Form."

2. Weit ernster zu nehmen ist ein *Physikalismus* in dem Sinne, daß alle diejenigen Kräfte und Kausalismen, mit denen es Physik und Chemie zu tun haben, auch im lebenden Organismus wiedergefunden werden *und keine anderen dazu* (siehe auch S. 58 ff.), Eine solche Auffassung (oft fälschlich gleichfalls „Mechanismus" genannt) prägt sich beispielsweise in folgenden Sätzen aus: „Auch im organischen Leben walten keine anderen Kräfte als in der übrigen Natur" (PFEFFER). „Es geht physikalisch in der Welt zu, aber nicht mechanisch." „Biologie ist vielleicht aus physikalischen Erscheinungen ableitbar, aus mechanischen nimmermehr" (SCHLICK). „Eine Auflösung des Gesamtgeschehens in einzelne kausalbegründete Vorgänge physikalisch-chemischer Art erscheint möglich und ist Ziel der biologischen Wissenschaft" (R. HESSE).

Wieviel im einzelnen Chemie vermag, geht besonders überraschend aus der Möglichkeit eines Weiterwachsens überlebenden Gewebes im geeigneten Medium sowie aus der Tatsache einer vielfach gelungenen rein „stofflichen" Befruchtung des Eies hervor, von J. Loebs Versuchen mit Seeigeleiern bis zur Erreichung einer gewissen embryonalen Entwicklung durch Aufbringung von Wirkstoffpaste an pflanzliche Fruchtknoten und bis zu verblüffenden neueren Resultaten in das Reich der Säugetiere hinein.

Dazu bieten physikalische und chemische Erscheinungen mit Ganzheitscharakter so mannigfache Analogien und Anklänge gegenüber den Lebenserscheinungen in bezug auf Gestaltung und Bewegung, Gliederung und Umsetzung, Gleichgewicht und Veränderung, daß so mancher Forscher sich versucht fühlt, im Anorganischen nicht nur Instrument und Modell, sondern sogar *Vorstufen des Lebenden* mit partieller Identität zu sehen (z.B. Schmalfuss mit seiner Mittelstufe „Lebedinge" zwischen „Lebewesen" und „tote Dinge"; Stadelmann: „Licht als Lebewesen"; Fechner: Die Erde als Lebewesen). Siehe auch Rinne, „Grenzfragen des Lebens", 1931, sowie V. Kohlschütter über „somatoide Bildungen" in anorganischen Gelen. Nach Staudinger ist „das riesenhafte Eiweißmolekül befähigt, in seinen verschiedenen Teilen die mannigfaltigsten chemischen und physikalischen Reaktionen einzugehen; es ist dadurch labil und zerbrechlich, stabil und anpassungsfähig; es ist im chemischen Sinne des Wortes lebendig". (Genau gesehen treten bei der Aufsuchung einzelner Analogien zwischen Lebendem und Totem die grundlegenden Unterschiede des Gesamtverhaltens in beiden Reichen um so greller hervor.)

Nun sind „Physik" und „Chemie" zunächst nur Worte, denen die Wissenschaft einen beliebigen Sinn zuerteilen kann. *Biologischer Physiko-Chemismus* als die Auffassung, daß Leben schließlich mit Begriffen der Physik und Chemie hinreichend beschreibbar sei, ist also zunächst eine Angabe schuldig, ob es sich um heutige Physik und Chemie oder um eine mögliche Physik und Chemie späterer Jahrhunderte handelt [91]. Ohne Zweifel wird so manche Organfunktion und Lebenserscheinung, die heute noch sehr dunkel ist, von fortgeschrittener physikalischer und chemischer Wissenschaft analysiert werden. Dabei fällt aber ins Gewicht, daß es sich bei Lebenserscheinungen immer um komplexe, sinnvoll veränderliche und abgestufte *Kausalganzheiten* handelt, die als solche ebensowenig ja viel weniger in Physik und Chemie völlig aufgehen *können* wie etwa geologische Erscheinungen; befassen sich doch Physik und Chemie definitionsmäßig mit relativ elementaren Vorgängen, wobei sie bewußt und konsequent von der Tatsache des Lebens absehen. „Physikalische Prozesse fun

dieren nur das Leben" (G. Schwarz). „Leben kann nicht restlos
in Physik und Chemie begründet werden. Die Grenzziehung
kann anders werden, die Grenze bleibt" (Bertalanffy).

„Die absolute Wirklichkeit ist breiter und reicher als die physikalische"
und „wird kaum die Gnade haben, sich jenem besonderen Ordnungsgerüst
zu fügen" (Riezler). „Wir mögen den Elektronen noch so komplizierte neue
Kräfte und Gesetzmäßigkeiten zuschreiben, so bleibt es doch unerfindlich,
was das mit dem zielstrebigen Aufbau des menschlichen Organismus oder
seinen sinnvollen Handlungen zu tun haben kann" (Oldekop). „In den
biologischen Erscheinungen haben wir Naturgesetzlichkeiten kennenzu-
lernen, die wesentlich Neues gegenüber den anorganischen Naturgesetzen
zeigen" (P. Jordan).

Dies gilt insbesondere auch von der Vorstellung vom *Proto-*
plasma als „fundamentalem Lebensstoff", dem „Innerung und
Äußerung" zukomme (E. Haeckel). Allerdings kann ein Versuch kausaler Zurückführung aller Entwicklung und Formbildung
auf an sich chemisch definierbare, wenn auch noch unbekannte
Eigenschaften des artspezifischen Eiweißplasmas (nebst stofflich-
energetischem, auch katalytischem „Zubehör") für sich geltend
machen, daß hier keine leere Annahme vorliege, da in jedem
Samen, Ei und Keim tatsächlich „Plasma" als unentbehrliche
Bedingung vorhanden ist. So müßte denn im Hintergrunde des
Werdens etwa eine hochkomplizierte *Eiweiß-Makromolekel* durchaus spezifischer Art und mit ungezählten Talenten und Fangarmen,
oder eine gegliederte Ganzheit solcher als „Matrix" stehen, die
zusammen mit Urkatalysatoren durch ausgedehnte Reaktionsverzweigung auch das für den Rhythmus der Epigenesis nötige
ordnende und ausrichtende stofflich-energetische und „vieldimen-
sionale Führungsfeld" zu schaffen hätte, das in der fortschreitenden individuellen Determination und Differenzierung von Stoff
und Funktion zutage tritt. Soweit eine derartige Vorstellung als
Arbeitshypothese (richtiger wohl Arbeitsfiktion) für experimentelle Fragestellung wertvolle Dienste leistet und nicht zum metaphysischen Dogma wird, ist nichts dagegen einzuwenden; ein
„innerer Widerspruch" ist nicht vorhanden, solange man sich
streng im Kreis des Energetisch-Stofflichen hält.

Die Biologie ist gerade bei ihren wichtigsten Fragen nicht so gut daran
wie die Chemie, die ihre sprunghaft und wahlhaft erscheinenden Kausalismen (z. B. die katalytischen) an *bestimmte Stoffe* heften und sie schließlich
auf bestimmte Stoffkonstanten zurückführen kann; *ihre* Spezifität der Organbildung durch differenzierende Entwicklung und *ihre* Spezifität der Funktion

schwebt oft im Ungewissen des Planes; und auch wenn man „Spezifität des Artplasmas" dafür verantwortlich macht, so ist damit an „Erklärung" (d. h. logisch zwingender Zurückführung auf Bekanntes) vorerst noch nichts gewonnen. Nach P. JORDAN sind chemische Gesetze restlos auf heutige Physik zurückführbar, eine gleiche Zurückführung der biologischen Gesetze aber erscheine unmöglich; dafür erlaube die neue Physik eine wesentlich tiefergehende Erfassung der biologischen Erscheinungen. „Der Weg zur neuen Biologie geht durch die neue Physik" (BERTALANFFY).

In diesem Zusammenhange ist auch an die *Virusformen* zu denken, die als Krankheitserreger immer mehr Beachtung finden und „einfache", d. h. nur aus einer kleinen Anzahl Molekeln, im wesentlichen spezifischen Eiweißkörpern bestehende Gebilde darstellen, die sich sozusagen auf der Grenze zwischen Lebendem und Nichtlebendem angesiedelt haben. Für „wirkliche Organismen" aber wird auf alle Fälle gelten: „Es gibt keine lebenden Verbindungen, sondern nur eine lebende Organisation" (KIESEL). „Es gibt keine lebende Substanz, es gibt nur lebende Systeme" (BERTALANFFY). „Im Bioorganismus ist der Zustand alles, der Stoff als solcher nichts" (MUCH). „Jede gegebene chemische Verbindung kann Durchgangspunkt des Lebens sein: aber das Leben wurzelt nicht in ihr, noch erschöpft es sich in rein chemischen Vorgängen" (E. v. HARTMANN)[92]. Damit ist nun der Schritt zu einer weiteren Auffassungsweise getan:

3. *Dynamischer Kausalismus* als diejenige Betrachtungsart, nach der im Organismischen im einzelnen zwar die Gesetze und Spielregeln der Physik und Chemie gelten, aber neue übergeordnete Gesetzmäßigkeiten hinzukommen, die einer Rangordnung von Kausalitätsformen entsprechen und ganzheitliche Relationen neuer Art (Insertion und Koordination in Raum und Zeit) zeigen (*Biodynamik*).

Zur Illustrierung derartiger Stellungnahmen, die im einzelnen wieder recht verschiedenartige Schattierungen zeigen[93], dienen folgende Aussprüche: „Das Wesentliche des Organismus ist nicht der Chemismus, sondern die Funktion" (BLEULER). „Das Leben des Organismus ist ein Ganzes und an einem höheren Ganzen teilnehmend" (HALDANE). „Die obere Grenze der Chemie ist die untere Grenze der Biologie" (BAVINK). Oder BERTALANFFY: „Das Charakteristische des Lebens liegt nicht in einer Besonderheit einzelner Vorgänge, wohl aber in der bestimmten und erstaunlichen Ordnung aller dieser Vorgänge untereinander"; Erforschung dieser Ordnung der Stoffe und Vorgänge mit ihrer inneren Gerichtetheit, ihrem Kraft- und Führungsfeld ist Aufgabe der Biologie. „*Biologie hat es mit überphysikalischen Gebilden zu tun.*" „Das Lebendige ist eine spezifische Einheitsbildung höherer Stufe, die meist hinausgeht über die Ordnunsformen, die wir im Gebiet der anorganischen Natur treffen." — „Vom Eiweißmolekül zum einfachsten belebten Organismus ist es noch ein weiterer Weg, als von diesem zum Säugetier" (NÄGELI). „Noch immer stehen wir blind vor dem großen Wunder, das den anscheinend toten Stoff zum Leben erweckt" (P. H. SCHMIDT).

Nach Haldane ist Leben „Kampf gegen das Chaos“ oder eine Form sich selbst erhaltender Koordination = koordinierte Selbsterhaltung mit Wechselwirkung und spezifischen Verknüpfungsweisen; Physik und Chemie lassen das eigentlich Biologische unbestimmt. „Unsere Welt ist eine Welt der Personalität.“ „Leben ist die Äußerung eines Ganzen, das nicht aus einfacheren Begriffen abgeleitet werden kann.“ „Man macht die nicht zu rechtfertigende Voraussetzung, daß es nur eine Art von Kausalität, nämlich die physikalisch-chemische geben könne.“ „Eine nicht physikalisch-chemische Erklärung aber braucht nicht notwendigerweise eine vitalistische zu sein.“

Von *medizinischer Seite* aber: „Das Organismische ist wirklichkeitsnäher und wirklichkeitserfüllter als das Physikalische“ (Kötschau u. A. Meyer). „Die Biologie kann mit der Annahme mechanisch-kausaler Zusammenhänge nicht auskommen“ (v. Krehl). „Leben wird nur vom Erleben verstanden“ (Sauerbruch). Schließlich noch Aussprüche eines großen *Physikers.* Niels Bohr: Es ist nicht möglich zu entscheiden, welche Atome streng genommen zu einem lebenden Organismus gehören, und so wird die Vermutung nahe gelegt, „daß die wesentlichen Merkmale des lebenden Organismus Gesetzmäßigkeiten der Natur sind, die in einem komplementären Verhältnis zu denjenigen stehen, mit denen sich Physik und Chemie befassen“. „Die Existenz des Lebens dürfte somit als eine elementare Tatsache anzusehen sein, ähnlich wie das Wirkungsquantum in der Physik“. Das bedeutet aber kein Versagen physikalisch-chemischer Gesetzlichkeit und „keinen Widerspruch der Lebensaktivität mit den Hauptsätzen der Wärmetheorie“. (Ähnlich auch Heisenberg S. 121.)

Ohne scharfe Grenzen gehen derart ganzheitlich-kausale Betrachtungsweisen über in eine letzte mögliche Form:

4. *Vitalismus* (Neovitalismus mit „Autonomie des Lebens“), in konsequentester Durchführung als *Psychovitalismus.*

Während gemäß 3. die zu- oder übergeordneten biologischen Kräfte und Faktoren gewissermaßen als heuristische „Fiktionen“ denknotwendiger Art (aber ohne eigentlichen Erklärungswert) genommen werden, die keine bestimmten Aussagen über das Wesen der „Führung“ erlauben, so sind nach „vitalistischer“ Auffassungsweise jene *führenden Faktoren als reale „Potenzen“ anzusehen, und zwar sinngemäß als solche psychischer oder entelechialer Art.* v. Bunge: „Der allein richtige Weg der Erkenntnis ist, daß wir ausgehen von dem Bekannten, der Innenwelt, um das Unbekannte zu erklären, die Außenwelt.“ Driesch: „Das AnSich der Materie ohne weiteres als geistig zu bezeichnen, fehlt meines Erachtens der zureichende Grund. Aber überall, wo in der Natur Ganzmachendes am Werke ist, darf metaphysisch von Wissendem und Wollendem geredet werden.“ Bleuler: „Die Psyche gehört mit zu der Natur, sie nimmt den ganzen Körper ein und ist das am wenigsten mystische Objekt (das unmittelbar Gewisse)." „Jede lebende Zelle hat ihren Geist" (Lenard). „Alle lebende Substanz ist beseelt" (E. Becher). „Leben und Beseeltheit sind nicht zu trennen" (A. Wenzl). „Die Vorgänge, die sich in unserem Geiste ereignen, sind ein Teil des Ablaufes der Natur" (B. Russell). Organisation aber „ist für die Seele ein einschränkendes Prinzip" (Lotze)[94]. (Siehe auch Abb. 9, rechte Hälfte, mit Punkt *E*.)

„Der Mechanismus ist nur eine Zeichensprache für die interne Tatsachen-Welt kämpfender und überwindender Willens-Quanta." — „Auch die mechanistische Welt ist eine primitive Form der Welt der Affekte — —", eine Vorform des Lebens." — „Es hilft nichts: man muß alle Bewegungen, alle Erscheinungen, alle ‚Gesetze' nur als Symptome eines innerlichen Geschehens fassen und sich der Analogie des Menschen zu diesem Zwecke bedienen." „Der stärkere Wille dirigiert den schwächeren. Es gibt gar keine andere Kausalität als die von Wille zu Wille." — „Das Leben ist nicht Anpassung innerer Bedingungen an äußere (Spencer), sondern *Wille zur Macht*, der von innen her immer mehr Äußeres sich unterwirft und einverleibt" (Nietzsche). Dabei gilt aber auch weiter: „Leben ist Sinnverwirklichung" (Alverdes); und schließlich: „*Der Sinn, den man ersinnen kann, ist nicht der ewige Sinn*" (Laotse). —

Für die Forschung können die Auffassungen 2., 3. und 4. methodisch gleich wertvoll sein, in dem Sinne, daß *fruchtbare Fragestellungen* jeder dieser Betrachtungsweise entnommen werden können; dabei spielt die Eigenart des Forschers unstreitig eine wichtige Rolle[95]. In metaphysischer Hinsicht dürfte 4. vorzuziehen sein, sofern nur die Gefahr ausgeschaltet wird, daß man die Existenz höherer Faktoren als hinreichenden *Erklärungsgrund* gelten läßt oder als eine „Lagerstätte, wo die Vernunft zur Ruhe gebracht wird auf dem Polster dunkler Qualitäten" (Kant)[96]. In bezug auf *Telie* werden 1. und 2. geneigt sein, diese als heuristisches Prinzip, als regulative Idee oder als nützliche Fiktion anzusehen; 3. erklärt Finalität als die andere Seite der Kausalität, als „Teleokausalität", als „Kausalität von innen gesehen": immanente Telie; nach 4. aber ist sie mehr oder minder transzendent real. Hinsichtlich „Physikalismus" und „Materialismus" entscheiden sich 3. sowie 4. dahin: als wissenschaftliche Methode ja, als der Weisheit letzter Schluß nein! „Innerhalb der Wissenschaft gibt es gar keinen Streit zwischen Mechanismus und Vitalismus" (E. Schneider). Daß aber „Vitalismus" mit dem Geiste kausaler Naturerkenntnis unvereinbar sei (Münsterberg), kann für kritisch geläuterten Vitalismus unmöglich zutreffen.

Weltanschaulich hat der Vitalismus eine *Tendenz zum metaphysischen Dualismus* (auch bei „ordnungsmonistischem Ideal": Driesch), indem die begrifflich methodische Scheidung von „Führung und Geführtem" leicht zu einer metaphysisch realen

wird. „Daß zuletzt der Dualismus triumphiert, ist nicht meine Schuld" (DRIESCH). (Psyche als Naturfaktor = zielsetzender Wille = Führer der organischen Entwicklung und Gestaltung.)

Der *historische „Mechanismus"* 1. zeigt ein verschiedenes Gesicht, je nachdem die Grundstimmung „gottlos" oder „gottgläubig" ist: Welt und Leben als reines Spiel des Zufalls, aus statistisch zu bewältigender Wechselwirkung von Korpuskeln mit Notwendigkeit hervorgegangen (Materialismus mit „Wirklichkeitsklötzchen" und „Pflasterstein-Realismus"), ohne jeden höheren Sinn und Zweck; oder aber Welt und Organismus als erdachtes und geplantes Werk der Gottheit, als Uhrwerk und Maschine, das nur einmal „aufgezogen" werden mußte und dann kraft göttlicher Allmacht weiter läuft (dualistischer Spiritualismus gemäß DESCARTES).

Das alles ist metaphysisch. Für die Wissenschaft wird gelten: Sofern nur *als oberste Richtschnur ein unbeirrbares Streben nach Wahrheit* — d. h. nach Gewinnung widerspruchsloser und sinnvoller Zusammenhänge dient, so wird es nach K. HEIDER „eine Sache von geringer Bedeutung" sein, „ob wir das Geständnis unserer Unwissenheit in die eine oder andere Form kleiden". So läuft die Frage auf die Alternative hinaus: Will man es in bezug auf „das große Unbekannte", das „physiologische X", mit abstrakten Begriffen bewenden lassen: Lebenskraft, Bildungsdrang, Aktivität und Impulsität, Enkapsis und Hierarchie der Funktionen in Histosystemen, Koordination der Selbsterhaltung, diaphysische Kräfte, Plan und Regel —, oder will man zu einer Konkretisierung und Personifizierung schreiten, die nach Lage der Dinge auf eine „Psychisierung" hinausläuft: Entelechie, Mneme, Horme, Psychoide. Das Recht zu einer solchen Vermenschlichung kann der Wissenschaft nicht abgestritten werden, solange *das Denkgebilde Bild und Gleichnis bleibt* und man sich des fiktiven Charakters der Vermenschlichung bewußt ist. Begriffe sind nicht Naturdinge; eine „dinghafte Auffassung funktionaler Begriffe" ist irreführend (KÜLPE); die Frage nach der „Existenz" von Kraft und Materie ist sinnleer. „Man soll nicht Ursache und Wirkung fehlerhaft verdinglichen (NIETZSCHE). Das Irrationale aber ist Gegenstand der Verehrung und nicht des Wissens. „Es bleibt immer ein unerklärlicher vitaler Rest" (SPEK). „Ursprung und Erhaltung des Lebens ist ein Mysterium" (HALDANE); und „Materialismus bis in seine äußersten Konsequenzen verfolgt, führt notwendigerweise zum Idealismus" (F. A. LANGE).

51. Erkenntnisgrenzen und biologischer Determinismus.

Es ist für die Begriffsbildung biologischer Kausalität von Bedeutung, daß die Physik selber sich der Grenzen ihrer Zuständigkeit bewußt geworden ist und damit freiwillig auf die Stellung einer absoluten Herrscherin in der Naturwissenschaft verzichtet hat.

„Mit den Wahrscheinlichkeitswellen" ist etwas ganz Neues in die Physik gekommen, ein Bruch mit dem Mechanismus alten Stiles, eine Abkehr vom Substantiellen. Von der res extensa führt keine Brücke ins Geistige, die neue Physik kennt aber überhaupt keine res extensa mehr. Es steht also der Physik heute frei, sich das Wesen der Welt als von psychischer Art zu denken" (BAVINK). „Für den Physiker von heute ist die Natur nicht mehr etwas radikal von ihm Geschiedenes. *Die ganze Natur läuft mit uns mit.* Adäquat läßt sich Materie und Strahlung weder durch Wellen noch durch Korpuskeln darstellen. Wellen sind unvorstellbar und Teilchen ungenau. Das rein mechanische Bild hat versagt. Das Universum beginnt eher auszusehen wie ein großer Gedanke denn wie eine große Maschine. Schließlich wird wohl Materie und Mechanistik völlig verschwinden und der Geist unumschränkt und allein zur Herrschaft gelangen" (JEANS). „Die neuen physikalischen Begriffe lassen sich mit Worten überhaupt nicht adäquat wiedergeben; sie sind unanschauliche Ordnungsschemata" (DIRAC). „In der Quantentheorie heben wir den letzten Rest einer Übertragung der Elemente der Alltagswelt auf; gewöhnliche räumliche Begriffe versagen im Atominnern. Die Physik gibt ein symbolisches Schema von Begebenheiten in mathematischer Formulierung" (EDDINGTON). „Die Wirklichkeit widerstrebt der gedanklichen Nachbildung durch ein Modell. Wertvolle Aussagen am Modell sind wenig anschaulich, und seine anschaulichen Merkmale sind von geringem Wert" (SCHRÖDINGER). „Eine raumzeitliche Beschreibung der klassischen Physik ist der Wirklichkeit nicht angemessen" (DEBYE). „Die (durch das Experiment aufgezwungene) Quantenmechanik erkauft die Möglichkeit der Behandlung atomarer Vorgänge durch den teilweisen Verzicht auf ihre raumzeitliche Beschreibung und Objektivierung. Materialisierung der Strahlung und Zerstrahlung der Materie werden empirisch beobachtbar." „In Zukunft wird man in viel höherem Maße als bisher Strahlung und Materie als verschiedene Wirkungen eines einheitlichen Geschehens auffassen" (HEISENBERG)[97]. Auch Protonen und Neutronen können sich wohl „in Energie auflösen" (P. JORDAN), so daß, was man Teilchen der Materie nennt, nie rastender energetischer Vorgang, also „Wirkung" ist.

„Strahlung und Materie verhalten sich wie Körper, indem sie Energie und Impuls nur wie solche austauschen können, und sie verhalten sich wie Wellen, indem ihre Ausbreitung in Raum und Zeit so vor sich geht, als ob sie Wellen wären." „Was gewonnen ist, ist ein mathematischer Formalismus, der in vollendeterer Form als je einer zuvor die reicher bekannte physikalische Welt von heute zu verstehen gestattet." „Die Welt ist rätselvoller als wir zur Zeit der klassischen Physik gedacht haben." „Wir verstehen das formale Verhalten eines unbekannten Inhaltes" (E. ZIMMER). „Die

Quantenphysik hat eine neue Form naturwissenschaftlicher Denkung geschaffen" (P. JORDAN). „Schließlich bleibt nur die Realität einer gänzlich unanschaulichen, man möchte sagen vergeistigten strahlenden Energie eines latenten Kraftfeldes" (KOTTJE). „Die mathematische Symbolik der modernen Physik ist keineswegs die absolute Wirklichkeit" (RIEZLER).

Wenn dem nun so ist, so kann es keinen Zweck haben, daß Biologie sich mit ihrem begrifflichen Unterscheiden und Verbinden in stärkere Abhängigkeit zur Physik begibt, als aus rein sachlichen Gründen nötig ist, indem sie also etwa eine „physikalische Sprache" als „Universalsprache der Wissenschaft" (nach NEURATH und CARNAP) zu erlernen sich bemühen würde.

Biologie ist eine autonome Wissenschaft und darf ihre eigenen Begriffe auch kausaler Art wie Kräfte, Faktoren und Potenzen entwickeln, sofern sich diese einem widerspruchsfreien Begriffssystem einordnen. Wenn es also dem Physiker und Chemiker erlaubt ist, da, wo bestimmte Kausalismen immer wiederkehren, die konstanten Bedingungen hierfür summarisch als „Kraft" u. dgl. zu bezeichnen, also von Atomkräften und Valenzkräften, Kohäsionskräften und zwischenmolekularen Kräften, von sterischen Faktoren und von Krystallform-Faktoren (oder Krystall-Formfaktoren?) usw. zu sprechen, sowie auch zu neuen „Kräften" seine Zuflucht zu nehmen, sobald neue Beobachtungen sich nicht ohne weiteres in den Zusammenhang der alten einordnen lassen (z. B. „nicht-elektrische" Kernkräfte des Atoms, elektrophoretische Bremskraft und Relaxationskraft in Elektrolyten usw.), so *wird auch der Physiolog und Biolog für sich das Recht in Anspruch nehmen dürfen, besondere Begriffe zu entwickeln*, sobald er bei seiner „Zusammenziehung von Einzelheiten" (COLERUS) in „generalisierender Induktion" mit Physik und Chemie nicht auskommt. Er wird dabei auch *Fiktionen* nicht verschmähen, sondern sie als mehr oder minder denknotwendige Schemata oder als „Ersatzwahrheiten" gern benutzen, die Symbol oder Gleichnis, Bild oder Zeichen für bestimmte Seiten des wirklichen Geschehens sein können (siehe auch Anm. 63).

Die Biologie wird demgemäß sich „ihre" Kausalität von der Atomphysik z. B. ebensowenig vorschreiben lassen wie von der klassischen Mechanik oder von der physikalischen Chemie, und sie wird sich auch nicht vor Ausdrücken scheuen wie „Lebenskraft" und „Gestaltungstrieb", „regulative Faktoren" der Zelldifferen-

zierung und der Instinkthandlungen, „Umweltfaktoren“, „Richt-
und Systemkräfte“, oder schließlich auch „psychische Faktoren
oder Potenzen“, „seelisches Führungsfeld“ oder „Diapsychikum“
usw. Bei aller gebotenen Begriffssparsamkeit wird allgemein die
Annahme veranlassender, richtender, zusammenfügender und
„ganzmachender“ Kräfte, Faktoren und Potenzen nicht gegen
wissenschaftliche Exaktheit verstoßen, sofern und solange man
jene — genau zu definierenden — Hilfsbegriffe als solche,
d. h. als abkürzende Bezeichnungen für verwickelte und über
physikalisch-chemische Gesetzmäßigkeit sich erhebende Bedin-
gungskomplexe nimmt, nicht jedoch sie dogmatisch verdinglicht
oder als hinreichende „Erklärung“ ansieht, bei der man sich
beruhigen könne[98].

Die *Kette der Kausalismen* ist für jede Einzelerscheinung unendlich; bis zu Ende gedacht, führt sie immer auf ein unbekanntes
Irrationales, das nicht mehr Gegenstand der Naturwissenschaft
ist. „Kritische Philosophie kommt nie zu Ende“ (v. STRAUSS u.
TORNEY). „Aber wer weiß so ganz sicher, wo die Physik aufhört
und die Philosophie anfängt!“ (SCHLICK). Dabei heißt es wohl von
der Größe der Welt zu gering denken, wenn (vom gleichen Autor)
gesagt wird: „Die Grenze der Erkennbarkeit ist zugleich die
Grenze der Gesetzmäßigkeit der Natur.“ Richtiger wird sein:
„Man kann sich das, was wir nicht wissen und nicht erfassen
können, gar nicht groß genug vorstellen“ (KÖTSCHAU u. A. MEYER).
Oder E. BECHER: „Wir schließen vom Wirklichkeitszipfelchen
unseres Bewußtseins auf das Gesamtwirkliche und sein Wesen.“
Gilt doch nach KANT: „Nur soviel sieht man vollständig ein, als
man nach Begriffen selbst machen und zustande bringen kann.“
So ist schließlich nur Psychisches verstehbar und nur Mechanisches
anschaulich vorstellbar.

„Wir wissen wesenhaft nur von unseres Gleichen“ (O. SPANN). „Jeder
Versuch einer Naturerkenntnis muß gleichsam über einer grundlosen Tiefe
schweben“ (HEISENBERG). „Meine Methode zu arbeiten besteht darin, daß
ich das zu sagen trachte, was ich eigentlich nicht sagen kann, weil ich es nicht
begreife“ (N. BOHR). „Vielleicht ist das letzte Ziel der Wissenschaft gar nicht
erreichbar“ (RIEZLER).

Bleibt doch sogar in dem „Geisterreich“ der hohen Mathematik mit
ihrer idealen Strenge „ein gewisses anschauungsmäßiges alogisches Element
bei der Bildung der Grundlagen beteiligt“ (F. KLEIN), so daß sie oft „am
Rande der Metaphysik, ja der Mystik operieren muß“ (COLERUS).

Jedes Einzelding, jeder Einzelvorgang der Natur kann in der Forschung jeweils nur von oben *oder* von unten, vom Ganzen *oder* von den Teilen aus, von außen *oder* von innen betrachtet werden; und wenn es jemand vermöchte, alle Aspekte in eine einzige Schau zu vereinigen, so bliebe es dennoch eine *menschliche Schau* auf Grund der Beschränktheit des menschlichen Intellektes, der die enge Grundlage der menschlichen Sinne nicht aufgeben und verlassen kann. („Unsere Sinne sind wohl auch da, so manches der Welt von uns abzuschließen" BLEULER).

Je weiter die wissenschaftliche Zergliederung vorwärts schreitet, desto größer erscheint der irrationale Rest. „Das Sein — wir haben keine andere Vorstellung davon als „leben". — Wie kann also etwas Totes „sein"? (NIETZSCHE).

„Die Frage nach dem Ursprung der Ordnung kann von der Wissenschaft nicht beantwortet werden" (KOTTJE). „Worin das Wesen des Lebens besteht, wissen wir einstweilen einfach nicht" (UNGERER). „Das Wesen des Ganzen des Lebens bleibt verborgen und undefinierbar" (H. J. JORDAN). „Das Irrationale in der Welt müssen wir in Bescheidenheit hinnehmen" (M. HARTMANN). „Jede Erklärung läßt ein Unerklärliches übrig." „Überall, wo die Erklärung des Physischen zu Ende läuft, stößt sie auf ein Metaphysisches." „Es ist uns ebenso unerklärlich, daß ein Stein zur Erde fällt, als daß ein Tier sich bewegt. Über das innere Wesen irgendeiner jener Erscheinungen erhalten wir nicht den geringsten Aufschluß. Die Kraft als qualitas occulta bleibt ihr ewig Geheimnis." „Jede echte Naturkraft ist wesentlich qualitas occulta, nur noch einer metaphysischen Erklärung fähig" (SCHOPENHAUER). „Denken mündet um so mehr in Mystik aus, je tiefer es geht." „Leben und Welt sind irrational" (A. SCHWEITZER). „Wir wandeln in Geheimnissen" (GOETHE).

Die *wahre Wirklichkeit* aber: „Wenn ihr darüber etwas erfahren wollt, befragt die eigene Seele, ihr Sinnen, Ringen und Streben — vielleicht ist sie verdammt, das Spiel mitzuspielen und weiß etwas von ihrem Sinn" (RIEZLER). Klarbewußtes Dasein erscheint wie „beleuchtete Wellenkämme des unaufhörlichen Lebens", und „wir selber, insofern wir leben, sind die Zeit" (SPENGLER) — und Kausalität dazu.

Ein *biologischer Determinismus* ist sich mithin bewußt, daß das Leben selbst als irrationale Tatsache keiner kausalen Erklärung zugänglich ist. Erscheint ja das Ich als „die geheimnisvollste und rätselhafteste Tatsache der Erfahrungswelt" (W. OSTWALD). Die *Vorgänge und Ausdrucksformen* des Lebens aber können kausal angegriffen und bewältigt werden, mit Chemie und Physik als Grundlage, im wesentlichen jedoch gemäß autonomer „Obergesetzlichkeit" des Lebens mit der Kategorie der

Ganzheitskausalität und Reizkausalität und nicht ohne Beihilfe der wertvollen „Fiktion" (oder des „regulativen Prinzips") des Zieles und Planes, und ausmündend in den Begriff einer die Grenzen des Einzelorganismus mit seiner Umwelt überschreitenden *Rangordnung* einheitlich zusammenwirkender und abgestufter Einzelkausalismen. In diesen fließen durchweg E.K. und A.K. zusammen, wobei die E.K. Erhaltungsgesetzen und Richtungsgesetzen allgemeiner Art folgt, die A.K. aber „der Geist der Unruhe" ist, der Veränderungen schafft. Auf physischer Seite spielt als solcher „Beweger" die Katalyse ihre bedeutsame Rolle, auf psychischer Seite der Wille in seiner bewußten wie in seiner unbewußten oder unterbewußten (entelechialen und psychoiden) Gestalt. „Diese Welt ist ein Meer stürmender und flutender Kräfte; ewig sich wandelnd, ewig zurücklaufend" (NIETZSCHE).

52. Bemerkung zur biologischen Nomenklatur des „Pseudomechanismus" (Schein-Mechanismus).

Ist echter biologischer Mechanismus aus der Wissenschaft so gut wie völlig geschwunden, so hat er doch einen „Scheinmechanismus" hinterlassen, der sich in mechanistischer Bezeichnungsweise nichtmechanischer Erscheinungen und in einer Gleichsetzung von „mechanisch" und „kausal naturgesetzlich" äußert und dadurch immer wieder *den Anschein einer Alleingeltung starrer „Bewegungsgesetzlichkeit"* erweckt. Die Forschung zeigt (aus Pietät gegenüber Verflossenem?) eine wahre Leidenschaft, jeden Kausalismus als „Mechanismus" zu bezeichnen, also im Gebiete komplexer Kausalismen auch dasjenige „Mechanik" zu nennen, was seinem innersten Wesen nach gar nichts mit wirklicher Körpermechanik zu tun hat, sondern nur Analogien zum Mechanischen oder Verknüpfungen mit Mechanischem zeigt (s. auch S. 64ff.).

So gibt es einen Reaktionsmechanismus (statt -chemismus), eine Entwicklungsmechanik (statt -kausalik), oder es wird von dem „Mechanismus" (M.) als der klassischen Methode der Wissenschaft geredet usw. Im einzelnen spricht man nicht nur von einem Ausbruch-M. des Vesuvs, sondern auch von einem Entladungs-M. in Siemens-Ozonröhren, von einem Wirkungs-M. der Röntgenstrahlen, von einem Atom-M. und einem M. der Elektronen-Nachlieferung, vom M. der Diazotierung oder der Glykogenolyse oder auch des Kohlehydratabbaues in oxydativ-enzymatischen Vorgängen, vom M. der Blutgerinnung, der Zellteilung und des Stoffwechsels, vom M. der oligodynamischen Wirkung des Silbers, von einer mechanistischen Wirkung der Arzneimittel (R. KOCH), von der Zurückführung der Schlafwirkung auf den M. der Begünstigung von Kalkaufnahme an bestimmten Stellen des Zentralnervensystems, von photobiologischem Wirkungs-M., von physiologischen Reflex- und Abwehrmechanismen, von tropischen sowie von Instinkt- und Triebmechanismen, von exakter mechanistischer Forschung MENDELS (dagegen richtig: von „Kausalanalyse der Mitose"); von Deszendenzmechanik und M. der Artbildung, vom M. der festen Verbindung des Tieres mit seiner Umwelt, von psychologischem oder gar parapsychischem M. usw.

Richtig gesagt sind das alles komplizierte *kausale Verhaltungsweisen*, in die eigentlich Mechanisches — d. h. Summierung und Übertragung von Bewegung — wohl mit eingeht, die ihrem Wesen nach aber etwas Nichtmechanisches darstellen: *weitumfassende und verfilzte Reaktions- und Funktionsknäuel ganzheitlicher Art, oder umfangreiche Kausalkomplexe*, in denen wirklich Mechanisches (d. h. in wahrnehmbaren Bewegungen sich Aussprechendes) nur stellenweise, gewöhnlich am Anfang und am Ende, hervortritt, während die dazwischenliegende Hauptsache in geordneten Verstrickungen von Chemismen, Kolloidchemismen, lenkenden Katalismen niederer und höherer Art und „Elektrismen" besteht, oftmals auch unter Beteiligung von „Neurismen", mit einer Gliederung, der man kaum anders beikommen kann als mit der — wenngleich fiktiven — Annahme zusammenfassender und dirigierender Potenzen höherer Art. Wirkliche Mechanismen sind die Vorgänge an Hebel-, Seil- und Räderwerken wie Waage, Druck- und Saugpumpe, Flaschenzug, Uhr und die Bahn der Flintenkugel oder auch eines Sternes; schon in der Dampfmaschine, dem Verbrennungsmotor und der Dynamomaschine sowie in einem Vulkanausbruch und beim Entstehen des „Wetters" wirken Mechanisches und Nichtmechanisches bzw. „Pseudomechanisches" zusammen. (Hinsichtlich der Organismen s. auch H. KRIEG.)

Besonders deutlich tritt das Unzutreffende mechanistischer Wortbezeichnung zutage bei dem grandiosen Kausalismus, der allzu äußerlich als „*Entwicklungsmechanik*" (ontogenetisch wie phylogenetisch) bezeichnet wird und der schon in seinen einfachsten individuellen Formen einen Ordnungsinbegriff zahlloser elementarer Kausalismen darstellt: chemischer, chemisch-katalytischer, kolloid- und capillar-chemischer und elektrokinetischer, zusammengefaßt in höheren Reizkausalismen wie Tropismen, Korrelationen, Selbstregulationen, schließlich beherrscht von allgemeinen Feldwirkungen der „schöpferischen Aktivität" (oder der „Entelechie") in einer Verknäuelung, die endgültig zu entwirren kaum jemals vollkommen gelingen wird. Dasselbe gilt schließlich in höchstem Maße für den Organismus selber, den einer „Maschine" gleichzustellen, einem unentwickelten

Stand simplistisch-summarischer Biologie entsprechen mochte, heute aber schlechterdings nicht mehr am Platze ist. Auch die neuere Fiktion einer „chemodynamischen Maschine" wird nur der äußeren Seite des Lebensgeschehens gerecht.

(Auch auf dem Gebiet der Geistes- und Sozialwissenschaft wird oft übertragungsweise von M. geredet, z. B. der Volkswirtschaft, des Güteraustauschs, der Geburtenbewegung, wo besser der Ausdruck „Kausalismus" Platz fände. Heißt es doch dort sogar: „Es gibt nur eine einzige Kausalität, nämlich die mechanische", d. h. „sinnleere" [O. SPANN]).

Im ganzen wird man gut tun, sich im Gebrauch der Worte „mechanisch", „Mechanismus", „Mechanik" auf Fälle zu beschränken, in denen es sich wirklich um reine *Bewegungskausalismen* handelt. Bleibt ja auch dann in der Sprache noch genug „mechanistischer Zwang" zurück zu bildlich-mechanischer Redeweise, auf Grund der Tatsache, daß der Ursinn auch solcher Begriffsworte, die durchaus nichtmechanisch sind, regelmäßig auf Bewegungsvorgänge (und was sie veranlaßt) zurückgeht[99]. Muß ja auch der ganzheitlich und telistisch eingestellte Biolog dauernd von Worten mechanistischen Ursprungs (siehe auch S. 65) wie „zusammenhängen", „verbinden", „streben", ja auch „Ziel" und „Zweck" Gebrauch machen; und unsere eigenen vielverwendeten Ausdrücke „anregen, anstoßen, veranlassen, erhalten, beziehen, begründen, fördern, steigern, abschwächen, hemmen" usw. sind letzthin gleichfalls zeiträumliche Metaphern, denen gefühlsmäßig ein höherer Sinn verliehen wird.

53. Ausblick auf das Leib-Seele-Problem.

Wenn wir uns von unserem katalytischen Ausgangspunkt weiter und weiter entfernt haben, so ist die Katalyse doch „unterirdisch" selbst da weiter geflossen, wo sie nicht unmittelbar sichtbar wurde. Dies wird auch für die abschließenden Erörterungen gelten. Kausalitätsbetrachtungen pflegen in einer Erörterung zweier metaphysischer Grenzfragen auszumünden: Leib-Seele-Problem und menschliche Willensfreiheit.

Das Leib-Seele-Verhältnis erscheint in einem neuen Lichte, seit man weiß, daß seelische Regungen jeder Art den ganzen Organismus in „Resonanz" setzen und in Resonanz haben, wenn auch mit Bevorzugung der unmittelbar tätigen Gebiete, und daß umgekehrt alles Physische viel stärker auf Seelisch-Geistiges wirkt als man früher meinen konnte. Es sei nochmals an die weitreichende neurohormonale Wechselwirkung erinnert, sowie daran, daß man mit besonders verfeinerten Hilfsmitteln Gedankenarbeit und Willensimpuls nicht nur an den BERGERschen Schwingungen sichtbar, sondern unter Benutzung geeigneter Verstärker, bei Anlegung von „Sonden" an die zentral irritierten und peripher gelegenen Muskelpartien unter Umständen sogar „hörbar" machen kann. „Der Leib als Ganzes ist beseelt; die Seele ist das Innensein des Organismus, der Wille der Motor des Seelenlebens, die Natur Vorstufe des Geistes" (WUNDT).

Dabei bleibt die grundsätzliche Schwierigkeit bestehen, daß die *Raum- und Zeitanschauung sowie die Kategorie „Kausalität" für die denkende Bewältigung des Problems versagen*, so daß nur bildliche Ausdruckweisen den Sachverhalt andeuten können, als Fiktionen, die wie jedes Gleichnis bei Überbeanspruchung, d. h. bei Überschreitung des tertium comparationis im Stiche lassen. Das gilt für sämtliche Bezeichnungsweisen: für psychophysischen Parallelismus wie Wechselwirkung, Schichtung wie Komplementarität. Insbesondere von den zwei einander widerstreitenden Begriffen des *„psychophysischen Parallelismus"* und der *„Wechselwirkung"* kann man sagen, daß sie *zusammengenommen ein heuristisch wertvolles fiktives Begriffspaar* bilden, das für Biologie und Pyschologie dieselbe Bedeutung hat wie etwa das antagonistische und komplementäre Begriffspaar Korpuskel und Welle, Atom und Feld in der Physik, welches gleichfalls einem Doppelaspekt derselben Sache entspricht und nicht auf einen gemeinsamen Nenner zu bringen ist.

Die Gegengesetzlichkeit, die wir bei der Erörterung der Kausalitäts-Rangordnung als einen Widerstreit der Betrachtungsweisen von unten und von oben angetroffen haben, begegnet uns hier von neuem als eine scheinbare Unvereinbarkeit der Aspekte „von außen" und „von innen". Wie können z. B. Gene als stoffliche Gebilde mit erbgleicher Teilung zugleich „Entelechiegruppen mit Artgedächtnis" sein (nach K. SAPPER), oder wie ist es möglich, daß BERGERsche Schwingungen als energetischer Ausdruck seelischen und geistigen Lebens erscheinen? (An sich *„können* Leib und Seele als verschiedene Erkenntnisinhalte des Bewußtseins nicht identisch sein" BÜNNING).

„Völlig unhaltbar" ist nach WUNDT (1920) der Begriff eines psychophysischen Parallelismus, wenn er wie üblich, „als eine Zweiheit von Gliedern verstanden wird, deren jedes nach dem anderen orientiert sein soll". Nicht etwa sind in korpuskular-mechanistischem Sinne Bewegungen in bestimmten lokalbegrenzten Molekularaggregaten einem bestimmten Reiz und einer bestimmten Empfindung zugeordnet, so daß ein psychischer Vorgang genau „lokalisiert" wäre; sondern ganzheitliche Beziehungen sind es, in denen das Seelenleben zum Physischen als zu seinem „Ausdruck" steht.

Metaphysisch wird man davon ausgehen, daß *das unmittelbar Gewisse das Psychische, d. h. das eigene Bewußtsein ist* mit seinem Wahrnehmen, Fühlen, Denken und Wollen, und daß das „Physische" lediglich ein geordneter Vorstellungskreis, ein Ausschnitt aus jenem Gesamtbewußtsein ist, für welches primär *psychische* Kausalität (S.K. und M.K.) gilt. Die *Naturwissenschaft* aber wie die *Psychologie* hat bisher gelehrt, daß es „keine im wahren Sinne des Wortes organische ohne eine mit ihr zur Einheit verbundene geistige Welt gibt, ebensowenig wie es eine geistige ohne eine organische physische Welt gibt" (Wundt). Man kann dann wohl dem jeweiligen psychischen Akte eine bestimmte Änderung des zeiträumlichen Feldzustandes des Gesamtorganismus mit seinem spezifischen Gesamtplasma und seiner Gesamtgeschichte zuordnen; die Frage der Wirkung von Psychischem auf Physisches würde dann im Grunde hinfällig, und Seelisches könnte *darum* auf Physisches einwirken, weil es selber von außen gesehen physisch ist. Doch bleiben solche Betrachtungen am Rande stehen, und man wird v. Kries folgen: „Es darf zunächst in Ruhe abgewartet werden. Der dualistische Parallelismus ist wissenschaftlich ebenso zulässig wie das unitäre Prinzip." Parallelismus und Wechselwirkungslehre aber werden schließlich „in eine höhere Einheit eingehen" (A. Wenzl), in welcher auch „Parapsychisches" seinen Platz haben wird.

„Die im Organismus vereinigten Elemente sind Willensträger, die unter der Suggestion des zentralen Willensträgers stehen" (A. Wenzl). Oder, nach K. Sapper: Der menschliche Körper, ja jeder Organismus ist aufzufassen „als ein System zahlloser Entelechien oder Entelechiegruppen, die von der Zentralentelechie beherrscht werden." „Der Leib ist ein Gesellschaftsbau vieler Seelen" (Nietzsche). Andrerseits: „Aus allen Körpern zusammen könnte man noch nicht einen einzigen Gedanken schaffen" (Pascal).

54. Determiniertheit und „Willensfreiheit".

In bezug auf diese am meisten umstrittene Frage wird man zu größerer Klarheit nur gelangen, wenn die *Fragestellung vertieft* und nicht etwa das Individualbewußtsein des Forschers selbst zur alleinigen Grundlage gemacht wird. Der Philosoph ist nur zu sehr geneigt, bei seinen Ausführungen über den Typus „Mensch" sich auf den Kulturmenschen, den intellektuell, künstlerisch und moralisch „hochstehenden" Menschen, ja schließlich auf den philosophischen Menschen seinesgleichen zu beschränken, nicht achtend des Umstandes, daß dessen zahlenmäßiges Verhältnis zur Gesamtmenschheit seit dem Beginn der Menschwerdung ganz verschwindend gering ist. Eine einwandfreie Behandlung des Problems ist aber nur zu gewinnen, wenn man das *ganze Gebiet der Völkerpsychologie und Rassenpsychologie und der Menschheitsgeschichte mitberücksichtigt* und so zu Sätzen gelangt, die für Menschen verschiedenster Art und verschiedenster Kulturhöhe Geltung besitzen.

Ja, man darf sich schließlich nicht auf „den Menschen" beschränken, sondern muß den Kreis noch weiter ziehen, indem nachgeforscht wird, in welcher Weise *der tierische Wille* mit seinem Merken, Lernen und Tun von Motiven bestimmt wird, beginnend bei den niedersten Lebewesen und aufsteigend in der Stufenleiter der Geschöpfe bis zum Menschen. Gibt es ja (nach v. UEXKÜLL) „so viele Welten wie Subjekte, und diese Welten sind Erscheinungswelten mit Inhaltsqualitäten."

Erfreuliche Anfänge tiefgehender tierpsychologischer Untersuchungen sind bereits vielfach vorhanden; es sei nur an Arbeiten über auswählende Nahrungsaufnahme von Protisten und über das Merken und Lernen von Infusorien usw. bis zu Insekten und Säugetieren erinnert. „Wo das Lernen anfängt, fängt der bewußte Wille an" (W. OSTWALD). Für das Pflanzenleben erscheint freilich diese Frage zunächst sinnleer (siehe jedoch TH. FECHNER über „das Seelenleben der Pflanzen" und neuere „dynamische" Botanik). In weitem Umfange ist, wie insbesondere das Verhalten eineiiger Zwillinge zeigt, das Schicksal des Organismus (auch in psychischer Hinsicht) mit der Geburt ziemlich scharf vorgezeichnet, immerhin nicht ohne einen gewissen Spielraum der Bildsamkeit durch das Umweltserleben (J. LANGE)[100].

Im ganzen kann der Eindruck bestehen, daß wie in der gesamten Rangordnung der Kausalismen, so auch im seelischen Leben (S.K. und M. K.) *Freiheit und Gebundenheit gekoppelt und „komplementär" auftreten und ein höchstes komplementäres oder fiktives Begriffspaar* darstellen, daß also Determinismus und Indeterminismus letzthin zwei Aspekte der gleichen Erscheinung bedeuten: von unten oder von oben, von außen oder von innen, zeitrückläufig oder zeitvorläufig angesehen. (So dürfte es sich empfehlen, daß man überein käme, etwa zehn Jahre lang jede Erörterung der Frage zu vermeiden, *ob* der Wille determiniert sei,

und sich vollkommen auf die Wie-Frage zu beschränken!). „Jeder
Versuch, den Freiheitsgedanken im Sinne des Indeterminismus
zu fassen, als ob es seelische Vorgänge geben könnte, die der Herrschaft des Kausalprinzips entrückt wären, ist von vornherein zum
Scheitern verurteilt" (E. Keller). Freiheit und Kausalität
schließen sich demgemäß nicht aus, sondern müssen als „komplementär" miteinander verbunden gedacht werden. „Die Entgegen-
setzung zweier Notwendigkeiten" (der Bedingtheit „von oben"
und der „von unten", d. Verf.) „gibt der Freiheit den Ursprung" (A. W. Schlegel). Unsere Handlungen „hängen ab
von bewußten Motiven und von unbewußten Dispositionen
unseres Charakters" (Leibniz). „Abhängigkeit und Freiheit sind
im Ganzen keine Widersprüche mehr, sondern notwendige Ergänzung" (O. Spann).

Es lebt, es formt, es erhält; meist auch: *es* denkt, es handelt in uns,
mit dem gefühlten und fühlenden Ichbewußtsein als entfalteter Blüte.
„Freiheit des Willens" aber ist „ein vielfacher Lustzustand des Wollenden,
der befiehlt und sich zugleich mit dem Ausführenden als eins setzt"
(Nietzsche).

Für den Abschluß unserer Betrachtungen mag genügen, daß
die K.K. uns hier ein Letztes gleichnishaft lehren kann: Der Katalysator richtet und wird gerichtet, er schaltet sich ein und wird
ausgeschaltet, er handelt und erleidet, er wirkt frei und bedingt,
er determiniert und wird determiniert. Die Weise der Kausalität
aber völlig aufklären würde wohl bedeuten: den Zugang zum Welt-
geheimnis finden. Die vielen unauflösbaren „Komplementaris-
men", Unstimmigkeiten und Antinomien, die unser kausales
Denken und auch unser Werten durchziehen, werden irgendwo
und irgendwie zu einer „coincidentia oppositorum" gelangen
können. „Die Gegensätze fügen sich zur Harmonie" (Heraklit).

> „Die Verkettung der Wahrheiten ist in jedem Ge-
> biet des Wissens so groß, daß, wer sich in den ganz
> sicheren Besitz einer einzigen gesetzt hat, allen-
> falls hoffen darf, von da aus das Ganze zu erobern"
>
> (Schopenhauer).

> „Die ganze Wahrheit über den kleinsten Teil der
> Welt wäre nur möglich, wenn wir zugleich die
> ganze Wahrheit über das Weltganze hätten"
>
> (Müller-Freienfels).

Anmerkungen.

[1] Siehe hierzu und zu dem Folgenden: MITTASCH u. THEIS: Von Davy und Döbereiner bis Deacon (Zur Geschichte der Grenzflächenkatalyse). Berlin 1932. MITTASCH: Über die Entwicklung der Theorie der Katalyse im 19. Jahrhundert. Naturwiss. **1933**, 729; Berzelius und die Katalyse. Leipzig 1935. THEIS: Pharmazeut. Ind. **1935**, 568; **1936**, 203; Angew. Chemie **1936**, 46. — Über die Katalyse als legitime Nachfolgerin der Zauberei siehe v. LIPPMANN: Chem.-Ztg. **1929**, 22 (Zauberei als eine Verursachung hohen Stiles, dem freien Schalten von Göttern und Dämonen analog).

Es ist verständlich, daß zu einer Zeit, da man von dem großen Einfluß der feinen Verteilung (also der Beteiligung von Oberflächenenergie) auf die chemische Reaktionsfähigkeit noch kaum etwas wußte, das Verhalten des gegenüber Sauerstoff „nichtoxydablen" Platins bei der Zündung von Knallgas u. dgl. unmittelbar „zauberhaft" erscheinen mußte. Tatsächlich ist aber feinverteiltes Platin gegen Sauerstoff, Chlorwasserstoff u. dgl. durchaus nicht indifferent, und noch mehr gilt das für kolloidales Platin mit seinen feinen Teilchen, deren Dimensionen nach BREDIG u. a. bis unter Lichtwellenlänge hinabreichen (siehe auch Abb. 8, S. 109).

Daß auch bei *edlen* Metallen ein *chemischer Angriff* zur Katalyse führen kann, zeigen vor allem neuere Beobachtungen, wonach Oberflächenoxyde in monomolekularer Schicht auf Au, Pt, Mo noch bei gewöhnlicher Temperatur entstehen können (bei Cs noch bis — 180°, J. H. DE BOER). Feine Verteilung macht die Stoffe durchgängig noch unedler: BREDIG, L. WÖHLER, SCHENCK, TENNYENINCK u. a., siehe auch JUZA und LANGHEIM: Naturwiss. **1937**, 522 (Oberflächenverbindung C-O usw.).

[2] Mitunter hat sich der Katalysator auch über die Erhaltung der Masse hinweggesetzt und etwa aus 5400 Teilen Kupfer 6550 Teile Silber gemacht (1716 in Wien; MARK: Wien. Vortr. **1936**, II); und auch das Wachstum des Weinstockes usw. und das Reifen von Früchten ist nach RAYMUNDUS LULLUS durch den Stein der Weisen gefördert, d. h. beschleunigt worden. (S. auch FÄRBER, Enzymologia **1937**, Neuberg-Festschrift, S. 13.)

[3] Anfänglich hat SCHOPENHAUER (zuerst in seiner Abhandlung „Über die vierfache Wurzel des Satzes vom zureichenden Grunde" 1813) die *Ungleichheitskausalität* (als „Reizkausalität") der lebenden Natur vorbehalten und die anorganische Natur auf *Gleichheitskausalität* einschränken wollen. „In der anorganischen Natur ist der Grad der Wirkung dem Grade der Ursache stets angemessen." Dabei leuchtet nicht recht ein, daß ihm, der die chemische und physiologische Literatur seiner Zeit dauernd eifrig verfolgte, auch fernerhin die katalytischen Entdeckungen jener Tage unbekannt geblieben sein sollten, die neues Licht verbreiteten. Selbst in der abschließenden Abhandlung „Über den Willen in der Natur" (**1836**, 2. Aufl. **1854**) findet sich hierüber keine Andeutung; und doch hätte der Begriff des „Katalysators" als eines „anstoßenden" und damit „verursachenden" Faktors der Willensphilosophie SCHOPENHAUERS als entfernte Analogie zu „Reiz" und „Motiv" sehr willkommen sein müssen! Hier wie bei LOTZE und FECHNER, die gleichfalls trotz ihrer naturwissenschaftlichen Einstellung den Begriff „Katalyse" vermissen lassen, erweist sich deutlich, wie sehr

Berzelius mit seiner seherischen Verkündigung der Vielgewalt der Katalyse, vor allem in der belebten Natur, seiner Zeit voraus war, so daß seine „katalytische Sendung" nur engeren Fachkreisen jener Jahrzehnte offenbar wurde.

4 „Das Warum ist die Mutter der Wissenschaft" (Schopenhauer). Hinsichtlich der zu postulierenden Naturkausalität seien noch folgende Formulierungen angeführt: „Ursache nennen wir ein Ereignis, an welches ein anderes (die Wirkung) unabänderlich gebunden ist" (Mach). „Kausalität ist eindeutige Determiniertheit des zeitlich Späteren durch das zeitlich Frühere" (Burkamp). Forschung aber folgt aus „Gefühlsergriffenheit und Wahrheitswille" (Müller-Freienfels).

„Nichts geschieht in der Natur, das nicht in allen physikalisch festgestellten Merkmalen durch frühere Vorgänge bestimmt ist und mit Notwendigkeit auf sie folgt" (Grete Hermann). „Kausalität bedeutet, daß das Denken sich verpflichtet fühlt, zu jedem Gewordenen oder Werdenden einen Werdegrund zu suchen" (May). „Ursache heißt etwas, insofern dadurch das Dasein oder die Entstehung von etwas anderem, der Wirkung, bestimmt gedacht wird" (Boltzmann). Daß aber die Sicherheit eindeutigen Voraussagens kein wesentliches Kriterium der Kausalität ist — wie einseitiger „Mechanismus" einst glaubte — hat vor allem die Entwicklung der neuen Atomphysik zur Genüge gezeigt (siehe S. 69 sowie Anmerkung 32).

(Sehr lehrreich ist der Bedeutungswandel des Wortes „Ursache", von einem das Zusammenkommen des Gerichtes herbeiführenden Streitgegenstand bis zu einem irgendein Ereignis herbeiführenden vorlaufenden Ereignis und weiter bis in das Gefilde philosophischer Spekulation hinein.)

5 Roux: „Als vollständige oder ganze Ursache eines Geschehens bezeichne ich die Gesamtheit aller an ihm direkt und indirekt beteiligten Teilursachen, der sog. Faktoren und deren Anordnung." (Vgl. den „Konditionismus" von Verworn mit einer „Äquivalenz" aller Teilursachen, ferner J. St. Mill, Mach u. a.). Als Ursache im eigentlichen Sinne gilt diejenige Teilursache, die jeweils primäre Beachtung findet, weil sie (nach v. Kries) „aus irgendeinem Grunde das meiste Interesse oder die größte Bedeutung besitzt". Ähnlich B. Fischer, Winterstein, hinsichtlich Meteorologie Schmauss, hinsichtlich Biologie Pfeffer, jedoch mit der Betonung: „Es ist irrig, wenn die Erkenntnis eines einzelnen Faktors als eine allseitig zureichende Kausalerklärung angesehen wird." Lotze unterscheidet „Erzeugungsursachen" und „Bedingungen", Driesch „Vollursache" und „letzte Veränderung" als auslösende Ursache, Anstoß, Reiz. Daneben findet sich auch die Unterscheidung „zufällige" und „adäquate" Ursache (v. Kries). Immer aber gilt: „Ursache und Wirkung, sie beide zusammen, machen das unteilbare Phänomen" (Goethe).

6 Jede Abgrenzung der „Katalyse" von „Nichtkatalyse" setzt Stöchiometrie voraus, d. h. die Kenntnis der Tatsache, daß sich Stoffe nach bestimmten, und zwar im allgemeinen niedrig-ganzzahligen Verhältnissen verbinden. Es ist darum begreiflich, daß die erste wertvolle Definition von einem Forscher — Berzelius — stammt, der sich gerade um die Begründung der Stöchiometrie besonders verdient gemacht hat.

[7] In bezug auf ausgedehnte Kausalitätsfolgen (A.K.) vgl. das bekannte Beispiel des vom Dache herabfallenden und einen Menschen treffenden Ziegelsteines mit seinen möglichen mechanischen, chemischen, organischen, psychischen, ethischen bis religiösen Wirkungen: GOETHE in „Naturwissenschaftl. Schriften".

[8] „Wir dürfen nur nach Ursachen von Veränderungen fragen" (J. SCHULTZ). Nach BAVINK u. a. ist zu beachten, daß „Kausalität" nicht durchaus „Successionen" betreffen muß, sondern auch als notwendig vorgestellte „Koexistenzen" von Erscheinungsgruppen umfaßt; wesentlich erscheint „ein nicht umkehrbarer Richtungssinn" Ursache → Wirkung gegenüber rein „funktionalen" Zusammenhängen umkehrbarer Art, wie sie in reinster Form die Mathematik aufweist. In ursprünglichem konkretem Sinne gilt das kategoriale Begriffspaar Ursache-Wirkung allerdings nur für Vorgänge und Zustände, dessen einer auf den anderen *zeitlich folgte*: auf das Hereinbringen von Platinstaub in H_2O_2-Lösung folgt die O_2-Entwicklung. In übertragenem abstraktem Sinne verwendet die Wissenschaft die gleichen Begriffe auch für rein logisch Zusammenhängendes, wobei die zeitliche „Succession" ganz in den Hintergrund tritt: Eigenschaften und Dinge, auch abstrakte, als Ursachen; z. B. Chemismus als Ursache von Bewegung, bestimmtes Elektronenverhalten als Ursache der Affinität. Immer aber ist ursächliches „Begreifen" oder „Umgreifen" ein Herausgreifen, ein Herausschneiden aus der Gesamtwirklichkeit, also eine Beschränkung.

Wie weit dabei generalisierende Induktion in das Abstrakte vordringen kann, zeigen z. B. folgende beliebig herausgegriffene Sätze: „Die Fortpflanzung der Organismen geht immer auf den Vorgang der Zellteilung zurück. — Der vorliegende Genotypus in toto ist die Basis für die Entwicklung der Organismen" (JOHANNSEN). „Die Vollpotenz des spezifischen Artplasmas beherrscht und verursacht die sekundäre Bildung der Teile." „Die Entwicklungsleistung muß als eine Elementarfunktion des lebenden Protoplasmas angesehen werden mit Zuordnung auf ein bestimmtes Ziel" (DÜRKEN). „Die Masse eines Elementarteilchens ist nach den Vorstellungen der Feldphysik bedingt durch das Kraftfeld, welches dies Teilchen erzeugt" (P. JORDAN).

[9] Vgl. hierzu MITTASCH: Berzelius und die Katalyse. 1935, sowie die Katalysepublikationen W. OSTWALDS, insbesondere „Ältere Geschichte der Lehre von den Berührungswirkungen 1898; Vortrag „Über Katalyse" 1901; Werdegang einer Wissenschaft 1908, S. 283ff.; Nobelpreis-Vortrag über „Katalyse" 1909.

[10] Katalytische Reaktionslenkung durch Katalyse, deren Möglichkeit schon von BERZELIUS vermutet wurde, ist wohl zuerst von REISET und MILLON 1843 beobachtet worden, indem sie bei der Zersetzung von Harnstoffnitrat unter Zusatz von Platin andere Produkte erhielten als in Abwesenheit des Katalysators; sie bezeichnen das als „influence spéciale", der sich zu dem allgemeinen „influence accélératrice" der Katalyse hinzugesellen könne. W. OSTWALD verweist auf den Fall der Benzolreaktion mit Chlor, wo im Falle der Anwesenheit von Jod Benzolhexachlorid, mit Zinnchlorid dagegen das Substitutionsprodukt Chlorbenzol entstehe; ohne Katalysator wird ein Nebeneinander beider Reaktionen angenommen,

von denen ein bestimmter Katalysator jeweils die eine Form „beschleunige".

[11] Die Modellbeziehung experimentell leicht zugänglicher anorganischkolloider Kontaktsubstanzen, insbesondere der kolloiden Platinmetalle zu den Fermentkatalysatoren des Organismus, mit analogem Verhalten in bezug auf Spezifität, Vergiftungsfähigkeit usw. hat BREDIG um die Jahrhundertwende mit seinen „Anorganischen Fermenten" (ab 1901) systematisch eindringlich entwickelt, wobei er anfangs den Widerstand sowohl mystisch vitalistischer wie gleich unfruchtbarer übertrieben mechanistischer Gedankengänge zu überwinden hatte (siehe auch S. 36).

[12] Vgl. die wichtigen Arbeiten von J. LOEB, WO. OSTWALD (1908), ROBERTSON, HAGEDOORN 1911; hinsichtlich der Vererbungsstoffe speziell R. HERTWIG, J. ALEXANDER, BRIDGES, MULLER, R. GOLDSCHMIDT, EKMAN, SCHMALFUSS. Über das Wachstum pflanzlicher Zellwände (z. B. von Baumwollhaaren, mit wachsartiger Vorstufe) siehe WERGIN, Naturwiss. **1937**, 127. Angew. Chemie **1936**, 843.

[13] Vgl. R. LIESEGANG: Formkatalysatoren. Arch. Entwicklungsmech. der Organismen **33**, 328 (1911): Nicht nur Assimilation, sondern möglicherweise auch Selbstdifferenzierung wird durch Katalysatoren vermittelt. Zur Autokatalyse in Chemie und Biologie siehe MITTASCH: Chem.-Ztg. **1936**, 793; ferner insbesondere v. EULER, R. GOLDSCHMIDT, J. ALEXANDER u. H. SCHMALFUSS.

[14] Zur Entwicklung der Theorie der Katalyse im 19. Jahrhundert siehe das Schrifttum Anm. 1. Hinsichtlich Katalyse allgemein: MITTASCH: Katalytische Verursachung im biologischen Geschehen 1935; Über Katalyse und Katalysatoren in Chemie und Biologie 1936. Naturwiss. **1935**, 361; **1936**, 770.

[15] Als Vorläufer erscheint J. W. DÖBEREINER mit seiner bedeutsamen — an H. DAVY anschließenden — Entflammung von Knallgas an Platinschwamm (1823 Vortrag vor der Naturforscherversammlung in Halle: „Über das Glühen feinen Platinstaubes durch darauf geblasenes Hydrogen und Entzündung bei Luftzutritt"). DÖBEREINER hat sich lebenslang gern und viel mit den neuartigen „Berührungswirkungen" befaßt (siehe THEIS: Angew. Chemie **1937**, 46) und ist auch weitblickend genug gewesen, neben verschiedenen anderen Vermutungen eine *Zwischenreaktionshypothese* zu erörtern: das Platin könne mit dem Sauerstoff eine Art „mechanische Verbindung" (durch „Einschlürfung") bilden, und das durch Wasserstoff „entsauerstoffte" Platin könne von neuem wirken, ganz analog der Rolle des Stickoxyds beim Bleikammerprozeß, die von DESORMES und CLÉMENT als eine Übertragung des Sauerstoffs auf die schweflige Säure erkannt worden war. (Ähnliche Auffassungen siehe weiterhin bei W. C. HENRY, DE LA RIVE usw., hinsichtlich Ätherbildung HENNELL 1828, LIEBIG 1834, WILLIAMSON 1851).

[16] Bemerkenswert ist das Verhalten von BERZELIUS und W. OSTWALD zur Zwischenreaktionstheorie. BERZELIUS zeigt ein gewisses Schwanken in bezug auf die Frage, ob der Katalysator irgendwie chemisch an der Reaktion teilnimmt; doch überwiegt der Gedanke, daß die *Katalyse eine besondere Form der Affinität* sei, indem dabei „Elektrizität so wie bei jeder

Affinitätsäußerung wirke"; die katalytische Kraft bestehe in einem „Einfluß auf die Polarität der Atome" und ziele auf „eine größere elektrochemische Neutralisierung" hin. Der damals schon bestehenden Zwischenreaktionstheorie zuzustimmen, hat indes BERZELIUS bei seiner kritisch vorsichtigen Haltung nicht vermocht, da ihm gerade bei den typischen Katalysen mit Platin u. dgl. die Beobachtung keinen festen Anhaltspunkt zu liefern schien. W. OSTWALD aber hat erklärt, daß der strenge Nachweis eines Verlaufs über Zwischenzustände, an denen der Katalysator teilnimmt, nur durch *quantitative Messungen am Reaktionsverlauf* geliefert werden könne; die bloße Konstatierung von Spuren „Zwischenverbindungen" sei unzureichend, da es sich ja hierbei auch um Nebenprodukte handeln könne. Bemerkenswert ist auch die Auffassung von DEACON, daß derartige *Zwischenreaktionen eigentlich als nur „der Idee nach" stattfindend* anzusehen sind (analog der Resultante im Parallelogramm der Kräfte, die auch nicht tatsächlich den Gesamtweg der Komponenten zurücklegt).

[17] Über die Beziehungen von Reaktionsgeschwindigkeit und Gleichgewicht siehe DIMROTH u. a., über die Beteiligung des Katalysators bei der Gleichgewichtseinstellung insbesondere SCHENCK, sowie BREDIG (in ULLMANN: Enzyklop. d. techn. Chemie 1. Aufl. (1911) **6**, 670 (Artikel „Katalyse"). Hinsichtlich der Besonderheiten technischer Katalysen siehe MITTASCH: Chem.-Ztg. **1934**, 305. WIETZEL u. SCHEUERMANN: Chem.-Ztg. **1934**, 737. Über Stickstoff speziell auch BOSCH, Naturwiss. **1920**, 867.

[18] Schon von SCHÖNBEIN ist die Möglichkeit einer *Strahlungswirkung* des Katalysators ins Auge gefaßt worden; weiterhin von KOEPPE, BARENDRECHT, LEWIS u. a. Hinsichtlich der *Adsorption* haben schon DÖBEREINER, FARADAY, MITSCHERLICH, LIEBIG, BERZELIUS u. a. erkannt, daß sie, weil in der Regel unspezifisch, nicht den Wesenskern der heterogenen Katalyse treffen kann, so unentbehrlich sie auch ist (BELLANI, FUSINIERI u. a.; schon TH. DE SAUSSURE hatte sich 1812 mit der „Verdichtung" von Gasen in Holzkohle beschäftigt, die eine Verbindung von Gasen wie Sauerstoff und Wasserstoff herbeiführen könne). Die Berücksichtigung der Adsorption in der neueren katalytischen Theorie knüpft an LANGMUIR an (siehe Angew. Chemie **1933**, 719). Hinsichtlich „Schwingungsübertragung" (LIEBIG u. a.) siehe S. 36.

[19] „Aktivierung" bedeutet nach TRAUTZ für eine Bruttoreaktion die Verringerung der nötigen „Reaktionswärme" (d. h. Aktivierungsenergie) durch Hinstellung neuer Teilreaktionen mit kleineren Aktivierungswärmen. In der älteren Literatur tritt die Forderung in „mechanistischer" Form auf, indem betont wird (so schon von MITSCHERLICH 1841), daß der Katalysator „Hindernisse" beseitige, die in der Molekel durch „die Lage der Teile gegeneinander" gegeben seien und der Verbindung oder Zersetzung entgegenstehen (ähnlich BUNSEN 1877, STOHMANN 1885: „Überwindung von Reaktionswiderständen"). (Im Gegensatz zur Elektrizitätslehre ist indes in der Chemie diese Fiktion eines „Widerstandes" nicht fruchtbar geworden.)

[20] Daß Zwischenstufen und Zwischenverbindungen durchweg von „unwahrscheinlicher", also von labiler und lockerer Art sind, lehrt auch die Stufenregel von HORSTMANN-OSTWALD-SKRABAL, wonach bei chemischen Umsetzungen immer zunächst *unbeständige* Gebilde bestimmter Art ent-

stehen; so erlebt schon z. B. rhombischer Schwefel beim Übergang in die monokline Form „Zwischenzustände maximaler Unordnung und höchster Reaktionsfähigkeit" (Hüttig). Über Zwischenreaktionen im homogenen System (auch Reaktionscyclen, periodische Reaktionen, Induktionen usw.) siehe Skrabal, Abel u. a. Für homogene Katalyse konnte es schon 1913 Abel als sicher aussprechen, daß sie durch „parallel geschaltete, über den Katalysator verlaufende Reaktionsfolgen" zustande kommt. Über den bedeutsamen Einfluß der „physikalischen Struktur" auf die katalytische Fähigkeit fester Stoffe siehe Schwab, Hüttig, Fricke, U. Hofmann u. a., eine Übersicht gibt Eckell: Z. Elektrochem. **39**, 424 (1933).

[21] Über Mehrstoffkatalysatoren siehe Mittasch: Ber. dtsch. chem. Ges. **59**, 13 (1926), Z. Elektrochem. **36**, 576 (1930). Daß bei der überadditiven Wirkung technischer und biologischer Mehrstoffkatalysatoren doch eine Art höherer Additivität, nämlich eine *Vereinigung von Funktionen* („Synergie" nach Willstätter) besteht, geht aus exakter Untersuchung ausgeprägter Fälle hervor; siehe z. B. v. Nagel: Z. Elektrochem. **59**, 754 (1935) über die Ammoniakoxydation mit Hilfe von Fe_2O_3—Bi_2O_3. Auch „nichtaktive" Oberflächenteile fester Kontaktmassen, z. B. Trägermolekeln können hierbei, etwa für den An- und Abtransport der Substratpartikel wichtig sein. — Der Ausdruck „Gift" und „Vergiftung" wurde zuerst von Bredig 1899 sowie Knietsch 1901 gebraucht, der Ausdruck „stoffliche Aktivierung" u. a. von G. Woker: Die Katalyse, 1910; sowie Mittasch 1910 (NH_3-Synthese der I. G. Farbenind., Ludwigshafen a. Rh.). Über „Coenzyme" siehe auch v. Euler, Angew. Chemie **1937**, 831).

[22] Die verschiedenen stofflichen „Aktivierungsmöglichkeiten" der Mehrstoffkatalyse mit ihrem Wechselspiel von Förderung und Hemmung, Vergiftung und Kompensation, sowie Modifikation kehren auf höherer Ebene bei Hormonen, Vitaminen und sonstigen Wirk- und Reizstoffen der Vererbung und Entwicklung wieder; siehe Teil IV.

[23] Auf dem Wege wechselseitiger Aktivierung können auch z. B. Metalle, die „starre" Nitride bilden (wie Li) und darum für NH_3-Katalyse unbrauchbar sind, durch die Zugabe eines zweiten Metalles, z. B. Ni, „aufgelockert" und so tauglich gemacht werden. Als ein „agrikulturelles" extremes Analogon einseitiger Beeinflussungen erscheint es, wenn berichtet wird, daß Samen von Viola tricolor, der für sich auf einem bestimmten Boden 20% Saataufgang ergab, in Gegenwart von Roggenaussaat 100%, mit Weizen aber 0% lieferte! Für die wechselseitige Aktivierung aber könnte als Gegenstück gelten die Symbiose von Leguminosen mit Knöllchenbakterien unter Wechselwirkung der Funktionen, durch die der Leguminose die Kohlehydratbildung erleichtert, dem Bakterium aber eine Bindung des freien Stickstoffs ermöglicht wird.

[24] Die Kettenreaktion stellt eine besondere zeitliche Kombination stofflicher A.K. und E.K. dar, nach Frankenburger als eine Art „Ineinandergreifen autokatalytischer und induzierter Reaktion". Bei überwiegender Kettenverzweigung (Semenoff) kann aus ruhigem Stafettenlauf eine lawinenartig sich zu explosiver Heftigkeit steigernde „boshafte" Katastrophenreaktion entstehen; siehe Bodenstein: Z. Elektrochem. **1936**, 439; Ber. dtsch. chem. Ges. **70**, 17 (1937). Der Vorgang der „Kettenpolymeri-

sation" ist eine regelrechte Kettenreaktion (Stoffkette), nur daß hier „alle von einer Reaktionskette erfaßten Molekeln in einer Makromolekel zusammenbleiben" (G. V. SCHULZ, Angew. Chemie **1937**, 767).

[25] Während sich der Ausdruck „Elementarprozeß" auf das einzelne Atom oder die einzelne Molekel bezieht, betrifft das Wort „Urreaktion" (SKRABAL) eine Vielheit von Molekeln, etwa ein g-Mol. Über die genaue Theorie geben Lehrbücher von M. TRAUTZ, G.-M. SCHWAB, FRANKENBURGER, HINSHELWOOD, EUCKEN u. a. Auskunft.

[26] Bedeutsam in dieser Beziehung erscheinen W. OSTWALDS frühe Knallgasversuche in Dorpat (um 1880), die darin bestanden, daß er Knallgas in Röhren eingeschlossen bei mäßiger Wärme monatelang aufbewahrte, um die Frage einer allmählichen Wasserbildung zu entscheiden, eine Frage, die schon 1805 ALEXANDER VON HUMBOLDT im Anschluß an die eudiometrische Luftanalyse gestellt hatte. Angesichts des analytisch unbestimmten Ausfalles der Versuche hat sich OSTWALD auf das *Postulat* zurückgezogen, daß jeder thermodynamisch mögliche Vorgang in gewissem Umfange auch tatsächlich stattfinde.

[27] Hier ist Platz für eine „Teleologie des Kohlenstoffs" mit seinen unergründlichen „Potenzen", die durch die Eigenstruktur des Atoms bedingt, als einzig dastehendes Mittel erscheinen, das die Mannigfaltigkeit organischer Verbindungen als Ziel erreichen läßt. Vgl. HENDERSON: Die Umwelt des Lebens 1914, ferner STOCK, W. NODDACK, STAUDINGER, WEYGAND u. a.

[28] Es sei hier auf eine eigentümliche und noch wenig untersuchte Form des Chemismus hingewiesen, auf den R. KUHN (Chem.-Ztg. **1937**, 17) aufmerksam gemacht hat. Es handelt sich um *Hilfsstoffe der organischen Synthese*, die sich dadurch von der Katalyse abheben, daß sie in äquimolekularen Mengen gebraucht werden, um die Reaktion herbeizuführen. So ist für die Synthese von Diphenylpolyenen der Zusatz von Bleioxyd entscheidend, für die Herstellung von o-Nitroanilinglucosiden Salmiak, für Lactoflavingewinnung Borsäure, und zwar jeweils in gleichmolekularen Mengen; eine Rückbildung nach geleisteter Hilfe tritt nicht ein.

[29] Dennoch haben LIEBIGS Anschauungen auch fruchtbar gewirkt, so bei NÄGELI und hinsichtlich einer „Resonanz" zwischen Veranlassendem und Veranlaßtem auch noch heute.

[30] Schon 1824, bei Gelegenheit seiner Besprechung der Entdeckungen von DÖBEREINER sowie DULONG und THÉNARDS H_2O_2-Arbeiten, mit ausdrücklicher Verwunderung, daß im einen Falle Platinpulver zersetzend, im anderen verbindend wirke, sagt BERZELIUS: „Daß dabei Elektrizität, so wie bei jeder Affinitätsäußerung, wirkend sei, sehen wir leicht ein." Vorher, 1816, hatte bereits ERMAN eine elektrische Erklärung versucht, und der ideenreiche DÖBEREINER kommt beiläufig wiederholt auch auf bestimmte Vermutungen einer Beteiligung elektrischer Vorgänge zurück. LOTHAR MEYER dagegen sah in der Affinität „eine Anziehung oder *eine eigentümliche Bewegungsform*". In bezug auf „heute" siehe HELLMANN, Einführung in die Quantenchemie 1937.

[31] Über Fiktionen in der Chemie (mechanische und psychische) siehe MITTASCH: Angew. Chemie **1937**, 423. (Insbesondere Begriff der „Zusammensetzung" des Atomes, der Molekel usw.) Eine Metapher, wenn sie

ernster genommen wird, kann eine Fiktion zeitigen; Fiktionen, wenn das Vergleichsmoment „punktförmig" und entlegen ist, ergeben bloße Metaphern und Symbole. Im Übergange steht etwa ein Satz wie der folgende: „Das Sehen ist ein in die Ferne gehendes Tasten, welches sich der Lichtstrahlen als langer Greifzangen bedient" (SCHOPENHAUER). (Als Gegenstück dazu ein Satz von SOMMERFELD über „Ausstrahlung" S. 128.) „Anziehen und Abstoßen im chemischen Sinne: eine vollständige Fiktion, ein Wort" (NIETZSCHE).

Eine Fiktion, die sich in fruchtbarer Fragestellung oder gar in sicherem Voraussagen (d. h. in Vorwegnahme von Antworten auf jene Fragen) erprobt und „bewährt", gewinnt damit den Rang einer Wahrheit zweiten Grades oder „Ersatzwahrheit", mit der sich der Forscher zufrieden geben mag, da sie „ungefähr dasselbe leistet als die Wahrheit selbst" (SCHOPENHAUER). Als Beispiel: Die Dinge und Vorgänge der Welt *sind* nicht wirklich „zusammengesetzt" und „aufgebaut"; der Mensch kann — ja muß — sie jedoch aufgebaut und zusammengesetzt *denken*. —

[32] Wenn POLL sagt: „Wir sprechen nicht von Kausalität, wenn ein Verkehrsschutzmann Wagen und Fußgänger anhält oder ihnen verschiedene Bewegungsrichtungen freigibt" (Erkenntnis **1936**, S. 374), so wird das tatsächliche Verhalten des urteilenden Menschen — in Praxis und Wissenschaft — auf den Kopf gestellt, in Verkennung der universellen Bedeutung der A.K. in Leben und Forschung. Eine ähnliche „Schrumpfung" der Kausalität wird auch sonst, vor allem in der theoretischen Physik, mitunter beobachtet. Zur Kritik vgl. PH. FRANK: „Kausale Beschreibung als Beschreibung durch die Sätze der Erhaltung der Energie und des Impulses stimmt nicht ganz überein mit dem, was man üblicherweise unter Kausalität versteht."

[33] Wie W.W. möglich ist, hat man mehrfach metaphysisch und symbolisch zu beschreiben gesucht. LOTZE z. B. redet von „unzähligen raumbegrenzten Wesen mit Wechselwirkung im Alleinen"; jedes „Sein" ist ein „In-Beziehungen-stehen". GOETHE: „Wechselwirkung ist etwas Geistiges."

Nach O. SPANN ermöglicht „überräumliche Einheit" Wirkungen der Naturteile aufeinander. Vgl. auch FARADAY: „Jedes einzelne Atom dehnt sich sozusagen durch das ganze Sonnensystem aus"; und ZIMMER: „Ein Atom reicht bis in das Unendliche, wo man sich die Welle reflektiert denken mag". „Elektronenwelle wie die ebene optische Welle erfüllt den ganzen Raum" (SOMMERFELD).

[34] Daß der Begriff der Bewegung in der Mechanik selber durch Relativitätstheorie und Quantentheorie eine Modifikation und eine Erschütterung seiner „Selbständigkeit" erfahren hat, sei nur beiläufig erwähnt. „Die Elemente der Bewegung eines Körpers sind die einfach periodischen Materiewellen im ganzen Konfigurationsraume" (PLANCK). „Das wirkliche mechanische Geschehen wird in zutreffender Weise erfaßt oder abgebildet durch die Wellenvorgänge im Konfigurationsraume" (SCHRÖDINGER). HOPF: „Es sieht aus, wie wenn ein Körper oder ein Lichtstrahlteilchen materiell sich bewegte; in Wahrheit schreitet eine Wellenbewegung durch den Raum". (Aber Wellen von was? „Wahrscheinlichkeitswellen"!) „Der Begriff ‚Bewegung' ist bereits eine Übersetzung des Originalvorganges

in die Zeichensprache von Auge und Getast" (Nietzsche). Immer aber
„kümmert sich Physik nur um Relationen" (B. Russell) und Quantitäten,
nicht um Qualitäten.

[35] Vermöge der drückenden Wucht herkömmlichen mechanistischen
Denkens — schließlich aus der täglichen Lebenspraxis heraus — konnte
es geschehen, daß man bei der Erschütterung des Mechanismus alten Stiles
durch die neue Quantenphysik und Atomforschung teilweise und vorübergehend einen Ausweg nur in dem resignierenden Gedanken einer „Akausalität"
sah, indem man zeitweise vergaß, daß der *mechanische* Determinismus nicht
die einzige Form ist, in der der Intellekt seinen Kausalitätsdrang zu befriedigen vermag.

Th. Vogel in Ann. Phil. **1929**, 1: „Zustandsänderungen mikromecha-
nischer (!) Systeme sind durch physikalisch zugängliche Bedingungen
nicht eindeutig, sondern nur statistisch bestimmt, also nicht determiniert";
ferner Reichenbach, Erkenntnis **1930**, S. 158ff., wonach es *neben* der kausalen oder dynamischen eine wahrscheinlichkeitstheoretische oder statistische
Gesetzlichkeit geben soll; siehe auch Niels Bohr über physikalische und
biologische „Komplementarität", v. Mises, P. Jordan u. a. Auch für die
atomaren Elementarakte der Chemie gelten „relativistisch invariante
Wahrscheinlichkeitsgesetze".

Über das physikalische Begriffssystem und seine Wandlungen siehe
Planck, Heisenberg, Schrödinger, P. Jordan (z. B. in „Tatwelt",
Juniheft 1936 und „Geistige Arbeit" 1936, Heft 6); ferner G. Joos: „Tat-
welt", Septemberheft 1936, Fr. Hund, Bl. f. dtsch. Philos. **6**, 94 (1932—33),
L. von Strauss u. Torney, Ann. d. Philos. **7**, 49 (1928), K. Wagner:
24. Jb. d. Schopenhauergesellschaft 1936 (Quantentheorie und Metaphysik);
Sommerfeld, Scientia **1930**, 81; Thirring, Wiener Vorträge 1933.

Einseitig mechanistische Auffassung des Kausalbegriffes macht auch
Sätze verständlich wie: Auch anorganische Vorgänge können „einer kausalen Erklärung spotten", geistige Vorgänge „stehen außerhalb des Kausalgesetzes" (Thesing). Tatsächlich bestehen Kausalbeziehungen und
Kausaldarlegungen unversehrt weiter; übersteigerte mechanistische Denkweise nur führte dazu, daß sogar das Versagen mechanistischer Betrachtung
gewissermaßen „mechanistisch", d. h. als Preisgabe der Kausalität überhaupt gedeutet wurde. (Wenn immer noch mitunter von „akausalem"
Verhalten der Elektronen in kühnem Salto auf „menschliche Willensfreiheit"
geschlossen wird, so wird das „Rangordnungsverhältnis" der Kausalitätsformen unzulässig außer acht gelassen; siehe Abschnitt V).

[36] Sommerfeld: „Die Quantenmechanik muß statt der kausalen Bestimmtheit statistische Spielräume setzen." Reichenbach: „Jede Natur-
aussage ist nur mit einem Wahrscheinlichkeitsanspruch zu machen". Dennoch bleibt auch in der „Verallgemeinerung des Kausalgedankens durch die
neue Atomphysik" bestehen, „daß es eine Naturbeschreibung gibt, welche
die Zukunft mit Wahrscheinlichkeit vorausberechnen läßt und daß man dabei
oft beliebig an 1 herankommen kann". Wenn es andererseits heißt (Weyl),
alle Geschehnisse seien „durch Ladung, Masse und Bewegungszustand von
Elementarteilchen kausal eindeutig bestimmt", so lehrt die neue Physik
vor allem, daß „Elementarteilchen geschaffen oder vernichtet werden

können" (DIRAC); „Weltlinien" als „graphische Fahrpläne von Elementarteilchen" verlieren damit aber ebenso ihren Sinn wie der ursprüngliche
Begriff der „Zusammensetzung" der Materie nach einem „Pflasterstein-
modell" und einer Billardkugelmechanik. Der eigentliche Sinn der „*Komplementarität*" (nach BOHR) oder der „Unbestimmtheitsrelation" (nach
HEISENBERG) ist gemäß PH. FRANK, daß „eine Versuchsanordnung, bei
deren Beschreibung der Ausdruck ‚Lage eines Teilchens' brauchbar ist,
nicht zugleich eine Versuchsanordnung sein kann für die Beschreibung des
Impulses eines Teilchens: das sind komplementäre Anordnungen". GRETE
HERMANN dagegen schärfer: „Ein atomares System *hat* nicht gleichzeitig
einen scharfen Ort und einen scharfen Impuls." Und SOMMERFELD: „Die
Unbestimmtheit betrifft nicht die experimentell feststellbaren Dinge, sondern nur die Gedankenbilder, mit denen wir die physikalischen Tatsachen
begleiten." P. JORDAN: „Ein den Impuls bestimmender Messungsakt
bewirkt eine Verwischung des Ortes" — und umgekehrt.

[37] Hinsichtlich der für jede Chemie grundlegenden phasentheoretischen
und thermodynamischen Begriffe (die vorwiegend die E.K. betreffen) siehe
die Übersicht von E. LANGE: Z. Elektrochem. **1934**, 655, **1937**, 158. Die
allgemeinste Form äußerer A.K. chemischer Reaktionen ist Wärmelieferung
bzw. -entziehung durch die Umgebung.

Es kann auffällig erscheinen, wie lange der „Mechanismus" als einzig
mögliche Form des Determinismus auch in der Chemie gegolten hat, obgleich doch bereits beim Aufbau der neuen Chemie um die Wende des
18. zum 19. Jahrhundert von der GALILEI-NEWTONschen Mechanik nicht
Gebrauch gemacht werden konnte, die für elektrische Polarität und für die
„Qualitäten" der Elemente und ihrer Verbindungen keinen Platz hat und
von der „Wahlverwandtschaft" des Stoffes nichts weiß. Wie ungemein
kompliziert aber scheinbar einfache „Chemismen" (sog. chemische „Mechanismen") sein können, zeigt z. B. der Polymerisationsvorgang von Vinyl-
chloriden u. dgl. mit den Hauptphasen von Keimbildung, Wachstum und
Kettenabbruch. Den Beginn macht eine rein thermische, photochemische
oder katalytische „Auslösung" von Anlagerungen, die hauptvalenzmäßig
oder durch losere Bindungen zustande kommt; siehe DOSTAL und MARK:
Angew. Chemie **1937**, 348. MARK: Naturwiss. **1937**, 753.

Die höchste Stufe nichtmechanischer Komplikation zeigt der Kolloidchemismus von Lebewesen. Vgl. hierzu J. LOEB, WO. OSTWALD, ROBERT-
SON; H. FREUNDLICH: Kolloidchemie und Biologie 1924. R. LIESEGANG:
Beiträge zu einer Kolloidchemie des Lebens 1923. Biologische Kolloidchemie
1928. Kolloidfibel für Mediziner 1936. W. PAULI und VALKÓ: Kolloidchemie
der Eiweißkörper. 2. Aufl. 1933.

[38] „Je widerspruchsfreier" die physikalische Wissenschaft wird, „desto
unanschaulicher" (L. VON STRAUSS und TORNEY: „Über den Analogiebegriff
in der modernen Physik", Erkenntnis **1936**, 1); siehe auch A. MITTASCH:
„Über Fiktionen in der Chemie", a.a.O.; in bezug auf das Wesen chemischer
Bindung FROMHERZ: Angew. Chemie **1936**, 429. Fast durchweg sind die
abstrakten Begriffsworte der Wissenschaft, z. B. be-greifen, er-klären,
an-stoßen, aus-lösen, hervor-rufen, be-gründen, ab-zielen, zusammen-hängen
von zeiträumlicher, anschaulicher und mechanistischer Urbedeutung, so

daß Konkretes stellvertretend und insofern fiktiv für Nichtanschauliches benutzt wird. Wirkliche „Atomstrukturen“ aber z. B. „stehen in offenbarem Gegensatz zu den Eigenschaften jedes denkbaren mechanischen Modells“ (N. Bohr). So gibt es vom Atom nur noch eine „energetische Landkarte“ (Sommerfeld), aber keine topographische mehr. Auch das altehrwürdige Dogma von der „Undurchdringlichkeit“ der Materie dürfte zugunsten einer „Ubiquität der Atome“ hinfällig geworden sein — vielleicht das bißchen Atomkern-Staub ausgenommen, das in der Welt ausgestreut ist?

[39] Zuweilen wird der Chemiker mit den letzten mathematischen Abstraktionen der theoretischen Physik nicht viel anfangen können — desto mehr aber mit ihren konstruktiven und „fiktiven“ Veranschaulichungen mechanistischer Art. Was soll er also z. B. sich vorstellen, wenn ihm gesagt wird, daß Elektronen „die Stellen sind, wo allein die Energie der Schwingung nicht durch Interferenz verschwindet, sondern eine Größe besitzt“ — (Schrödinger), oder daß das Positron einem „Loch“ in gewissen mathematischen Ableitungen entspricht (Dirac: das Positron „ein unbesetzter Zustand negativer Energie“) oder daß „das Atom zunächst nur symbolisiert werden kann durch eine partielle Differentialgleichung im vieldimensionalen Raume“ (Heisenberg)? Dabei bleibt die Tatsache der *Fruchtbarkeit einer mathematischen Physik* unberührt, die beispielsweise das Positron voraussagen (Dirac) sowie den Chemiker vor die Aufgabe des Nachweises von prophezeitem Parawasserstoff (neben Orthowasserstoff) stellen konnte. „Man weiß gar nichts mehr, aber man kann einen immer größeren Teil der Natur berechnen“ (W. Sombart).

[40] N. Bohr: „Dem Ideal der Kausalität liegt zugrunde die Annahme, daß das Verhalten eines physikalischen Objektes in bezug auf ein gegebenes Koordinatensystem auf eindeutige Weise bestimmt ist, unabhängig davon, ob es beobachtet wird oder nicht.“ Dieses nie zu erfüllende Kausalitätsideal ist nach Bohr durch die allgemeine „Komplementarität“ zu ersetzen, in der einander scheinbar widersprechende Gesetzmäßigkeiten logisch vereinigt werden. Hinsichtlich jeder Quanten-Betrachtung aber dürfte gelten: „Wir haben Einheiten nötig, um rechnen zu können: deshalb ist noch nicht anzunehmen, daß es solche Einheiten gibt“ (Nietzsche). Weiterhin etwa auch (vom gleichen Autor): „Es gibt keine Gesetze: jede Macht zieht in jedem Augenblick ihre letzte Konsequenz“?

[41] Nach Ph. Frank soll Aufgabe der biologischen Wissenschaft sein, „einen Formalismus zu finden, der aus dem beobachteten Verhalten eines Organismus so genau wie möglich sein künftiges vorauszusagen vermag“. Hier ist eine Nachwirkung mechanistischer Einseitigkeit (Kausalität = Voraussagenkönnen) deutlich erkennbar; der „universelle Geist“ eines Laplace spukt immer noch. Dagegen K. Marc-Wogan: „Kausale Verknüpfung hat auch in der Naturwissenschaft augenscheinlich eine Bedeutung, die nicht auf genaue Vorausbestimmung zurückgeführt werden kann“. Gegen die Einseitigkeit einer Betrachtungsweise aber, die aus der W.W. von Messung und gemessenem Objekt unüberwindliche Schwierigkeiten physiologischer Forschung am Lebenden folgern will: „Es ist nicht gerade wahrscheinlich, daß lebende Zellen sozusagen durch bloßes Anschauen ab-

getötet werden sollten!" (SCHLICK; s. auch FR. O. SCHMITT.) (Für das Auftreffen eines „harten" Photons auf ein Bakterium kann dies doch zutreffen.)

[42] Vgl. hierzu KÖTSCHAU u. A. MEYER: Aufbau einer biologischen Medizin 1936. DONNAN: Acta biotheoretica 2, Heft 1 (1936): Integral Analysis and the Phenomena of life; RASHEVSKY: Erkenntnis 1936, 357; Biophysik der Zelle, idealisierte Zelle als homogenes kugelförmiges bzw. rotationssymmetrisches Gebilde mit mehreren Stoffen und entsprechenden „Gefällen" usw. (Vgl. auch DRIESCHS Kritik gegenüber DONNANs mathematischer Formulierung der Besonderheit der zeitlichen Entwicklung von Belebtem und Unbelebtem: unvollkommen und „leer".) Siehe auch TIMOFÉEFF-RESSOVSKY: Experimentelle Mutationsforschung in der Vererbungslehre 1937. FR. RINGLEB: Mathematische Methoden der Biologie 1937; auch BERTALANFFY u. a. m.

Noch auf dem Pariser Descartes-Kongreß 1937 wurde von L. DE BROGLIE u. a. an der strengen Vorausberechenbarkeit des Einzelvorganges als Merkmal der Kausalität festgehalten und demgemäß ein Standpunkt des „Indeterminismus" vertreten. Wer zu anspruchsvoll ist, muß enttäuscht werden: Warum aber überhaupt mit Erwartungen an das kausale Erkennen herantreten, die nur auf einem Teilgebiet der Physik, der Makromechanik, erfüllt werden können, ganz zu schweigen von der Biologie, deren Gott — nach einem Ausspruch von CARREL — überhaupt kein Gott bloßer Mathematik sein kann!

[43] Auf die Wichtigkeit der Beachtung des Entstehens und Benehmens von „Muttersubstanzen" katalysierender Stoffe kann z. B. die Tatsache hinweisen, daß in den Zellkernen das Genom von vornherein nicht als fertiges Stoffgerüst vorhanden ist, sondern erst bei der Vorbereitung der Zellteilung aus einem „latenten" Zustande heraustritt und äußere stoffliche Gestalt annimmt (siehe DÜRKEN u. a.). Auch mag es sein, daß „Vorsubstanzen" von Wuchsstoffen (insbesondere Auxin) in den Blättern primär gebildet, in den Samen aufbewahrt, vom Endosperm zur Sproßspitze befördert und dabei in die „aktive" Substanz umgewandelt werden.

[44] In bezug auf die Bedeutung der verschiedensten Elemente in den Organismen siehe SCHARRER: Chem.-Ztg. 1935, 545; FREY-WYSSLING: Naturwiss. 1935, 764; BERSIN: Naturwiss. 1935, 70; NOACK: Angew. Chemie 1936, 673; ferner Lehrbücher von OPPENHEIMER, LIEBEN (Geschichte der physiologischen Chemie), BOAS u. a. m.

Über katalytische Wirkstoffe in Pharmakologie und Medizin siehe EICHHOLTZ: Chem.-Ztg. 1934, 409; speziell über Eisenkatalysatoren, z. B. pyrogallolsulfosaures Fe als Krampfgift mit Verstärkung oder Abschwächung durch Hormone, Säuren und Salze. Siehe auch MITTASCH: Katalyse und Katalysatoren in Chemie und Biologie 1936, insbesondere hinsichtlich der Spezifität von Katalysatorwirkungen. „Je eigentümlicher ein Ziel, desto weniger Mittel können taugen" (SCHMALFUSS). Das Jod der Schilddrüse z. B. ist anderweit nicht ersetzbar. Über enzymatische und enzymfreie Bildung von Nährstoffen in der Pflanze s. auch SCHÖLL, Angew. Chemie 1937, 779.

[45] Über die verschiedenen Formen und Funktionen der Hormone als Reizstoffe und Botenstoffe siehe GIERSBERG u. a. Die Frage, ob einfacher

„chemischer" Wirkstoff oder „physiologischer" Reizstoff, gilt insbesondere
für die Phytohormone (Wuchsstoffe) mit ihrer Beeinflussung von Zellteilung,
Streckung und Plasmawuchs (siehe HABERLANDT, WENT, KÖGL, BOYSEN-
JENSEN, FITTING, JOST u. a.). Neben Stoffreizen können Strahlungsreize
eine wichtige Rolle spielen (auch mitogenetische Strahlung nach GURWITSCH?;
siehe STEMPELL 1932, sowie GERLACH, Angew. Chemie **1937**, 585).

[46] Auch die „Gallenbildung" an Eichen usw. wird sich durch „chemisch
bewirkte Konstitutionsänderung der Wirtszellen" (KÜSTER) mit anschließenden katalytischen und sonstigen Konsequenzen erklären lassen, ohne daß
zu „fremddienlicher Zweckmäßigkeit" als bewirkendem Faktor Zuflucht
genommen werden muß. Diese Gallenbildung schließt sich dann ohne weiteres anderen mehr oder minder komplizierten Stimulierungsvorgängen im
Pflanzenwachstum an. In Rohkulturen von Azotobakter wird die Stickstoff-
bindung durch Kohle wesentlich gesteigert (FLIEG); außer Nährstoff-
Düngemitteln gibt es Reizdünger (Bor und Zink als „Hochleistungs-
elemente" BOAS). Äthylen stimuliert oder „induziert" das Reifen von
Obst usw. und greift in Auxinwirkungen ein.

[47] Gerade auf neuro-humoralem Gebiet sind Wechselwirkungen von
Stoff und Energie in dem Wirkungsviereck: chemische Umsetzung, Ober-
flächenerscheinungen, elektrische Potentiale und Ströme, mechanische
Bewegungen u. dgl. auf das höchste gesteigert und vermannigfaltigt. Che-
misch und kolloidchemisch erregte schwache Ströme werden — wie bei
der Rundfunksendung — durch mehrere Verstärkerstufen geführt; der
elektrische Reiz regt wiederum chemische Prozesse an, und die stofflichen
Veränderungen haben von neuem „Aktionsströme" zur Folge. (Vgl. das
Schrifttum über Bioelektrik, DU BOIS-REYMOND, HELMHOLTZ, NERNST,
FOREL, v. KRIES, BERGER, BUDDENBROCK, HOLST, P. WEISS, BETHE,
SPATZ, A. V. HILL, VOGT u. a.)

[48] Auch hier ist Katalyse mit hineingewoben: Bei dem hochkomplizier-
ten Vorgang der Blutgerinnung geht Fibrinogen (ein labiles Globulin faden-
ziehender Art) von seinem Solzustand in Gelzustand = Fibrin über, unter
dem Einfluß des Thrombinfermentes, das sich aus „Prothrombin" des Blutplasmas bei Blutaustritt bildet; Ca-Verbindungen aber sind (außer der
„Thrombokinase" der Blutplättchen) nötig für die Aktivierung von Prothrombin zu Thrombin (WÖHLISCH, Naturwiss. **1936**, 513; Forschg. u.
Fortschr. **1937**, 51).

[49] Reiz ist „eine Veränderung in den äußeren Lebensbedingungen eines
abgegrenzt gedachten lebendigen Systems" (VERNON) oder „ein Vorgang,
der Lebewesen zu spezifischer Reaktion veranlaßt" (EISLER). Es gibt adäquate und inadäquate, spezifische und unspezifische, periphere und zentrale,
physikalische, chemische und physiologische Reize, Stoffwechselreize und
„formative" Reize (HERBST). Reizleitung aber ist „gestaltetes Geschehen"
(Wo. KÖHLER) und geschieht im Falle stofflicher Reize der Nervenbahn
etwa als Elektrophorese durch elektrische Feldwirkung, schon mit sehr geringen Spannungen und mit Entwicklung von „Aktionsströmen". Die
Reizwirkung ist in gleicher Weise wie die Katalyse ein „Auslösevorgang"
(W. OSTWALD); die „Überreizung" aber ist gleichwie die Reizschwelle ohne
katalytisches Vorbild.

[50] Obgleich in der „Hysteresis" von Metallen usw. und in bestimmten Eigenschaften kolloider Substanz modellhaft ein primitives „Merken" und „Behalten" gesehen werden kann, so ist wirkliches Merken, wirkliches Festlegen von Eindrücken in „Engrammen" behufs Reproduktion und aktiver Verwertung doch Kennzeichen des Lebenden und einer physischen Erklärung unzugänglich. So hat es auch nur den Wert eines äußeren Vergleiches, wenn W. OSTWALD (1909) Beziehungen der Katalyse zu Vorgängen psychophysischer Art vermutet. An die Tatsache der rascheren Einwirkung von Salpetersäure, die von früheren Versuchen her noch Stickoxyd enthält, auf Kupfer wird die Bemerkung geknüpft: „Eine Säure, die schon einmal Kupfer gelöst hat, hat sich daran gewöhnt und arbeitet darum schneller" (leichtere Wiederholung einmal erfahrener Reaktionen). „Wahrscheinlich wird sich die Gedächtnisfunktion als Ergebnis einer bestimmten Art chemischer Reaktionen erweisen", und zwar soll nach obigem die *Autokatalyse* ein Modell des organischen Gedächtnisses geben. (Vgl. E. HERING 1906: „Über das Gedächtnis als eine allgemeine Funktion organisierter Materie"; siehe auch H. SCHMALFUSS: „Stoff und Leben" 1936; BLEULER, SEMON über Mneme usw.)

[51] Eine kleine Blütenlese gleichbedeutender und benachbarter Ausdrücke nach SPANN, BURKAMP u. a.: Gliedlichkeit mit Ausgliederung und Rückverbindung; Verganzung, Entsprechung, Zuartung, vereinigend Unversehrbarkeit und Hinfälligkeit; Mittestrebigkeit, schöpferische Gegenseitigkeit und Befassen, dauernde Rücknahme und Neuausgliederung; sinnbedingte Struktur und zieldienliche Ordnung mit abgeschlossener allseitiger Wechselwirkung; transponierbare Form mit wechselseitiger Dienlichkeit usw. „Das Ganze ist mehr oder ein anderes als die Summe seiner Teile." Ganzheit folgt aus „Gezweiung und Gliedhaftigkeit" (O. SPANN). „ Die Teile sind ihrem Dasein und ihrer Form nach nur durch die Beziehung auf das Ganze möglich" (KANT). „Ganzes und Teile sind gleichzeitig" (v. WIESE). „Sachganzheit ist verwirklicht, wo etwas aufhört, es selbst zu sein, wenn man ihm einen Teil nimmt" (DRIESCH). Über „Ganzheit" in Beziehung zu Entelechie, Personalität und Individualität siehe DRIESCH, HAERING, HUSSERL, SIMMEL u. a.; über Ganzheit in der Chemie MITTASCH: Angew. Chemie **1936**, 417.

„Das Ganze ist vor den Teilen" (O. SPANN). Dennoch weiter: „Das Ganze darf den Gliedern gegenüber nicht als ein eigenes Etwas, als stoffliches materielles Kraftzentrum gedacht werden, welches etwas bewirkt, erzeugt, physisch hervorbringt; dann wäre es ja nicht das Ganze, das in allen Gliedern erscheint." Methodisch ist der Ganzheitsbegriff mehr „Aufgabe" als „Erfüllung". „Ganzheit ist Ausgang und Ziel, Kausalität aber tragende Kategorie aller Erkenntnis" (M. HARTMANN).

[52] Stellenweise herrscht die Neigung, auch in der Wissenschaft, „Ganzheit" und „Ganzheitskausalität" zu verdinglichen und diesen Begriffen den mystischen Schimmer einer inneren „Schau" zu geben, der ihnen nicht zukommt. „Das Ganze war vor den Teilen da" (BLEULER). Ganzheit wie Ganzheitskausalität lassen sich sehr real und rational definieren, das Irrationale steht weiter dahinten. So ist es auch abwegig, wenn hie und da „Ganzheit" in schroffen Gegensatz zu „Kausalität" gebracht wird. Als

ob nicht beides nebeneinander bestehen könnte, und als ob nicht Kausalität ein breites Dach wäre, unter dem auch *Ganzheitskausalität* unterkommen kann! (So wird von O. SPANN der Kausalitätsbegriff so sehr verkleinert, mechanistisch eingeengt und entsprechend degradiert, daß es fast als Gnadenbeweis erscheint, wenn nicht eine völlige Abdankung zugunsten der „Ganzheit" als Alleinherrscherin dekretiert wird.) „Ganzheit" ist aber ebensowenig wie „Wahrscheinlichkeit" oder „Komplementarität" imstande, die Kausalität aufzuzehren.

Wissenschaftlich wertlos ist eine extrem „ganzheitliche" Einstellung, die bewußt und absichtlich das Postulat der Kausalität zugunsten einer „unmittelbaren Wesensschau" preisgibt; für sie wird das gleiche gelten wie für das Geisterschauen, daß jeder andere Geister sieht und sie mit anderen Zungen beschreibt, so daß eine gegenseitige Verständigung schließlich unmöglich wird.

[53] Der weitreichende Einfluß, den die Hormone der Schilddrüse und anderer Organe auf das ganze Gebaren des Individuums ausüben, führte W. OSTWALD 1909 zu dem Ausspruch: „Die alten Gegensätze der klassischen Temperamente erscheinen als Ergebnis des quantitativen Verhältnisses zweier entgegengesetzter Katalysatoren." (Die Betätigung von Hormonen wird dabei glatt — und simplistisch — als „ein ausgezeichnetes Beispiel für die Tätigkeit der Katalysatoren im Organismus" aufgefaßt. Siehe auch W. OSTWALD: Chemische Theorie der Willensfreiheit 1894.)

[54] Über die Reichweite stofflicher Reizung bis zu Störungen des Persönlichkeitsbewußtseins siehe HAUG: Forschg. u. Fortschr. **1937**, 105; ferner G. E. STÖRRING über „Gedächtnisverlust durch Gasvergiftung" 1935; auch J. H. SCHULTZ u. a.

[55] Beim Hunde z. B. greift so gut wie jede Innervation auf den ganzen Körper über; auch bei Aufgaben, die nur „Zähne" und „Vorderfuß" beanspruchen, arbeiten über Maul und Pfote hinaus die gesamte Rückenmuskulatur samt stemmenden Hinterbeinen und wedelndem Schwanz mit (BAEGE: „Die moderne Tierpsychologie", Erkenntnis **1936**, 225). Wie aktives und korrelatives Reagieren des ganzen Organismus auf Veränderungen der Umweltreize phylogenetisch zum „Umkonstruieren" von Körperorganen führen kann, zeigt BÖKER an dem Falle des Schopfhuhns und des Eulenpapageies mit konvergenter Entwicklung, in fünfmaligem „Wechsel von Ursache und Wirkung", Z. ges. Naturwiss. **1936**, 253 („Ganzheitsdenken in der Morphologie"); vgl. auch die Umweltbiologie von v. UEXKÜLL.

[56] Im Gebiet epigenetischer Entwicklung sei hingewiesen auf die Verschmelzung von Samenfaden und Eizelle, auf das fortgesetzte Zusammenwirken von Organisationszentrum und Keimbezirken bis zur Ausbildung des fertigen Individuums; als Besonderheit auch die Ganzheitskausalität bei der Verschmelzung von *Körperzellen* behufs Schaffung neuer Individuen (Burdonenforschung von WINKLER u. a.). KÖTSCHAU u. A. MEYER: „Das Ganze ist nicht nur vera causa, sondern auch suprema causa. Jede Zelle hat nur die prospektive Bedeutung, die ihr das Ganze verleiht." LOTZE: „Das ganze Leben gehört als Form einer Erscheinungsreihe dem Ganzen des zusammengesetzten Körpers an."

[57] In bezug auf Virus siehe BECHHOLD: Umschau **1934**, 401; Kolloid-ztschr. **67**, 66 (1934); ferner auch HERZBERG, WALDMANN, STANLEY u. a. (Verhandl. d. Ges. dtsch. Naturf. u. Ärzte 94. Vers. 1936 in Dresden).

[58] Siehe hierzu J. H. SCHULTZ: Forschg. u. Fortschr. **1935**, 290 (See-lische Schulung, Körperfunktion und Unbewußtes), **1936**, 54 (Reichweite des Seelischen im Körpergeschehen). Als Beispiel für autosuggestive Wir-kung dient ein Fall der Hervorrufung von Nesselsucht bei einem Patienten nur durch die von fremder Seite her erweckte Vorstellung („Einbildung"), er habe Äpfel gegessen (J. H. SCHULTZ: Psyche und Allergie. Forschg. u. Fortschr. **1934**, 421; siehe auch **1937**, 50 über Psychotherapie).

In diesen Zusammenhang — nicht in das Gebiet „mechanischer Re-flexe" gehören auch eingeübt assoziativ, also indirekt (und sehr inadäquat) wirkende psychische Reizungen von Körperfunktionen (z. B. Magensaft-absonderung infolge Trompetenblasen; siehe PAWLOWS „bedingte Reflexe").

[59] Nach SCHOPENHAUER, DRIESCH, BLEULER u. a. gehört der elemen-tare „Trieb" als „angetriebener" Organgebrauch auf eine Linie mit der gleichfalls „zwangsläufig" sich abspielenden spezifischen „Formbildung" des Organismus, wobei jedoch die starke Beteiligung des Bewußtseins — neben Körperstruktur, hormonaler Stimmung und Nervensystem — Kom-plikationen schafft. Zur Theorie natürlicher Instinkthandlungen siehe L. R. MÜLLER (Erlangen) 1929, LOESER 1931, DEMOLL 1934, BIERENS DE HAAN, Naturwiss. **1935**, 71, K. LORENZ, Naturwiss. **1937**, 289ff. LOESER: „Instinkthandlungen sind nicht Automatismen oder Reflexmechanismen, sondern aus der Organisation, ihrem Rhythmus und ihrem „Gedächtnis" hervorgehende Handlungen, getrieben von Lust und Unlust".

[60] Siehe F. VON NEUREITER, Wissen um fremdes Wissen auf unbekann-tem Wege erworben 1935. Gerade abnorme Zustände geben nicht nur im Physischen, sondern auch im Psychischen wertvolle Aufschlüsse über die unendliche Verschränkung organismischer Kausalismen. GOETHE spricht von „Fühlfäden der Seele, die in besonderen Zuständen über die körperlichen Grenzen hinausreichen". — Vgl. die diesbezügliche Diskussion in Ann. Phil. **7** (1928). PETZOLD: „Glaube an Telepathie ist Romantik, vor der wir uns hüten sollen." (Ähnlich ROTHSCHUH a. a. O.) HERZBERG: „Warum soll nicht Seelisches unmittelbar übergehen?" (Hinweis auf E. BECHERS „über-individuelles Seelisches" als Führer.) KOTTJE, Ann. Phil. **6** (1927) erkennt „vitale Faktoren" psychischer Art an. REINKE: „Nach meiner Überzeugung wirken psychische Kräfte lenkend auf materielle Gehirnprozesse ein und werden wechselweise durch diese erst ermöglicht." SAPPER: „Das Psychische hat Einfluß auf das Physische." In bezug auf „Seele" (Entelechie, Psychoid) als Naturfaktor siehe weiter DRIESCH, E. BECHER, A. WENZL, BAVINK, BLEULER u. a.

[61] Auch in bezug auf ein „überindividuelles Psychisches" (E. BECHER) als ein die Grenzen des Einzelwesens überschreitendes allgemeines psychi-sches Führungsfeld gibt es Andeutungen. Als eindrucksvolles elementares Beispiel gilt das Verhalten des amöboiden Einzellers Dictyostelium muco-roides, insofern als Tausende derartiger Individuen nach einer Phase durch-aus selbständigen Daseins mit unabhängigen Eigenbewegungen ziemlich unvermittelt und direkt „verblüffend" zu einem gemeinsamen von einem

Zentrum beherrschten Fruchtkörper blastulärer ganzheitlicher Art behufs Erhaltung der Art zusammentreten („Wissen im Kollektiv“, „der Gott der Amöben“; siehe ARNDT u. A. MEYER: Z. ges. Naturwiss. **1**, 457, 1936).

[62] In der Philosophie hat die Kausalität des „unbewußt Psychischen“ oder „psychisch Unbewußten“ schon länger eine wichtige Rolle gespielt; vgl. „das vernünftig bildende Unbewußte“ von C. G. CARUS, der „blinde“ Weltwille (SCHOPENHAUER), das Unbewußte mit seinen Richtkräften (E. v. HARTMANN); „élan vital“, in einer „durée créatrice“ (BERGSON); auch WUNDT u. a.

[63] Es handelt sich im Grunde um eine psychistische (statt mechanistische) Fiktion, um eine „Ersatzwahrheit“ als „Deutung durch Vergleich“; siehe auch L. VON BERTALANFFY: VAIHINGER-Festschrift 1932; VAIHINGERS Lehre von der analogischen Fiktion in ihrer Bedeutung für die Naturphilosophie.

[64] Das Vorhandensein verschiedener anderer Formen bilanzfreier A.K. dürfte zur Entkräftung des Einwandes ausreichen, daß mit der Annahme nichträumlicher und nichtenergetischer psychoider oder „entelechialer Faktoren“ eine nach KANT unzulässige Hinausführung der Kausalkategorie über das Reich der Erfahrung oder der „Erscheinungen“ geschehe. Sobald allerdings derartigen psychischen „Potenzen“ *bestimmte Merkmale* zugeschrieben werden, läuft man Gefahr, daß aus dem als Grenzbegriff der Wissenschaft zulässigen, ja notwendigen Postulat und „Figment“ ein anthropistisches Dogma wird.

[65] Vgl. hierzu BAEGE, sowie insbesondere K. LORENZ, a. a. O., mit einer Darstellung verschiedener neuerer Auffassungen über die Beziehung der Instinkthandlung zu sonstigem Tun. Eine „seelische Führung“, jedoch mit Verankerung im Stofflichen, wird hier in gleicher Weise vorliegen wie schon bei wahlhafter Nahrungsaufnahme niederster Lebewesen. Die Vampyrella Spirogyrae, eine mikroskopisch kleine, strukturlos erscheinende Zelle, wendet sich nur an eine einzige Nahrungsquelle, die Wasseralge Spirogyra, mit zielbewußt suchenden Bewegungen und verschmäht jede anderen Algen usw. „Das Verhalten beim Aufsuchen und Aufnehmen der Nahrung ist so merkwürdig, daß man Handlungen bewußter Wesen vor sich zu sehen glaubt“ (CIENKOWSKI).

[66] „Das Innere der Vorgänge bleibt uns ein Geheimnis, denn wir stehen immer draußen. Im Innern, in der Motivation, *erfahren* wir aber das Geheimnis, wie Ursache die Wirkung herbeiführt“ (SCHOPENHAUER). —

[67] Neben dem Gesamtstoffwechsel des Organismus und seinen energetischen Verhältnissen (RUBNER, ZWARDEMAAKER u. a.) sind auch Teilerscheinungen weitgehend durchforscht worden, so neuerdings auf dem Gebiet des Nervensystems. Hier fand A. V. HILL, daß ähnlich wie im Muskelprozeß der Hauptteil der Wärmeentwicklung in die Erholungsphase und nur etwa 5% in die Erregungsphase fällt; die Temperaturerhöhung, die aus einer einzigen „Erregungswelle“ folgt, wird zu ungefähr $0,000\,000\,1°$ angegeben.

[68] HILBERT verlangt von einheitlicher kausaler Naturbetrachtung „Widerspruchsfreiheit aller Konsequenzen des Systems“. Nach REICHENBACH bedeutet „Wahrheit“ für die Naturwissenschaft „innere Widerspruchslosigkeit des Begriffsystemes“.

[69] Dem Geist der Sprache wird man wohl am besten gerecht, wenn man etymologisch unter „notwendig" nicht in unberechtigtem Optimismus „ein Not Wendendes", d. h. Beseitigendes, zur Abhilfe einer Not Dienendes, sondern ein aus „Not" = Zwang irgendwohin „Gewendetes" = Gerichtetes und Herbeigeführtes versteht; siehe GRIMMS Wörterbuch: „in die Not gewendet, durch sie gezwungen oder hervorgebracht". — „Empirische Notwendigkeit ist keine Wesensnotwendigkeit" (HUSSERL).

[70] Seitdem man weiß, daß die „Urbaustoffe der Materie" trotz Einfachheit doch „nicht den Charakter absoluter Unzerstörbarkeit besitzen" (P. JORDAN), sondern daß „Stoff" — in großartiger W.W. mit dem „Feld" —auch entstehen und vergehen kann, wird man sich vor einer Überschätzung solcher Zahlen hüten. Ähnlich verhält es sich mit dem ganzen System „fundamentaler Naturkonstanten", aus denen die materielle Welt sich ergeben soll, etwa der Größen M, m, e, c, h und G (siehe BAVINK über „Atom und Kosmos" in „Unsere Welt" **1937**, S. 1; P. JORDAN, HAAS über Weltkonstanten, Naturwiss. **1937**, 513, 733). Auch hier ist wohl nicht viel mehr als der Anfang eines Gerüstes, das gegenwärtig noch kaum trägt. Für die Herstellung des Baues selber aber — einer Überganzheit mit Überkausalität — dürfte ein Überintellekt vonnöten sein. (Dem Lebensbegriff wird man wohl näher kommen können — ohne ihn je zu erreichen — wenn man vom Begriff des Kontinuums statt vom Korpuskelbegriff ausgeht.)

[71] Es liegt in der Struktur der Sprache, daß wir auch hier nicht über bildliche — oder wenn man will fiktive — Redeweise hinwegkommen: entweder mit mechanistischen Bildern: Stufenbau, Stufenleiter; oder mit psychistischen auf Grund gefühlsmäßiger Wertung: Rangfolge, Rangordnung (auch Hierarchie, hierarchische Ordnung, Führung usw.). Siehe hierzu WOODGER, OLDEKOP, MÜLLER-FREIENFELS, BAVINK, A. WENZL, DÜRKEN u. a.

[72] Die Wissenschaft tut gut, den Weg von unten nach oben einzuhalten, auf die Gefahr hin, „materialistisch" zu erscheinen (siehe auch F. A. LANGE). Eine idealistische Philosophie wählt konsequent den Weg der Deduktion von oben, womit sie zwar Gemütsbedürfnisse besser zu befriedigen vermag, zu der Beherrschung der Natur jedoch nichts beiträgt. Gegenwärtig scheint die Zeit gekommen zu sein, da vorsichtiger (wissenschaftlicher) Aufstieg von unten und wagemutiger (metaphysischer) Abstieg nach unten sich in dem mittleren unübersichtlichen Gebiet begegnen können.

[73] Auch im Gebiet des Mechanischen bestehen von vornherein gewisse Freiheiten, insbesondere der geometrischen Richtung und der Art des Zusammenspiels bei einer Vielheit von Körpern; doch überwiegt hier durchaus das Moment des Starren. „Unsere Logik aber ist eine Logik der festen Körper!" (DACQUÉ). „Alle Messungen geschehen mittels starrer Körper" (DINGLER).

[74] Es ist lehrreich zu sehen, daß, während man einst Gesetze der Körpermechanik auf Chemie anzuwenden versuchte, neuerdings umgekehrt Erscheinungen der „feineren oder höheren Mechanik" der *Chemie* in der Atomphysik in gewisser Weise wiedergefunden werden. Die zwischenatomaren wie die inneratomaren Kräfte sind polarer elektrischer Natur, in Anziehung und Abstoßung sich äußernd; nicht nur beim chemischen „Zusammenstoß"

von Atomen, sondern auch beim „heftigen Aufprall" von Neutronen, Protonen oder γ-Strahlen auf Atomkerne ist die erste Auswirkung die Bildung eines „angeregten" instabilen „Komplexes" (N. Bohr), der erst nach endlicher, wenn auch sehr kurzer Zeit (Milliardstel Sekunden ?) eine „Spaltung" bestimmter Art erfährt, in beiden Fällen derart, daß nicht etwa das „thermodynamisch stabilste" Gebilde sogleich entsteht, sondern im Gegenteil mit einem unter Umständen lang ausgesponnenen und öfters auch verzweigten und in Stoffgleichungen wiederzugebenden Reaktionsverlauf, in welchem der Forscher die oder jene *Zwischenstufen* zu fassen vermag. Als Erfolg stofflichen Anpralls kann Addition wie Substitution, Zusammenschluß wie Austausch auftreten. Dazu kommt weiter auf beiden Gebieten: die allgemeine Möglichkeit einer Darstellung von „Körpern" (auch radioaktiven Elementen bis zu „Transuranen") auf verschiedenen Wegen, gewisse Spezifitäten der Affinität bzw. Resonanz als Vorbedingung leichten Reagierens, schließlich sogar „metastabile Zustände" (F. v. Weizsäcker) und haltbare „Kernisomerien" (beobachtet von Bothe bei Brom, von O. Hahn und L. Meitner bei den Transuranen); siehe auch Debye u. a.). (Vielleicht findet sich sogar so etwas wie „Katalyse" bei den Atomkernreaktionen ? Auf alle Fälle wird „Materialisation" von Strahlungsenergie nur beim Zusammentreffen mit korpuskularer Masse beobachtet, die insofern als eine Art „Katalysator" = Vermittler erscheint; s. S. 34.)

[75] Hinsichtlich der Bedeutung der höheren Freiheitsgrade, die durch den komplexen Kolloidzustand organischer Gewebe mit den daraus resultierenden mannigfachen „Oberflächenkräften" gewährleistet sind, vgl. die biologische Kolloidchemie, ferner Bertalanffy u. a.

[76] Man kann oft vier verschiedene „Sprachen" für das gleiche Erscheinungsgebiet (z. B. für die Vorgänge auf der Retina bei der Lichtreizung oder für die Zustände im Nerv) unterscheiden: die atomphysikalische Redeweise, die physikalisch-chemische Symbolik, die funktionell physiologische Ausdrucksweise und die (oft philosophisch affizierte) ganzheitlich biologische Darstellung. Die Zeiten aber, da Unkenntnis der Verhältnisse jenes schwierigen Übergangsgebietes einfach mit den nichtssagenden Worten „Mechanismus" oder „Automatismus" zugedeckt wurde („Reflex-Mechanismus", „Instinkt-Automatismus" u. dgl.) sollten endgültig vorbei sein.

Besonders wichtige „*Übersetzungsarbeit*" fallen der physiologischen Chemie und der Biochemie zu, die freilich vor dem Wunder des „Protoplasmas" noch ziemlich ratlos dastehen. Im einzelnen ist, unter Heranziehung der Kolloidchemie, schon mancherlei Vorarbeit geleistet worden, wie das Eindringen physikalisch-chemischer Methoden auch in die Entwicklungsbiologie zeigt; z. B. Membrangleichgewichte der Zelle (Donnan u. a.), „Sonderungsvorgänge als kataphoretische Erscheinungen" (Spek), Nachweis der Abhängigkeit der Zellfurchung von Enzym- und Hormongehalt, von p_H und Potential (Ries, Darlington u. a.). Andererseits erscheint es noch als aussichtsloses Unterfangen, umfangreichere Kausalismen wie etwa die auf bestimmte Berührungsreize einsetzenden reflektorischen „Totstellungs"-, richtiger Starreerscheinungen von Insekten auf Kolloidchemismus und Physikochemismus zurückführen zu wollen (siehe R. W. Hoffmann, Naturwiss. **1937**, 359).

[77] Zeigt jedes Leben für sich eine „oligarchische Art" (BERNARD), „eine hierarchische Ordnung stationärer Ströme" (BENNINGHOFF), mit dem übergeordneten Zweck der Erhaltung und Steigerung, so erscheint andererseits die *organische Natur im ganzen als eine „Stufenleiter von Ganzheitsbildungen"* (BAVINK), als ein Stufenbau des Lebens (BERTALANFFY), als eine „Staffelung der Organisationshöhe" (R. HESSE), „ein vielstufig hierarchisches System unzähliger Wirkungseinheiten" (OLDEKOP); eine Hierarchie der Wesensformen oder eine „emergent hierarchy of natural entities" (C. L. MORGAN) mit dem „Auftreten immer neuer, aus den niederen nicht ableitbarer Seinsstufen" (BOUTROUX, siehe auch WHITEHEAD, WOODGER, NEEDHAM, HEIDENHAIN, P. WEISS, ALVERDES u. a.). Freilich zeigt die Natur im Einzelfall oft wenig Respekt vor der Rangordnung, die sie selber geschaffen hat: wie oft läßt sie Höheres von Niederem rasch vernichten oder langsam zu Tode martern! (Millionen Menschen leiden noch an Aussatz, hunderte Millionen an Malaria, an Hakenwurmkrankheit usw. usw. Siehe auch Anm. 87.) „Der Mensch ist doch viel edler als das, was ihn tötet" (PASCAL).

[78] Können z. B. „Oberflächenkräfte" nebst p_H-Einfluß rein „kolloidchemisch" zwangsläufig zu Zellteilung führen (nach RASHEVSKY u. a.)? Und wie ist es mit den „spontan" einsetzenden gerichteten Bewegungen und Umgruppierungen einzelner Micellen im Keim, die mit Hilfe von autokatalytischer Teilchenvermehrung eine derartige rhythmisch-periodisch fortschreitende Differenzierung (Selbstausgliederung) einleiten, daß jedes neue Teilgebilde diejenigen Ursubstrate und diejenigen Urkatalysatoren als Aussteuer mitbekommt, die für die weitere physikalisch-chemische Vermannigfaltigung mit Staffelung und Zentrierung Bedingung sind? Läßt sich all dieses mit seinen räumlichen Symmetrien und sonstigen Gliederungen rein synthetisch von unten aus „Elementen" aufbauen?

[79] Nach N. BOHR „erreicht die Empfindlichkeit des Auges die absolute Grenze, die durch den atomistischen Charakter der Lichtphänomene gesetzt ist" (siehe auch TRENDELENBURG: Forschg. u. Fortschr. **1934**, 75). Zur Verstärkertheorie siehe SCHRÖDINGER: Naturwiss. **1935**, 507; ferner REICHENBACH über „Wahrscheinlichkeitsschwankungen" im Chromosomengeschehen; H. FREUNDLICH; v. MISES; DEHLINGER über das Gen als „eine krystallähnliche Wiederholung identischer Atomverbände"; sowie die Erörterung von BÜNNING, ZILSEL u. a. gegenüber P. JORDAN in „Erkenntnis" **1935**. „Schon in Krystallen können Reaktionen sehr vieler gleichartiger Atome durch die thermische Bewegung weniger einzelner gelenkt werden", „durch eine neue Art „Kettenreaktion", bei der „der thermisch bedingte Sprung eines Atoms das Umklappen einer ganzen Netzebene zwangsläufig nach sich zieht". DEHLINGER: Naturwiss. **1937**, 138.

[80] Wie weit umgekehrt Stoffliches bis in die Rangordnung der S.K. wirkt, zeigen so recht Hormone und Giftstoffe verschiedener Art, sowie die stoffliche Vererbung und Übertragung psychischer Eigenschaften; siehe auch S. 96 ff.

[81] Auf eine „Veranlassung" durch uns unbekannte Sinnestätigkeit oder auf eine Führung durch „überindividuelle Potenz" weisen zahllose Wunder des Instinkts hin, so wenn z. B. eine Schlupfwespe noch die in

5 cm Tiefe des Holzes vorhandene Holzwespenlarve spürt und exakt treffend ansticht — sofern diese nicht schon angestochen war. Ähnlich spricht nach FRIEDMANN für eine überindividuelle seelische Haltung die „Synchronie", die bei den bis 20000 zweigeißligen Zellen einer Volvoxkolonie plasmatisch verbundener Einzelwesen beobachtet wird.

[82] Wie *im Psychischen selber eine Hierarchie gestaffelter Kausalismen* wirkt, zeigen besonders deutlich die *Irrungen*, die eintreten, wenn bei ungenügender Konzentration und Aufsicht (bei „Zerstreuung") eine untergeordnete Stelle eine „falsche Weisung" erhält, diese aber vom Nerven- und Muskelsystem an sich „richtig" ausgeführt wird: von den einfachen Fällen des Sichversprechens, Sichverschreibens, Sichvergreifens bis zu komplizierteren Fällen wie etwa: Man hat die Absicht, zu einem fertig geschriebenen Briefe die Adresse auf eine Briefhülle zu schreiben. „In Gedanken" nimmt man (richtiger „es") statt der Briefhülle einen neuen Briefbogen, schreibt Ort und Datum, und erst beim Ansetzen zur Anrede merkt man (hier wieder das „Ich"), daß eigentlich die Briefhülle beschrieben werden sollte. — Dagegen ein positiver Fall: Man nimmt sich fest vor, morgen früh zu einer bestimmten Zeit zu erwachen; und das „Unterbewußtsein" führt den Auftrag durch Weitergabe an die „äußeren Kreise" der Abb. 8 aus.

[83] Zur Teleologie, insbesondere der Natur, siehe LEIBNIZ, KANT, SCHOPENHAUER, E. V. HARTMANN, WUNDT, DILTHEY, PFLÜGER, BERGSON, HEIDENHAIN, BECHER, G. WOLFF, DRIESCH, BAUCH, FRIEDMANN, BAVINK, WENZL, UNGERER, STEINMANN, SAPPER, HAERING, LOESER u. a.; zur Begriffsbildung auch N. HARTMANN u. a. (Über den Fortschritt von KANT zu DRIESCH siehe HEINICHEN: Ann. Philos. 4 [1924] 69.) „Das Weltall, wie wir es bloß naturwissenschaftlich begreifen, kann uns so wenig begeistern wie eine buchstabierte Ilias" (FR. A. LANGE).

[84] Das Wort „Richtung" bedarf jeweils genauer Umschreibung, sobald die mechanistisch-geometrische Urbedeutung der Streckenrichtung verlassen wird; dabei ist eine „planlose Richtung" — die lediglich Wahrscheinlichkeitsregeln folgt — von einer „planvollen und ganzheitlichen" Richtung zu unterscheiden, die nicht berechenbar ist und die auf auswählende und kombinierende „höhere Potenzen" hinweist. Biologisches Gerichtetsein erscheint als Zielrichtung und Planrichtung unwahrscheinlicher Art.

In welcher Weise aber einfaches geometrisches, *mechanisches Richten* über mehrgliedrige Kausalverkettung von A.K., R.K. und G.K. bis zur S.K. schließlich in *psychischem* Richtunggeben mit dem Erfolg einer Zielhandlung auslaufen kann, zeigt mir — meine Schildkröte im Garten, wenn sie Sommers, dem wechselnd dirigierenden Spritzstrahl des Wasserschlauches jeweils ausweichend und davon in die Enge getrieben, schließlich bei dem vorbereiteten Futternapf landet, stehen bleibt und sich daselbst wunschgemäß betätigt.

[85] Hier wird deutlich offenbar: „Psychische Kräfte wirken lenkend auf materielle Hirnprozesse ein und werden wechselweise durch diese erst ermöglicht" (J. REINKE).

[86] So wird von BLEULER die Wahrscheinlichkeit einer Konstellation des Auges zu 10^{-42} angegeben (siehe auch BURKAMP, BERTALANFFY, BAVINK usw.). (U. a. ist auch über den „Wahrscheinlichkeitsgrad" nachgedacht

worden, daß bei sukzessivem Ausschütten sämtlicher Wörter von Goethes „Faust" aus einer Drehtrommel mit Schlitz auf ein laufendes Band die „richtige" Reihenfolge der Worte zustande kommt.) Oft sieht es aus, als ob es der Natur darauf ankäme, hie und dort Höchstziele der Vollendung in einer bestimmten Hinsicht zu erreichen, womit allerdings Gefahren hinsichtlich der Lebenstüchtigkeit in anderen Beziehungen verbunden sein können: Höchststeigerung des Muskelbaues bei tierischen Vorweltriesen, tierischer Farbenpracht bei Papageien, Paradiesvögeln usw., der Hirntätigkeit beim Menschen usf. (Nach K. Sapper tritt „Unwahrscheinliches" schon in der organischen Chemie auf. Und ist nicht bereits die ungleichmäßige Ausstreuung der Sternenmasse im Universum, die jede gewohnte räumliche Wahrscheinlichkeitsverteilung vermissen läßt, eine Hindeutung auf höhere „Willkür"?).

[87] Die Antinomien der Teleologie sind oft genug erörtert worden. Auf der einen Seite: Wohlordnung in dem Zusammenstreben unzähliger stofflich-energetischer Vorgänge auf ein gemeinsames wert- und sinnvolles Ziel hin: Erhaltungs-, Vermannigfaltigungs-, Vermehrungs- und Erhöhungsgemäßheit, auf der anderen die Beobachtung, daß die „Entelechie" mit anscheinend geringfügigen Störungen nicht fertig werden kann, sondern davon „überrannt" wird; dazu menschlich gesehen unzählige Sinnwidrigkeiten im einzelnen, Umständlichkeiten, sinnleere Willkürlichkeiten und „überflüssige" Grausamkeiten. Die größten physischen Schmerzen treten oft in Fällen auf, wo jede Signalgebung und Warnung ihre Bedeutung verloren hat; siehe Sauerbruch, Hoche. Auch kann man sich darüber wundern, daß die Natur, die von so überschwänglich hoher „Vernunft" zeugt, ihren Geschöpfen im großen und ganzen davon so wenig mitzugeben vermochte. So kann eng menschliche Betrachtung sogar zu der Meinung kommen: „Sicher ist, daß jeder gute Schachspieler eine viel zuverlässigere Finalität entfaltet als die Natur" (Friedmann). Siehe hierzu, speziell über „Umwegzweckmäßigkeit" (Paratelie) und „Sackgassen der Entwicklung" G. v. Frankenberg: Naturwiss. 1937, 279; Umschau 1937, 294; Natur und Volk 1937, 521. Steht nun die ganze Natur unter einem höheren „blinden" Zwange oder unter einem höheren „sehenden" Willen? Sind (nach Spann) „alle Seinsweisen gesollte Weisen"?

[88] So sind ja „Schönheit und Ganzheit ebensolche Realitäten wie Energie und Entropie" (Smuts). Freilich kann auch der Eindruck entstehen: In der Welt herrscht soviel Mathematik und soviel Lebensdrang und soviel Schönheit, daß das, was menschlich „Moral" genannt wird, in der Natur zu kurz kommen mußte! (Zwiespalt der Begriffe „Leben" und „menschliche Moral", gemäß Nietzsche?) Der *Natur* kann der kategorische Imperativ der Pflicht und der Güte *nicht* entnommen werden. (Es sind wohl die Ansprüche, die unser Geist stellt, zu hoch, als daß die Natur sie voll befriedigen könnte.) „Der Geist geistet wo *er* will, nit in allen, nit in vielen, sondern do, do es in lust": Paracelsus.

[89] Letzte Ausläufer konsequenter Mechanistik finden sich bei J. Schultz und Zehnder. „Alles Natürliche ist vorstellbar"; Äther ist ein „fast gewichtsloses Gas", das auch aus „Uratomen" mit Kugelform besteht und „Temperatur" besitzt; Gravitation und Elastizität sind die Urkräfte. Re-

pulsionen und Attraktionen materieller Punkte sind das Letzte; selbst die Elektrizität ist „mechanisch" zu erklären und die Entstehung des Lebens „mechanisch" abzuleiten. — *Die neuere Physik ist indes „antimechanisch"* und geht andere Wege; „man soll nicht auf eine antimechanische Physik eine neue mechanische Biologie gründen wollen" (KÖTSCHAU u. MEYER). Es gilt nicht mehr: „In der wahren Wissenschaft kann man die Ursachen aller Wirkungen nur durch die Denkweise der Mechanik begreifen" (HUYGHENS), sondern: „Wir müssen auf jede Hoffnung verzichten, etwas in der Physik wirklich zu verstehen, solange es nicht gelungen ist, die mechanischen Denkweisen durch die Denkweisen der anderen Zweige der Physik zu begreifen" (KOTTJE). Demgemäß sind auch „die letzten Einheiten der Physiologie nicht Massenpunkte, sondern die autonomen Lebenseinheiten der Zelle und ihrer Funktion" (MEYERHOF).

[90] Als Leitstern erscheint das Wort von GALILEI: „Alles messen, was meßbar ist, und meßbar machen, was es noch nicht ist." Auf keinem Gebiet ist *Begriffsklarheit* mehr vonnöten wie hier. Wie oft werden nicht Physikalismus und allgemeiner Kausalismus als „Mechanismus" bezeichnet und damit abgetan! So ist auch der *Chemie* oft das Mißgeschick begegnet, in den Strudel der heutigen Aburteilung und Ablehnung des biologischen „Mechanismus" mit hineingerissen zu werden, obwohl sie selber ihrer innersten atomphysikalischen Art nach nichts weniger als ein wirklicher „Mechanismus" ist! Analog einem bekannten Ausspruch über die Physik von ehedem ist man versucht zu sagen, daß es sich bei jener Ablehnung um eine Chemie von gestern und vorgestern handelt, an die gegenwärtig, zumal angesichts der Tatsache der Katalyse „kein Chemiker mehr glaubt". Es erscheint jedoch als ein „gefährlicher Irrtum von Biologen, daß ein ausgedehntes Geschehen durch einen Mechanismus erklärt werden müsse *oder aber* sonst auf rein physischem Wege überhaupt nicht zu begreifen sei" (Wo. KÖHLER).

[91] Vgl. BERTALANFFY: „Vielleicht ist die Gesetzlichkeit des Lebens „physikalisch", wenn wir mit einem Begriff der Physik rechnen, der über die heutige Physik erheblich hinausgeht." Siehe auch MITTASCH: Katalyse und Lebenskraft. Umschau **1936**, 733.

Machen wir einmal die Unterstellung: Sämtliche Proton-Neutron-Atomkerne (als Tätigkeiten) der Welt stehen in innerem Zusammenhang, sämtliche Elektronenwolken ihrerseits (als Tätigkeiten) ebenso; dann wäre stofflich die polare Zweiheit des „weiblichen" und des „männlichen" Prinzips in der Natur gegeben, die miteinander in unendlicher W.W. stehen und zusammengehalten und geführt werden durch ein tätiges Urprinzip, das äußerlich und „energetisch" als „das Feld", „der Äther", das „Strahlungsmedium des Lichtes" erscheint, innerlich aber als „Urwille der Welt" zur Ahnung wird. „Polarität ist die ewige Formel des Lebens" (Goethe).

[92] Vgl. auch J. REINKE: „Das Prinzip des Organismus und des Lebens beruht auf etwas ganz anderem als auf den rein chemischen Eigenschaften der im Protoplasma prävalierenden Teile." Ferner BERTALANFFY: „Zweifellos ist eine Zelle mehr als ein bloßer Haufe kolloidgelöster organischer Verbindungen, ein vielzelliger Organismus nicht ein bloßes Zellaggregat, das Lebensgeschehen nicht ein bloßes Bündel von physikalischen und chemischen

Vorgängen." Speziell die Erscheinung des psychischen Gedächtnisses hat (trotz HERING, W. OSTWALD u. a.) bisher allen physikalisch-chemischen Erklärungsversuchen getrotzt, namentlich im Hinblick auf die stete stoffliche Erneuerung der Körperbestandteile. Vgl. den „Mnemismus" mit dem Grundbegriff der Mneme (SEMON 1904, BLEULER u. a.); auch MONAKOWS „Horme" als „Feuer des Lebens" (v. MURALT: Naturwiss. 1932, 727), gleichwie „das Fünklein" der alten Mystiker. Biologisch wie psychologisch betrachtet hat das „Leben" mit der „Katalyse" gemein, daß beide nicht durch bestimmte wohldefinierbare „Einzelheiten" gekennzeichnet werden können, sondern nur durch die „Zusammenhänge" (auch hier wieder ein unvermeidliches mechanisches Bild!).

Was zu KANTS Zeiten, dem damaligen Stande des Wissens entsprechend, noch gerechtfertigt sein mochte: den Ausdruck „Mechanismus" im Sinne einer allgemeinen kausalen Naturgesetzlichkeit zu gebrauchen, das sollte heute der Begriffsklarheit zuliebe unterlassen werden; das Wort Mechanismus „ist darum besser ganz zu vermeiden" (BERTALANFFY).

[93] Hierher gehören der Organizismus mit „Systemgesetzlichkeit" (HALDANE, BERTALANFFY), der „Holismus" (SMUTS, AD. MEYER) usw.; siehe auch Finalität und Totalität (ALVERDES), Spontaneität und Impulsität (WOLTERECK), Aktivität (BÖKER, ANDRÉ, FRANCÉ u. a.). „Anorganische Phänomene sind ein vereinfachter Grenzfall der organischen, gekennzeichnet durch ein Minimum integraler Ganzheitsbildung" (P. JORDAN). Wenn nach „holistischer" Auffassung in der Stufenfolge vom Psychologischen über das Biologische zum Physikalisch-Chemischen sich die Gesetzmäßigkeit der jeweils niedrigeren Stufe durch „Simplifikation" aus der jeweils höheren ableiten lassen soll, so kann dies nur im ganz allgemeinen gelten; für *bestimmte* Gesetzmäßigkeiten, z. B. der Quantenphysik, der organischen Chemie und der Biologie wird kaum je eine strenge Ableitung, von der einen oder anderen Seite her, möglich sein. Genug, daß die Gesetzmäßigkeiten verträglich sind und in Rangordnungsharmonie stehen. — Siehe auch LENARD: „Der Geist eines Lebewesens ist der Teil des Allgeistes, den seine großen Moleküle festzuhalten vermögen."

[94] SCHOPENHAUERS Stellungnahme geht u. a. aus folgenden Aussprüchen hervor: „Allerdings wirken im tierischen Organismus physikalische und chemische Kräfte"; aber was diese zusammenhält und lenkt, so daß ein zweckmäßiger Organismus daraus wird und besteht — das ist die *Lebenskraft*, die zum Unterschied von den Kräften der anorganischen Natur „zunächst an der Form haftet, nicht an dem bloßen Stoff". „Lebenskraft", sich äußernd in Irritabilität, Sensibilität und Reproduktivität (siehe auch JOHANNES MÜLLER) ist eine letzte „qualitas occulta" gleichwie Schwerkraft oder Magnetismus. „Das Leben läßt sich definieren als der Zustand eines Körpers, darin er, unter beständigem Wechsel der Materie, seine ihm wesentliche (substantielle) Form allezeit behält". „Organismus" ist dann „der sichtbar gewordene Wille", das Leben „die höchste Erscheinung des Willens; dieser aber ist uns vertrauter als alles andere, weil unmittelbar im Bewußtsein gegeben". (Vgl. auch WUNDTS Voluntarismus, der sich an die Betonung des Schöpferischen in der Natur durch LEIBNIZ, GOETHE, HERDER, C. G. CARUS, JOH. MÜLLER, SCHOPENHAUER, NIETZSCHE u. a. anschließt,

ferner die „Gestaltphilosophie" von S. Alexander, sowie die neuere Lebens- und Wertphilosophie.) (Von Carus siehe insbesondere „Gelegentliche Betrachtungen über den Charakter des gegenwärtigen Standes der Naturwissenschaft" 1854, Neudruck 1936, mit dem Schlußwort von Goethe:

Du bannst den Geist in ein tönend Wort,
Aber der Freie wandelt im Sturme fort.)

[95] Im Hinblick auf die Rangordnungspyramide Abb. 9 kann man sagen, daß jede der verschiedenen möglichen Auffassungen sich gewissermaßen in *einem* Stockwerk der Rangordnungspyramide angesiedelt hat und von hier aus das Ganze zu überblicken sucht. Will man unter „Holismus" eine Anschauung verstehen, die sich von jeder derartigen Einseitigkeit frei hält, so wäre *diese* — philosophisch gebotene — holistische Einstellung auch wissenschaftlich das erstrebenswerte, aber kaum voll erreichbare Ideal. So wie die Dinge liegen, kann in einem und demselben Forscher eine gewisse Inkongruenz bestehen, indem er wissenschaftlich den strengen „Kausalismus" vertritt, philosophisch aber einem allgemeinen telischen Psychovitalismus zuneigt. „Ein Naturkörper ist ein lebender Organismus, d. h. eine gegebene extensive Mannigfaltigkeit wird bezogen auf eine intensive Mannigfaltigkeit als ihren Grund" (Driesch).

[96] „Es bedeutet keine Erklärung der rätselhaften Ordnung, wenn wir sagen, ein noch rätselhafteres metaphysisches Prinzip habe sie bewirkt" (Bertalanffy). Über das Problem der „vitalen und psychischen Energie" siehe auch Kottje, Bunnemann u. a.: „Die Alternative Mechanismus-Vitalismus ist nur möglich auf dem Boden einer gänzlich unkritischen radikal-mechanistischen Naturanschauung, der ein höchst problematischer Begriff von mechanischer Kausalität zum Inbegriff alles Weltverständnisses geworden ist." „Mechanismus" (soll heißen: Kausalismus, d. Verf.) „wie Vitalismus sind beide als Methode gut" (Kottje) und „bemühen sich beide um das Ganze" (Ungerer). (Much aber spricht von „mechanistischen Luftsprüngen" und „vitalistischen Luftschlössern".) Weyl: „Grundlegend ist das mit sich selbst identische Ich, nach dessen Analogie die Welt gedeutet wird"; und eine Biologie von oben und eine solche von unten — deren Wechselwirkung sich oft in Fehde zu erschöpfen scheint — werden vielleicht noch lange Zeit nebeneinander bestehen müssen.

[97] Vgl. R. Mayer: „Was Wärme, was Elektrizität usw. dem inneren Wesen nach ist, weiß ich nicht." W. Sombart: „Die Naturwissenschaft verzichtet auf Wesenserkenntnis und tauscht dagegen ein Einsicht in die Regelmäßigkeit der identisch wiederkehrenden Fälle." G. Mie: „Früher lebte der europäische Mensch noch in der angenehmen Einbildung, daß er durch rationelle Methoden in die verborgensten Geheimnisse der Natur eindringen könne." Heute haben wir „eine Befreiung von den Forderungen einer Veranschaulichung mit den natürlichen Anschauungsmitteln zugunsten eines widerspruchsfreien Denkenkönnens aller Konsequenzen. Es hat keinen Sinn, einen Stoff anzunehmen, der hin und her schwingt". So gibt es einen „Sieg des Formalismus über den anschaulichen Mechanismus"; das Lichtquant ist „Photon und Welle" (Madelung); und „es bleibt nichts Stoffliches als Träger" (Kottje).

Wissenschaftliche Wahrheit aber besteht in einer „Eindeutigkeit der Zuordnung" (Schlick), oder sie ist „die größtmögliche Annäherung der Erkenntnis an das Sein", auch dann aber immer eine „Übersetzung" (Müller-Freienfels), die nicht ohne Symbolismen und Fiktionen (= Ersatzwahrheiten mit Deutung durch Vergleich) auskommt. („Prinzip der symbolischen Beschreibung" nach P. Jordan; siehe auch F. A. Lange: „Standpunkt des Ideals" mit Anerkennung der „Welt der Ideen als bildliche Stellvertretung der vollen Wahrheit".) Jedes weit vor-getriebene Denken führt schließlich zu einer „Über-treibung" (Ortega y Gasset), ausmündend in Idee oder Gleichnis. „Als ein Gleichnis der Ordnung der Welt aber erscheint nicht die vermeintliche Harmonie des Sternhimmels, sondern die ruhelose Menschheitsgeschichte" (Riezler). „Dieser sagt, die Welt ist Gedanke, Wille, Krieg, Liebe, Haß: meine Brüder, ich sage Euch: alles dies ist im einzelnen falsch, alles dies ist zusammen wahr" (Nietzsche).

[98] So ist auch „Entelechie" ein Grenzbegriff metaphysischer Art ohne eigentlichen wissenschaftlichen Erklärungswert. Er kann trotzdem unentbehrlich sein als *Postulat* in Deutungs- und Erweiterungsbetrachtungen, die die Erfahrung überschreiten, ohne sich mit ihr in Widerspruch zu setzen, und die allein es schließlich vermögen, der Gesamterfahrung wissenschaftlicher und außerwissenschaftlicher Art einen *Sinn* zu geben: einen Sinn höherer Zwecke und höherer Harmonien, in einer „Daseinserhellung" (Jaspers), wie sie der menschlichen Vernunft eben erreichbar ist.

Der als große „Säuberungsaktion" so nützliche und in seiner kritischen Form für die reine Wissenschaft (gegen „metaphysische Verzerrung": Schlick) dauernd wichtige puritanische „Positivismus" kann in seiner extremen Metaphysik-feindlichen Form nicht eine letzte Betätigung menschlichen Denkens sein; sind doch gerade Weltfragen, die daselbst gern als „sinnleer" und als „Scheinproblem" bezeichnet werden, oft so beschaffen, daß sie den Menschen seit dem Verlassen des reinen Naturzustandes bis in die höchsten individuellen Erhebungen — im Denken, Phantasieren und Tun — besonders stark beschäftigt und beunruhigt haben: ein Hinweis darauf, daß ein „höherer Sinn" walten mag, der vermutet und geahnt, wenn auch nicht voll erfaßt und begriffen werden kann. So gilt es, eine „bereinigte *sinnbewußte* Wissenschaft aufzubauen (W. Holzapfel), mit „pragmatischer Ordnung" (Dingler), in „sinnhaftem Verstehen" (Spranger). Hierzu auch Planck: „Es gibt kein Kriterium, a priori zu entscheiden, ob ein vorliegendes Problem physikalisch sinnvoll ist oder nicht."

Das „Letzte" bleibt immer ein Rätsel; und man verwickelt sich leicht in antinomistische Widersprüche, von denen auch z. B. Schopenhauer nicht verschont blieb, wenn er einerseits Vorstellungen und Gedanken vom Gehirn „erzeugt" sein läßt, andererseits aber die menschliche *Vorstellung* des Gehirns der Vorstellung der Außenwelt einreiht, die insgesamt aus dem schaffenden Urwillen hervorgehe. (Für die Kategorie Ursache-Wirkung ist hier beim Übergreifen auf das „Ding an sich" kein Platz!)

Nicht außer acht zu lassen aber wird die metaphysische Frage sein, wie hochentwickeltes seelisches Dasein, vor allem nach der Art des menschlichen, zu dessen Realisierung die Natur ungeheure Zeitperioden und höchsten „erfinderischen" Aufwand an stofflich-ganzheitlicher Verwicklung gebraucht hat, etwa ohne jene stofflich-energetische „Basis" gedacht werden könne.

[99] Die Erfolge der mechanischen Kinetik auf ihrem eigensten Gelände (einschließlich Astronomie) sowie mittelbar auch noch in anderen Sphären der Physik, wie Thermodynamik und Elektrodynamik, waren so gewaltig, daß der Begriff des „Mechanischen" von hier aus das ganze Gebiet kausaler Zusammenhänge gewissermaßen überschwemmt (ja man möchte fast sagen „verseucht") hat, so daß *sprachlich die Ausdrücke „mechanisch" und „kausal" immer noch oft direkt gleichgesetzt werden!* Namentlich in Biologie und Medizin kann man gewissermaßen einen kontinuierlichen Mißbrauch des Wortes „Mechanismus" feststellen, insofern, als dort gern alles als „mechanisch verursacht" bezeichnet wird, was in Wirklichkeit nur irgendwie — meist sehr kompliziert — *kausal* bedingt und „gesetzlich" ist.

Es ist lehrreich zu sehen, daß Roux in späteren Jahren ein gewisses Bedauern zeigt, in Anlehnung an Kant seine Entwicklungsbiologie (die eine „*Kausalik*" darstellt) „Entwicklungs*mechanik*" genannt zu haben. Siehe auch Burkamp: „Man muß anerkennen, daß der Ausdruck ‚mechanistisch' für jede Annahme partialkausaler Bestimmtheit eines Systems heute eigentlich unangemessen ist. Ich vermeide deshalb den Ausdruck ‚mechanistisch' in dem Sinne."

[100] Über das Merken und Lernen und die „Dressur" von Einzellern siehe Bramstedt (Forschg. u. Fortschr. **1936**, 176) mit Versuchen an Pantoffeltierchen (Kopplung der Eindrücke hell und heiß, dunkel und kalt) und Muscheltierchen (Kopplung von rauh und hell, glatt und dunkel); das Pantoffeltierchen kann sich auch Größe und Form von Umwelträumen einprägen und sich in neuer Umwelt auf historischer Reaktionsbasis benehmen (siehe auch Alverdes: Umschau **1937**, 404; Fortschr. u. Forschg. **1937**, 268). Der „Plasmaschleim", der „gestaltlose mikroskopische Fleck" der Amöbe probiert, prüft, tastet, müht sich ab und hat ein Ziel, er bringt Geduld auf und hat Gedächtnis, er überwindet Schwierigkeiten und bleibt so zeitweilig Herr über seine Umwelt (nach G. Schenk). „Auch ein Infusor lernt" (Bleuler), in einer „Form der Ganzheitserfassung" (Alverdes).

Willensfreiheit als Zustand lustbetonter wahlhafter Entschließung bei gegebener innerer Motivation kann gewissermaßen bis in die Tiefen primitiven tierischen Daseins vorhanden sein, dieses von dem „Durchausnichtanderskönnen" der Pflanze unter festgelegten Bedingungen deutlich abgrenzend. Man wird nicht fehlgehen, wenn man überzeugt ist, daß schon ein Einzeller keine „Reflexmaschine" ist, sondern ein voller Organismus, mit bestimmter „Rangordnung" der Kausalismen begabt, und ein Wesen, das merken, lernen und genießen kann, also biologisch in seiner Weise vollkommen, d. h. vollfähig ist, wenn auch in solch urtümlicher Form, daß wir uns seinen inneren Zustand nur denken, aber nicht verstehen und uns „vorstellen" können. (Ob aber — nach J. L. Haldane u. a. — „Keime von

Personalität" schon im Anorganischen vorhanden sind, kann hier dahingestellt bleiben.) Allgemein wird für organisches Leben gelten:

> „Wer Leben je erfuhr, muß dennoch danken,
> Daß ihn der Hauch berührte, der ein Nichts
> Aus dumpfem Schlafe weckt, den Staub mit Atem
> Beseelt und mit Gestaltung ihn bekleidet. —
> Blüht, künftige Geschlechter! blüht wie wir,
> Und tragt wie wir die Doppelfrucht des Lebens,
> Die süße Lust und all das bittre Leid."
>
> J. V. WIDMANN.

Buchliteratur:

ALEXANDER, JEROME, Colloid Chemisty. 2. Aufl. 1937.

ALVERDES, FR., Die Totalität des Lebendigen. 1935. — Leben als Sinnverwirklichung. 1937. Acht Jahre tierpsychologischer Forschung. 1937.

BAUCH, B., Wahrheit, Wert, Wirklichkeit. 1924.

BAVINK, B., Ergebnisse und Probleme der Naturwissenschaften. 5. Aufl. 1933.

BECHER, E., Naturphilosophie. 1914. — Grundlagen und Grenzen des Naturerkennens. 1928.

BERTALANFFY, L. v., Theoretische Biologie I. 1932. — Das Gefüge des Lebens. 1936.

BIER, A., Organhormone und Organtherapie. 1929.

BLEULER, E., Die Psychoide als Prinzip der organischen Entwicklung. 1925. Mechanismus — Vitalismus — Mnemismus. 1931.

BOAS, FR., Dynamische Botanik. 1937.

BORN, M., Über den Sinn der physikalischen Theorien. 1929.

BOUTROUX, E., Die Kontingenz der Naturgesetze. — Über den Begriff der Naturgesetze in der Wissenschaft und in der Philosophie der Gegenwart. (Deutsch bei Diederichs, Jena).

BOYSEN-JENSEN, P., Die Wuchsstofftheorie. 1935.

BURKAMP, W., Struktur der Ganzheiten. 1929. — Naturphilosophie der Gegenwart. 1930.

BREDIG, G., Anorganische Fermente. 1901.

BREDERECK, H., Ergebnisse der Vitamin- und Hormonforschung. 1936.

BRETSCHER, E., Kernphysik (Kongreß-Vorträge Zürich) 1936.

DACQUÉ, E., Organische Morphologie und Paläontologie. 1935.

DEMOLL, R., Instinkt und Entwicklung. 1934.

DINGLER, H., Der Glaube an die Weltmaschine und seine Überwindung. 1932.

DRIESCH, H., Das Lebensproblem im Lichte moderner Forschung (Sammelwerk). 1931. Systematische Philosophie 1931. Philosophische Gegenwartsfragen. 1933. Die Maschine und der Organismus. 1935; u. a. m.

DÜRKEN, B., Entwicklungsbiologie und Ganzheit. 1936.

EDDINGTON, A. S., Die Naturwissenschaft auf neuen Bahnen. Deutsch 1935.

EISLER, R., Wörterbuch der philosophischen Begriffe. 4. Aufl. 1930.

EUCKEN, R., Mensch und Welt. 2. Aufl. 1919.

EULER, H. v., Biokatalysatoren. 1930.

Fischer, B., Vitalismus und Pathologie. 1924.

Fodor, A., Das Fermentproblem. 2. Aufl. 1929.

Frank, Ph., Das Kausalgesetz und seine Grenzen. 1932.

Frankenburger, W., Katalytische Umsetzungen. 1937.

Friedmann, H., Die Welt der Formen. 2. Aufl. 1930.

Gellhorn, E., Das Permeabilitätsproblem. 1929.

Giersberg, H., Hormone. 1936 (Verständliche Wissenschaft).

Goldschmidt, V., Vorlesungen über Naturphilosophie. 1935.

Goldschmidt, R., Vererbungslehre (Verständliche Wissenschaft).

Goldstein, K., Der Aufbau des Organismus. 1935.

Grote, M. Hartmann, Heidebrock, Madelung, Das Weltbild der Naturwissenschaften. 1931.

Gurwitsch, A., Die mitogenetische Strahlung. 1932.

Haas, A., Atomtheorie. 3. Aufl. 1936.

Haeckel, E., Krystallseelen. 1917.

Haering, Th., Naturphilosophie in der Gegenwart. 1933.

Haldane, J. L., Die Philosophie eines Biologen. 1936.

Hartmann, M., Allgemeine Biologie. 2. Aufl. 1933. — Analyse, Synthese und Ganzheit in der Biologie. Sitzgsber. preuß. Akad. Wiss., Phys.-math. Kl. 1935. — Philosophie der Naturwissenschaften. 1937.

— u. Gerlach, W., Naturwissenschaftliche Erkenntnis und ihre Methoden. 1937.

Hartmann, N., Grundzüge einer Metaphysik der Erkenntnis. 2. Aufl. 1925.

Heisenberg, W., Wandlungen in den Grundlagen der Naturwissenschaft. (Drei Vorträge.) 2. Aufl. 1936.

—, Schrödinger, E., Dirac, P. A. U., Die moderne Atomtheorie. 1934.

Hellmann, H., Einführung in die Quantenchemie. 1937.

Henderson, L., Die Umwelt des Lebens. Deutsch 1914.

Hering, E., Fünf Reden (neu herausgegeben 1931).

Hermann, Gr., May, E. u. Vogel, Th., Die Bedeutung der modernen Physik für die Theorie der Erkenntnis. 1937.

Hertwig, O., Allgemeine Biologie. 6. Aufl. 1923.

Höber, R., Physikalische Chemie der Zelle und der Gewebe. 6. Aufl. 1926.

Hopf, L., Materie und Strahlung. 1936.

Hoskins, R. E., Die Hormone im Leben des Körpers. 1936.

Hückel, W., Theoretische Grundlagen der organischen Chemie. 1934 ff.

Jeans, J., Die neuen Grundlagen der Naturerkenntnis. Deutsch 1934.

Jensen, P., Reiz, Bedingung und Ursache in der Biologie. 1921.

Jordan, P., Physikalisches Denken in der neuen Zeit. 1935. — Die Physik des 20. Jahrhunderts. 1936. — Anschauliche Quantentheorie. 1936.

Just, G., Der Zufall im organischen Geschehen. 1925.

Kallmann, H., Einführung in die Kernphysik. 1937.

Kiesel, A., Chemie des Protoplasmas. 1930.

Koehler, O., Das Ganzheitsproblem in der Biologie. 1933.

Köhler, Wo., Die physischen Gestalten in Ruhe und im stationären Zustand. 1920.

Kötschau, K. u. Meyer, Ad., Aufbau einer biologischen Medizin. 1936.

Kottje, Fr., Erkenntnis und Wirklichkeit. 1926.

KREHL, L. v., Über die Naturheilkunde. 1935.

KRIES, J. v., Materielle Grundlagen der Bewußtseinserscheinungen. 1901.

KÜHN, A., Grundriß der allgemeinen Zoologie. 5. Aufl. 1937.

KAISER-WILHELM-GESELLSCHAFT, Festschrift 1936, Bd. II (Beiträge von M. HARTMANN, DEBYE, R. KUHN, O. HAHN, FR. v. WETTSTEIN, W. EITEL, H. STILLE u. a.).

LANGE, FR. A., Geschichte des Materialismus. 7. Aufl. 1902.

LEHMANN, E., Die Grundlage des Lebendigen. 1934.

LEHMANN, FR. M., Logik und System der Lebenswissenschaften. 1935.

LEHNARTZ, E., Einführung in die chemische Physiologie. 1937.

LIEBEN, FR., Geschichte der physiologischen Chemie. 1935.

LIPPMANN, E. v., Urzeugung und Lebenskraft. 1933.

LODGE, O., Leben und Materie. Deutsch 1908.

LOEB, J., Vorlesungen über die Dynamik der Lebenserscheinungen. 1906.

LOESER, A., Psychologische Autonomie des organischen Handelns. 1931.

LUNDEGARDH, H., Grundzüge einer physikalisch-chemischen Theorie des Lebens. 1914.

MEITNER, L. u. DELBRÜCK, M., Aufbau der Atomkerne. 1935.

MEYER, AD., Ideen und Ideale der biologischen Erkenntnis. 1934. — Krisenepochen und Wendepunkte des biologischen Denkens. 1935.

MEYER, LOTHAR, Die modernen Theorien der Chemie. 4. Aufl. 1883 (1. Aufl. 1864).

MITTASCH, A., Katalytische Verursachung im biologischen Geschehen. 1935. Katalyse und Katalysatoren in Chemie und Biologie. 1936.

MUCH, H., Körper, Seele, Geist. 1931.

MÜLLER, A., Struktur und Aufbau der biologischen Ganzheiten. 1933.

MÜLLER, L. R., Über den Instinkt. 1929.

MÜLLER-FREIENFELS, R., Psychologie der Wissenschaft. 1930.

NORD, F. F., Zum Mechanismus der Enzymwirkung unter besonderer Berücksichtigung der Kryolyse. 1933.

OELZE, E. u. O. SCHMITH, Transzendentale Grundlagen der Biologie. 1937.

OLDEKOP, E., Das hierarchische Prinzip in der Natur. 1930.

OPPENHEIMER, C., Einführung in die allgemeine Biochemie. 1936.

OSTWALD, W., Philosophie der Werte. 1914.

OSTWALD, WO., Metastrukturen der Materie. 1935.

PFLÜGER, E. F. W., Die teleologische Mechanik der lebendigen Natur. 2. Aufl. 1877.

PLANCK, M., Wege zur physikalischen Erkenntnis. 1933. — Das Kausalprinzip in der Physik. 2. Aufl. 1937; u. a. m.

RANKE, K. E., Die Kategorien des Lebendigen. 1928.

REICHENAU, L. J., Wende der Erkenntnis. 1934.

REICHENBACH, H., Ziele und Wege der heutigen Naturphilosophie. 1931. Wahrscheinlichkeitslehre. 1935.

REICHINSTEIN, D., Grenzflächenvorgänge in der unbelebten und der belebten Natur. 1930.

REINKE, J., Grundlagen einer Biodynamik. 1922.

RIGNANO, E., Das Leben in finaler Auffassung. 1927.

RINGLEB, Mathematische Methoden der Biologie. 1937.

Roux, W., Entwicklungsmechanik der Organismen. 1890.

Rudy, H., Die biologische Feldtheorie. 1931.

Russell, B., Unser Wissen von der Außenwelt. 1926.

Sapper, K., Das Element der Wirklichkeit und die Welt der Erfahrung. 1924. — Naturphilosophie. 1928. — Biologie und organische Chemie. 1930.

Schade, H., Bedeutung der Katalyse für die Medizin. 1907. — Die physikalische Chemie der inneren Medizin. 1919.

Schäfer, E. A., Das Leben. 1913.

Schaxel, J., Über die Darstellung allgemeiner Biologie. 1919.

Schlick, M., Grundzüge der Theorienbildung in der Biologie. 1922.

Schmalfuss, H., Stoff und Leben. 1937.

Schmidt, P. H., Philosophische Erdkunde. 1937.

Schneider, E., Entwicklungsgeschichte der naturwissenschaftlichen Weltanschauung. 2. Aufl. 1935.

Schrödinger, E., Zwei Vorträge. 1932.

Schultz, J., Die Grundfiktionen der Biologie. 1920. — Das Ich und die Physik. 1935.

Schwab, G.-M., Die Katalyse vom Standpunkt der chemischen Kinetik. 1931.

Semon, R., Die Mneme als erhaltendes Prinzip im Wechsel des organischen Geschehens. 4. Aufl. 1920.

Spann, O., Kategorienlehre. 1924. — Naturphilosophie. 1937.

Spemann, H., Neueste Ergebnisse entwicklungsgeschichtlicher Forschung. 2. Aufl. 1935. — Experimentelle Beiträge zu einer Theorie der Entwicklung. 1936.

Steinmann, P., Teleokausalität oder die Fiktion der gerichteten Ursächlichkeit. 1932.

Stempell, W., Die unsichtbare Strahlung der Lebewesen. 1932.

Stolte, H. A., Das Werden der Tierformen. 1936.

Stumpf, K., Grundlagen und Methoden der Periodenforschung. 1937.

Thesing, C., Schule der Biologie. 1934.

Trautz, M., Chemische Kinetik, in „Handwörterbuch der Naturwiss." 2. Aufl. Bd. 2 (1932). — Lehrbuch der Chemie, insbes. 3. Bd. (Umwandlungen) 1924.

Uexküll, J. v., Theoretische Biologie. 2. Aufl. 1928.

Ungerer, E., Der Sinn des Vitalismus und des Mechanismus in der Lebensforschung 1927 (aus Driesch-Festschrift). — Zeit-Ordnungsformen des organischen Lebens. 1936. Die Regulationen der Pflanze. 1926.

Verworn, M., Kausale und konditionale Weltanschauung. 1928.

Warburg, O., Katalytische Wirkung der lebendigen Substanz. 1928.

Weichardt, Wo., Grundlagen der unspezifischen Therapie. 1936.

Wenzl, A., Metaphysik der Physik von heute. 1935. — Wissenschaft und Weltanschauung. 1936.

Wiener Vorträge über „Neuere Fortschritte in den exakten Naturwissenschaften", ab 1933 (Mark, Scheminzky, Thirring u. a.).

Wiesner, J. v., Erschaffung, Entstehung, Entwicklung. 1916.

Willstätter, R., Zur Lehre von den Katalysatoren. 1927.

WINTERSTEIN, H., Kausalität und Vitalismus. 2. Aufl. 1928.
WOLFF, G., Leben und Erkennen. 1933.
WOLTERECK, R., Grundzüge der allgemeinen Biologie. 1932.
WUNDT, W., Sinnliche und übersinnliche Welt. 1914. — Erlebtes und Erkanntes. 1920.
ZEHNDER, L., Die Entwicklung des Weltalls. 1928.
ZIMMER, E., Umsturz im Weltbild der Physik. 1934.

Zeitschriftenliteratur (soweit nicht in den Anmerkungen schon angegeben):

Verh. Sächs. Akad. Wiss.: W. OSTWALD **1894**, 338.

Z. physik. Chemie: W. OSTWALD **15**, 705 (1894).

Z. Elektrochem.: W. OSTWALD **7**, 995 (1901). — FRANKENBURGER **32**, 481 (1926); **39**, 45 (1933). — BODENSTEIN **38**, 911 (1932); **42**, 439 (1936). — C. N. HINSHELWOOD **42**, 445 (1936). — H. SCHMID **42**, 579 (1936). — SKRABAL **43**, 309 (1937). — E. HÜCKEL **43**, 752 (1937). — O. SCHMIDT **43**, 853 (1937).

Ber. dtsch. Chem. Ges.: WILLSTÄTTER **59**, 1 (1916).

Chem.-Ztg.: A. HESSE **1934**, 569. — W. LANGENBECK **1936**, 953. — ABDERHALDEN **1937**, 2. — H. v. EULER **1937**, 15. — STAUDINGER **1937**, 14. — R. KUHN **1937**, 17. — H. v. EULER **1937**, 579.

Angew. Chemie: W. SOMBART **1930**, 34. — POLANYI **1931**, 597. — DIMROTH **1933**, 571. — BUTENANDT **1935**, 441. — DOMAGK **1935**, 657. — ALBERS **1936**, 448. — SCHRADER **1936**, 473. — SCHENCK **1936**, 647. — C. WAGNER **1936**, 735. — STAUDINGER **1936**, 801. — J. NODDACK **1936**, 835. — W. GERLACH **1937**, 10. — H. RUDY **1937**, 137. — BENNEWITZ **1937**, 207. — SCHEIBE **1937**, 212. — LOHMANN **1937**, 97, 221. — W. NODDACK **1937**, 271, 505. — K. J. SCHUMACHER **1937**, 483. — RIECHE **1937**, 520. — WÖHLISCH **1937**, 571. — K. H. BAUER **1937**, 572. — LETTRÉ **1937**, 581. — BOTHE **1937**, 600. — FROMHERZ **1937**, 679. — AMBROS **1937**, 866. — MARK **1937**, 867.

Wiener Mh. f. Chemie: SKRABAL **66**, 129 (1935).

Österr. Chem.-Ztg.: WILLSTÄTTER **1929**, 107.

Colloid Chemistry: G. BREDIG **2**, 327 (1928).

Transact. Far. Soc.: V. KOHLSCHÜTTER **31**, 1181 (1935).

Naturwiss.: NERNST **1922**, 62. — WILLSTÄTTER **1927**, 585. — RIEZLER **1928**, 705. — HILBERT **1930**, 959. — FITTING **1932**, 89. — BEURLEN **1932**, 20. — P. JORDAN **1932**, 815. — N. BOHR **1933**, 248. — WENT, F. A. F. C. **1933**, 1.

1934: SOMMERFELD 49; STAUDINGER 65; WEYL 145; KOHLRAUSCH 161; v. STUDNITZ 193; SCHÖBERL 245; RITTMANN 305; MEYERHOF 311; LOHMANN 409; v. LAUE 439; O. WARBURG 441; VEIT und VOGT 492; SCHRÖDINGER 518; H. H. MEYER 598; v. HIPPEL 701; RIESSER 653; HÄMMERLING 829; R. HESSE 845.

1935: A. KÜHN 1; BODENSTEIN 10; WO. PAULI 89; v. BUDDENBROCK 98; WEILER 125; H. BERGER 121; SCHRÖTER 240; MITTASCH 361; CASPERSSON 500, 527; GR. HERMANN 718; V. FRANZ 695; KIENLE 762; KÖGL 839.

1936: A. KÜHN 1; STOLL 53; GAFFRON u. WOHL 81; HOLTZ u. KRAMER 177; N. BOHR 241; P. JORDAN 209; R. HÖBER 196; DEHLINGER 391; JORES 408; BUTENANDT 15, 529; v. DOMARUS 593; RUTHERFORD 673; M. HART-

MANN 705; GERLACH 721; BR. LANGE 802; MITTASCH 770. MEYERHOF 689; BETHE 801; F. v. WEIZSÄCKER 813.

1937: REGENER 1; H. J. JORDAN 17; LOHMANN 26; TRENDELENBURG 49; H. WEBER 97; L. BERGMANN 113; H. MARK 119; B. SCHARRER 131; OEHLKERS 145; HEDIGER 185; H. BERGER 193; A. EUCKEN 209; R. KUHN 225; E. RIES 241; R. SCHENCK 260; P. JORDAN 273; MEYERHOF 443; SPIERS 457; GAFFRON 461, 496; KÖGL 465; WYCKOFF 481; E. BECKER 507; G. BUSCH 535; EU. MÜLLER 545; BODENSTEIN 609; E. v. HOLST 625; STAUDINGER 673. LAVES 705; FR. O. SCHMITT 709; MATTAUCH 738; KRIEG 757.

Z. ges. Naturwiss.: **1** (1935—36) K. HILDEBRANDT 1; AD. MEYER 106; BENNINGHOFF 149; J. v. UEXKÜLL 257; ANDRÉ 411; BEURLEN 445; NIPPOLDT 485.

2 (1936—37): K. L. WOLF u. TRIESCHMANN 1; BENNINGHOFF 122; K. L. WOLF 115; WEYGAND 404; O. J. HARTMANN 422.

Current Science: A. SOMMERFELD **1937**, 16.

Forschg. u. Fortschritte: **1934**: Wo. KÖHLER 168; WEIDENHAGEN 213; HÄMMERLING 262; BUTENANDT 266; H. BERGER 301; DEMOLL 264; AD. MEYER 290; ABDERHALDEN 360; SMEKAL 419.

1935: BOTHE 22; P. JORDAN 34; SCHMALFUSS 36; DRIESCH 99, 213; BICKEL 105; HOLTFRETER 160; HABERLANDT 215; P. HOFFMANN 323; BÜNNING 400; BÖKER 412; BAUCH 422; STAUDINGER 452; H. WINKLER 456.

1936: ROEDEMEYER 106; FITTING 160; K. PETER 174; REINIG 221; MIE 369; A. WENZL 393; L. BERGMANN 394; M. HARTMANN 411; SPRANGER 420; NOACK 422; HERZBERG 413; HELLPACH 444; F. v. WEIZSÄCKER 171; BEUTLER 400; WEYGAND 409.

1937: ROTHACKER 5; A. KÜHN 49; A. RIPPEL 64; GRÄPER 65; HÜTTIG 89; WEYRAUCH 117; RODENWALDT 118; WERGIN 127; WOLTER 178, 190; MERKER 213; J. WEBER 221; E. RIES 224; SPEMANN 234; J. LANGE 257; H. BERGER 269; H. GEYER 290; HAHN u. MEITNER 298; NONNENBRUCH 335; O. KLEMM 354; RAHM 381.

Enzymologia: WILLSTÄTTER **1**, 213 (1937).

Arch. exper. Zellforschg: E. KÜSTER u. BALBACH **1936**, 1.

Z. indukt. Abst. u. Vererb.Lehre: H. SCHMALFUSS **41**, 285 (1926).

Z. Botanik: L. JOST **28**, 260 (1934); **31**, 95 (1937).

Biol. Zbl.: H. FITTING **56**, 69 (1916).

Der Biologe: ALVERDES **1936**, 121.

Erg. Physiol. **1934** (H. SCHAEFER); **1935** (v. MURALT); **1936** (H. LULLIES) u. a. m.

Fortschr. Botanik: **1935** Physiologie des Stoffwechsels (BÜNNING, MOTHES, PIRSCHLE) u. a. m.

Erg. Biol.: **1936** (GAUSE, BÜNNING, STEINIGER) u. a. m.

Erg. Enzymforschg: **1932** (FULMER, FODOR, F. F. NORD, R. WEIDENHAGEN); **1933** (C. NEUBERG, W. LANGENBECK, MOELWYN-HUGHES); **1934** (OPARIN, FRANKENBURGER, A. HESSE); **1935** (BORSOOK, MEYERHOF); **1936** (W. KUHN, HAEHN); **1937** (MOELWYN-HUGHES, SPEK, THEORELL, PARNAS, VITA, ABDERHALDEN) u. a. m.

Protoplasma: F. F. NORD **21**, 116 (1934).

Acta Biotheoretica: DRIESCH **1937**, 51.

Ann. Phil.: J. SCHULTZ **2**, 521 (1921). — E. BECHER **3**, 511 (1923). — J. REINKE **4**, 313 (1924). — **5** (1925—26). — DRIESCH 1, K. SAPPER 37.

6 (1927) KOTTJE 54; BERTALANFFY 250; DRIESCH 274.

7 (1928) J. REINKE 17; L. VON STRAUSS u. TORNEY 49; K. SAPPER 205; PETZOLDT 200, BOJANOWSKY 239; HERZBERG 339.

8 (1929) H. RUDY 58; BUNNEMANN 205; CARL FRIES 259.

Erkenntnis: **1** (1930—31 = Bd. 9 von Ann. Phil.) SCHLICK 1; v. MISES 189; P. HERTZ 211; BERTALANFFY 361.

3 (1932—33) SCHRÖDINGER 65; PANNEKOCK 389; POPPER-LYNKEUS 301.

4 (1934) P. JORDAN 215.

5 (1935) SCHLICK 52; ZILSEL 56; P. JORDAN 349; BÜNNING 337.

6 (1936) H. BAEGE 225. Ferner ab S. 275 (Heft 6): Das Kausalproblem. Verh. d. II. Intern. Kongr. f. Einheit d. Wissenschaft. Kopenhagen 1936.

7 (1937) W. ZIMMERMANN 1.

Blätter f. dtsche Philos.: **1928—29**: BR. BAUCH 101; TH. HAERING 309.

1932—33: F. KRÜGER 111.

1934—35: N. HARTMANN 1; BR. BAUCH 39.

1935—36: BR. BAUCH 125 u. a. m.

Kant-Studien: **41** (1936); BEURLEN 16. (Zeitbegriff und Kausalität.)

Haldane, J. S. 48, 82, 85, 91, 99, 148ff., 186, 189, 191.
v. Hartmann, E. 138, 148, 179, 183.
Hartmann, M. 4, 85, 100, 121, 155, 176, 191ff.
— N. 183, 191, 196.
— O. J. 49, 195.
Haug 89, 147.
Hausser, I. 56.
Hecht 68.
Hediger 195.
Heidebrock 191.
Heidenhain 182, 183.
Heider, K. 151.
Heinichen 183.
Heisenberg 39, 52, 54, 66, 112, 121, 149, 152, 154, 171ff., 191.
Heitler 39.
Held 93.
Hellmann 169, 191.
Hellpach 85, 195.
Helmholtz 9, 64, 66, 175.
Henderson 169, 191.
Hennell 166.
Henning 135.
Henry, W. C. 166.
Heraklit 162.
Herbst 175.
Herder 186.
Hering, E. 176, 186, 191.
Hermann, Gr. 53, 54, 65, 164, 172, 191, 194.
Hertwig, O. 191.
— R. 166.
Hertz, H. 64.
— P. 196.
Herzberg 178, 195, 196.
Herzfeld, K. F. 33, 55.
Hesse, A. 194, 195.
— R. 119, 145, 182, 194.
Hiedemann 80.
Hilbert 67, 137, 179, 194.

Hildebrandt 195.
Hill, A. V. 37, 175, 179.
Hinshelwood 23, 26, 27, 34, 169, 194.
v. Hippel 194.
Hippokrates 124.
Hobbes 144.
Hoche 184.
Höber 19, 191, 194.
van 't Hoff 10, 19, 21, 22, 83.
Hoffmann, P. 195.
Hofmann, R. W. 181.
— U. 168.
v. Holst 48, 90, 91, 119, 175, 195.
Holtfreter 75, 195.
Holtz 194.
Holzapfel 188.
Hopf 170, 191.
Horstmann 10, 14, 24, 167.
Hoskins 191.
Hückel, E. 39, 194.
— W. 39, 55, 191.
Hüfner 36.
Hüttig 168, 195.
v. Humboldt, A. 169.
Hund, Fr. 171.
Husserl 176, 180.
Huxley 68.
Huyghens 185.

Jaspers 127, 188.
Jeans 152, 191.
Jennings 7, 136.
Jensen, P. 191.
Johannsen 165.
Joos, G. 171.
Jordan, H. J. 48, 86, 138ff., 155, 195.
— P. 39, 51, 66, 105, 117, 122ff., 133, 147ff., 152ff., 165, 171ff., 180ff., 191ff.
Jores 85, 194.
Jost 72, 81, 82, 195.

Joule 3.
Jung, C. G. 99.
Just, G. 76, 117, 143, 191.
Juza 163.

Kallmann 191.
Kant, 4, 5, 8, 49, 65, 85, 104, 125, 127, 134, 138, 144, 150, 154, 176, 179, 183, 189.
Keller, E. 162.
Kelvin, Lord 64.
Kienle 194.
Kiesel 148, 191.
Kistiakowsky 27.
Klein, F. 154.
Klemm 55, 195.
Klopstock 139.
Knietsch 168.
Koch, R. 156.
Kögl 13, 72, 74, 82, 93, 175, 194ff.
Koehler, O. 191.
Köhler, Wo. 84ff., 106, 175, 185, 191, 195.
Koeppe 167.
Kötschau 4, 83, 88, 90, 149, 154, 174, 177, 185, 191.
Kohlrausch 194.
Kohlschütter, V. 13, 15, 84, 88, 146, 194.
Koltzoff 123.
Kossel 15.
Kottje 110, 113, 144, 153, 155, 178, 185ff.
Kramer 194.
Kraut 33, 78.
v. Krehl 124, 149, 192.
Krieg, H. 175, 195.
v. Kries 105, 133, 160, 164, 175, 192.
Kroll 79.
Krüger, F. 85, 196.
Kühn, A. 74, 76ff., 122, 192, 194ff.
Külpe 151.